全国高等职业教育规划教材

SMT——表面组装技术

第2版

主　编　何丽梅
副主编　陈玲玲　程　刚
参　编　侯洪波　陈　明
主　审　黄永定

机 械 工 业 出 版 社

本书第1版在多年的使用中深受广大读者欢迎。本次修订听取了部分读者的意见与建议，注意了实用参考价值和适用面等问题，特别强调了生产现场的技能性指导。与第1版相比，本书充实了贴片、焊接、检测等SMT关键工艺制程与关键设备使用维护方面的知识，同时也删减了部分实用性不大或与其他教材知识交叉的内容。为便于理解与掌握，书中配置了大量的插图及照片。

本书可作为高等职业学校或中等职业学校应用电子技术、SMT或电子制造工艺专业的教材，也可作为各类工科院校器件设计、电路设计等与SMT相关的其他专业的辅助教材，同时也可供从事SMT产业的企业员工自学和参考。

本书配套授课电子教案，需要的教师可登录www.cmpedu.com免费注册、审核通过后下载，或联系编辑索取（QQ：1239258369，电话：010-88379739）。

图书在版编目（CIP）数据

SMT——表面组装技术/何丽梅主编. —2版. —北京：机械工业出版社，2013.5（2018.6重印）

全国高等职业教育规划教材

ISBN 978-7-111-41726-2

Ⅰ.①S… Ⅱ.①何… Ⅲ.①SMT技术-高等职业教育-教材
Ⅳ.①TN305

中国版本图书馆CIP数据核字（2013）第042465号

机械工业出版社（北京市百万庄大街22号 邮政编码100037）
责任编辑：王 颖 版式设计：霍永明
责任校对：张晓蓉 刘雅娜 责任印制：常天培
北京宝昌彩色印刷有限公司印刷
2018年6月第2版第4次印刷
184mm×260mm · 14.25印张 · 348千字
6601-8100册
标准书号：ISBN 978-7-111-41726-2
定价：39.90元

凡购本书，如有缺页、倒页、脱页，由本社发行部调换

电话服务
服务咨询热线：（010）88379833
读者购书热线：（010）88379649

网络服务
机 工 官 网：www.cmpbook.com
机 工 官 博：weibo.com/cmp1952
教育服务网：www.cmpedu.com
金 书 网：www.golden-book.com

全国高等职业教育规划教材
电子类专业编委会成员名单

出版说明

根据《教育部关于以就业为导向深化高等职业教育改革的若干意见》中提出的高等职业院校必须把培养学生动手能力、实践能力和可持续发展能力放在突出的地位，促进学生技能的培养，以及教材内容要紧密结合生产实际，并注意及时跟踪先进技术的发展等指导精神，机械工业出版社组织全国近60所高等职业院校的骨干教师对在2001年出版的“面向21世纪高职高专系列教材”进行了全面的修订和增补，并更名为“全国高等职业教育规划教材”。

本系列教材是由高职高专计算机专业、电子技术专业和机电专业教材编委会分别会同各高职高专院校的一线骨干教师，针对相关专业的课程设置，融合教学中的实践经验，同时吸收高等职业教育改革的成果而编写完成的，具有“定位准确、注重能力、内容创新、结构合理和叙述通俗”的编写特色。在几年的教学实践中，本系列教材获得了较高的评价，并有多个品种被评为普通高等教育“十一五”国家级规划教材。在修订和增补过程中，除了保持原有特色外，针对课程的不同性质采取了不同的优化措施。其中，核心基础课的教材在保持扎实的理论基础的同时，增加实训和习题；实践性较强的课程强调理论与实训紧密结合；涉及实用技术的课程则在教材中引入了最新的知识、技术、工艺和方法。同时，根据实际教学的需要对部分课程进行了整合。

归纳起来，本系列教材具有以下特点：

1）围绕培养学生的职业技能这条主线来设计教材的结构、内容和形式。

2）合理安排基础知识和实践知识的比例。基础知识以“必需、够用”为度，强调专业技术应用能力的训练，适当增加实训环节。

3）符合高职学生的学习特点和认知规律。对基本理论和方法的论述要容易理解、清晰简洁，多用图表来表达信息；增加相关技术在生产中的应用实例，引导学生主动学习。

4）教材内容紧随技术和经济的发展而更新，及时将新知识、新技术、新工艺和新案例等引入教材。同时注重吸收最新的教学理念，并积极支持新专业的教材建设。

5）注重立体化教材建设。通过主教材、电子教案、配套素材光盘、实训指导和习题及解答等教学资源的有机结合，提高教学服务水平，为高素质技能型人才的培养创造良好的条件。

由于我国高等职业教育改革和发展的速度很快，加之我们的水平和经验有限，因此在教材的编写和出版过程中难免出现问题和错误。我们恳请使用这套教材的师生及时向我们反馈质量信息，以利于我们今后不断提高教材的出版质量，为广大师生提供更多、更适用的教材。

机械工业出版社

前　　言

SMT（表面组装技术）是电子先进制造技术的重要组成部分，SMT的迅速发展和普及，变革了传统电子电路组装的概念，为电子产品的微型化、轻量化创造了基础条件，对于推动当代信息产业的发展起到了独特的作用。SMT已经成为制造现代电子产品的必不可少的技术之一，目前，SMT已经广泛应用于各行各业的电子产品组件和元器件的组装中。而且，随着半导体元器件技术、材料技术、电子与信息技术等相关技术的飞速进步，SMT的应用面还在不断扩大，其技术也在不断完善和深化发展之中。近年来，为了与SMT的这种发展现状和趋势相适应，与信息产业和电子产品的飞速发展带来的对SMT的技术需求相适应，我国电子制造业急需大量掌握SMT知识的专业技术人才。

为了更好地满足SMT专业技术人才培养的系统性教学、培训需求，编者在第1版的基础上，对《SMT——表面组装技术》一书进行了改写与修订。本次修订听取了部分读者的意见与建议，考察了SMT电子产品生产企业，并对相关电子行业的用工需求进行了调研。编写中注意了实用参考价值，特别强调了生产现场的设备使用与维护技术。与第1版相比较，本书中关于SMT工艺中的印刷、贴片、焊接、检测等关键工序的应用指导更加充实与完善，同时也删减了书中部分实用性不大或与其他教材知识交叉的内容。

本书可作为高等职业院校应用电子技术专业的教材，也可作为各类工科院校器件设计、电路设计等与SMT相关的其他专业的辅助教材，同时也可供从事SMT产业的企业员工自学和参考。

本书由吉林信息工程学校何丽梅任主编，吉林化工学院陈玲玲、长春工业大学程刚任副主编，吉林信息工程学校侯洪波、陈明参编。何丽梅编写第1章，陈玲玲编写第3章、第4章，程刚编写第5章、第6章，陈明编写第7章、第8章，侯洪波编写第2章、第9章及附录部分。全书由何丽梅统稿。

吉林信息工程学校黄永定担任本书主审。

本书在编写过程中参考了大量有关SMT技术方面的资料，同时也得到了吉林华微集团、吉林永大公司等企业工程技术人员的大力协助与指导，在此一并表示感谢。

由于编者水平、经验有限，错误与不当之处在所难免，恳请读者在阅读与使用中提出宝贵意见，以便及时改正。

编　者

目　录

出版说明

前言

第 1 章　概论 ········· 1

1.1　SMT 的发展及特点 ········· 1

1.1.1　表面组装技术的发展过程 ········· 1

1.1.2　SMT 的组装技术特点 ········· 3

1.2　SMT 及 SMT 工艺技术的基本内容 ········· 4

1.2.1　SMT 的主要内容 ········· 4

1.2.2　SMT 工艺技术的基本内容 ········· 4

1.2.3　SMT 工艺技术要求 ········· 5

1.2.4　SMT 生产系统的基本组成 ········· 6

1.3　思考与练习题 ········· 7

第 2 章　表面组装元器件 ········· 8

2.1　表面组装元器件的特点和种类 ········· 8

2.1.1　特点 ········· 8

2.1.2　种类 ········· 9

2.2　表面组装电阻器 ········· 9

2.2.1　SMC 固定电阻器 ········· 9

2.2.2　SMC 电阻排（电阻网络） ········· 12

2.2.3　SMC 电位器 ········· 13

2.3　表面组装电容器 ········· 15

2.3.1　SMC 多层陶瓷电容器 ········· 15

2.3.2　SMC 电解电容器 ········· 16

2.3.3　SMC 云母电容器 ········· 19

2.4　表面组装电感器 ········· 19

2.4.1　绕线型 SMC 电感器 ········· 20

2.4.2　多层型 SMC 电感器 ········· 21

2.5　表面组装分立器件 ········· 21

2.5.1　SMD 二极管 ········· 21

2.5.2　SMD 晶体管 ········· 23

2.6　表面组装集成电路 ········· 24

2.6.1　SMD 封装综述 ········· 24

2.6.2　集成电路的封装形式 ········· 25

2.7　表面组装元器件的包装 ········· 29

2.8　表面组装元器件的选择与使用 ········· 31

2.8.1　对 SMT 元器件的基本要求 ········· 31

2.8.2　表面组装元器件的选择 ········· 32

2.8.3　使用 SMT 元器件的注意事项 ········· 32

2.8.4　SMT 器件封装形式的发展 ········· 33

2.9　思考与练习题 ········· 35

第 3 章　表面组装印制电路板的设计与制造 ········· 37

3.1　SMT 印制电路板的特点与材料 ········· 37

3.1.1　SMT 印制电路板的特点 ········· 37

3.1.2　基板材料 ········· 39

3.1.3　SMB 基材质量的相关参数 ········· 41

3.1.4　CCL 常用的字符代号 ········· 45

3.1.5　CCL 的铜箔种类与厚度 ········· 45

3.2　SMB 的设计 ········· 46

3.2.1　SMB 设计的基本原则 ········· 46

3.2.2　常见的 SMB 设计错误及后果 ········· 48

3.3　SMB 设计的具体要求 ········· 49

3.3.1　整体设计 ········· 49

3.3.2　表面组装元器件焊盘设计 ········· 52

3.3.3　元器件布局的设计 ········· 56

3.3.4　焊盘与导线连接的设计 ········· 57

3.3.5　PCB 可焊性设计 ········· 58

3.4　印制电路板的制造 ········· 60

3.4.1　单面印制电路板的制造 ········· 60

3.4.2　双面印制电路板的制造 ········· 61

3.4.3　多层印制电路板的制造 ········· 63

3.4.4　PCB 质量验收 ········· 67

3.5　思考与练习题 ········· 68

第 4 章　表面组装工艺材料 ········· 69

4.1　贴装胶 ········· 69

4.1.1　贴装胶的化学组成 ········· 70

4.1.2　贴装胶的分类 ········· 70

4.1.3　表面组装对贴装胶的要求 ········· 71

4.1.4　贴装胶的使用 ········· 71

4.2　焊锡膏 ········· 72

4.2.1　焊锡膏的化学组成 ········· 72

4.2.2　焊锡膏的分类 ········· 73

4.2.3　表面组装对焊锡膏的要求 ········· 74

4.2.4　焊锡膏的选用原则 ········· 75

4.2.5 焊锡膏的使用注意事项 …………… 76
4.2.6 无铅焊料 …………… 76
4.3 助焊剂 …………… 79
4.3.1 助焊剂的化学组成 …………… 79
4.3.2 助焊剂的分类 …………… 80
4.3.3 对助焊剂性能的要求 …………… 81
4.3.4 助焊剂的选用 …………… 81
4.4 清洗剂 …………… 82
4.4.1 清洗剂的化学组成 …………… 82
4.4.2 清洗剂的分类与特点 …………… 82
4.5 其他材料 …………… 83
4.5.1 阻焊剂 …………… 83
4.5.2 防氧化剂 …………… 83
4.5.3 插件胶 …………… 83
4.6 思考与练习题 …………… 84
第5章 表面组装涂敷与贴装技术 …………… 85
5.1 表面组装涂敷技术 …………… 85
5.1.1 再流焊工艺焊料供给方法 …………… 85
5.1.2 焊锡膏印刷机及其结构 …………… 86
5.1.3 焊锡膏印刷过程 …………… 87
5.1.4 焊锡膏印刷方法 …………… 88
5.1.5 印刷机工艺参数的调节 …………… 90
5.2 贴片工艺和贴片机 …………… 93
5.2.1 对贴片质量的要求 …………… 93
5.2.2 自动贴片机的结构与技术指标 …………… 94
5.2.3 贴片机的工作方式和类型 …………… 99
5.3 手工贴装 SMT 元器件 …………… 100
5.4 SMT 贴片胶涂敷工艺 …………… 100
5.4.1 贴片胶的涂敷 …………… 100
5.4.2 贴片胶的涂敷工序及技术要求 …………… 102
5.4.3 使用贴片胶的注意事项 …………… 103
5.4.4 点胶工艺中常见的缺陷与解决方法 …………… 103
5.5 焊锡膏印刷与贴片质量分析 …………… 104
5.5.1 焊锡膏印刷质量分析 …………… 104
5.5.2 贴片质量分析 …………… 105
5.6 思考与练习题 …………… 106
第6章 表面组装焊接及清洗工艺 …………… 107
6.1 焊接原理与表面组装焊接特点 …………… 107
6.1.1 电子产品焊接工艺 …………… 107
6.1.2 SMT 的焊接技术特点 …………… 109
6.2 表面组装的自动焊接技术 …………… 110
6.2.1 浸焊 …………… 111
6.2.2 波峰焊 …………… 112
6.2.3 再流焊 …………… 117
6.2.4 影响再流焊品质的因素 …………… 125
6.3 SMT 元器件的手工焊接与返修 …………… 125
6.3.1 手工焊接 SMT 元器件的要求与条件 …………… 125
6.3.2 SMT 元器件的手工焊接与拆焊 …………… 128
6.3.3 BGA、CSP 集成电路的修复性植球 …………… 131
6.3.4 SMT 印制电路板维修工作站 …………… 133
6.4 SMT 焊接质量缺陷及解决办法 …………… 134
6.4.1 再流焊质量缺陷及解决办法 …………… 134
6.4.2 波峰焊质量缺陷及解决办法 …………… 138
6.4.3 再流焊与波峰焊均会出现的焊接缺陷 …………… 140
6.5 清洗工艺与清洗设备 …………… 142
6.5.1 清洗技术的作用与分类 …………… 142
6.5.2 批量式溶剂清洗技术 …………… 144
6.5.3 连续式溶剂清洗技术 …………… 145
6.5.4 水清洗工艺技术 …………… 146
6.5.5 超声波清洗 …………… 147
6.6 思考与练习题 …………… 149
第7章 SMT 组装工艺流程与静电防护 …………… 151
7.1 SMT 组装方式与组装工艺流程 …………… 151
7.1.1 组装方式 …………… 151
7.1.2 组装工艺流程 …………… 152
7.2 SMT 生产线的设计 …………… 157
7.2.1 生产线的总体设计 …………… 157
7.2.2 生产线的自动化程度 …………… 158
7.2.3 设备选型 …………… 159
7.2.4 其他 …………… 160
7.3 SMT 产品组装中的静电防护技术 …………… 160
7.3.1 静电及其危害 …………… 160
7.3.2 静电防护 …………… 161
7.3.3 常用静电防护器材 …………… 163
7.3.4 电子整机作业过程中的静电防护 …………… 163
7.4 实训——SMT 电调谐调频收音机组装 …………… 165
7.4.1 实训目的 …………… 165
7.4.2 实训场地要求与实训器材 …………… 165
7.4.3 实训步骤及要求 …………… 166

7.4.4 总装及调试验收 …………………… 169
7.4.5 实训报告 ………………………… 170
7.4.6 实训产品工作原理简介 ………… 170
7.5 思考与练习题 ………………………… 171
第8章 SMT检测工艺 ………………… 173
8.1 来料检测 ……………………………… 173
8.2 工艺过程检测 ………………………… 174
8.2.1 目视检验 ………………………… 175
8.2.2 自动光学检测（AOI） ………… 177
8.2.3 自动X射线检测（X-Ray） …… 180
8.3 ICT在线测试 ………………………… 182
8.3.1 针床式在线测试仪 ……………… 182
8.3.2 飞针式在线测试仪 ……………… 184
8.4 功能测试（FCT） …………………… 186
8.5 思考与练习题 ………………………… 186
第9章 SMT产品质量控制与管理 …… 187
9.1 质量控制的内涵与特点 ……………… 187
9.2 SMT生产质量管理体系 ……………… 188
9.2.1 加工中心的质量目标 …………… 188
9.2.2 SMT产品设计 …………………… 189
9.2.3 外购件及外协件的管理 ………… 189
9.2.4 生产管理 ………………………… 190
9.2.5 质量检验 ………………………… 194
9.2.6 图样文件管理 …………………… 196
9.2.7 包装、储存及交货 ……………… 196
9.2.8 人员培训 ………………………… 196
9.3 思考与练习题 ………………………… 197
附录 …………………………………… 198
附录A 中华人民共和国电子行业标准 …… 198
附录B 本书专业英语词汇 ……………… 213
参考文献 ……………………………… 217

第1章 概　　论

本章要点

- SMT 的基本概念
- SMT 的现状与发展
- SMT 与 SMT 生产系统的基本组成

在我国电子行业标准中，将 SMT（Surface Mounting Technology）叫做表面组装技术，也常叫做表面装配技术或表面安装技术。表面组装是将电子元器件贴装在印制电路板表面（而不是将它们插装在印制电路板的孔中）的一种装联技术，它提供最新的小型电子产品，使其重量、体积和成本大幅下降，是现代电子产品先进制造技术的重要组成部分。

SMT 在计算机、彩电调谐器、录像机、数码相机、数码摄像机、袖珍式高档多波段收音机、MP3、手机等几乎所有的电子产品生产中都得到了广泛应用。SMT 是电子装联技术的主要发展方向，已成为世界电子整机组装技术的主流。

SMT 是一门包括元器件、材料、设备、工艺以及表面组装电路基板设计与制造的系统性综合技术；是突破了传统的印制电路板采用通孔基板插装元器件方式而发展起来的第四代组装方法；是当前最热门的电子产品组装换代新观念，也是电子产品能有效地实现“轻、薄、短、小”，多功能、高可靠、优质、低成本的主要手段之一。

1.1 SMT 的发展及特点

1.1.1 表面组装技术的发展过程

1. 表面组装技术的产生背景

近年来，电子应用技术的发展表现出以下 3 个显著的特征。

（1）智能化：使信号从模拟量转换为数字量，并用计算机进行处理。

（2）多媒体化：从文字信息交流向声音、图像信息交流的方向发展，使电子设备更加人性化、更加深入人们的生活与工作。

（3）网络化：用网络技术把独立系统连接起来，高速、高频的信息传输使整个单位、地区、国家以至全世界实现资源共享。

这种发展趋势和市场需求对电路组装技术提出了如下要求。

- 密度化：单位体积内电子产品处理信息量的提高。
- 高速化：单位时间内处理信息量的提高。
- 标准化：用户对电子产品多元化的需求，使少量品种的大批量生产转化为多品种、小批量的生产，这样必然对元器件及装配手段提出更高的标准化要求。

这些要求迫使对在通孔基板 PCB 上插装电子元器件的工艺方式进行革命，从而导致电子产品的装配技术全方位地转向 SMT。

2. 表面组装技术的发展简史

SMT 技术自 20 世纪 60 年代问世以来，经过几十年的发展，已进入完全成熟的阶段，是当代电路组装技术的主流，而且正继续向纵深发展。

表面组装技术是随着组件电路的制造技术发展起来的。从 20 世纪 70 ~ 80 年代，SMT 发展的主要技术目标是把小型化的片状元件应用在混合电路（我国称为厚膜电路）的生产制造之中，从这个角度来说，SMT 对集成电路的制造工艺和技术发展做出了重大的贡献。同时，SMT 开始大量使用在民用的石英电子表和电子计算器等产品中。

美国是世界上最早应用 SMT 的国家，并且一直重视在投资类电子产品和军事装备领域发挥 SMT 高组装密度和高可靠性方面的优势。

日本在 20 世纪 70 年代从美国引进 SMT 技术并将之应用在消费类电子产品领域，并投入巨资大力加强基础材料、基础技术和推广应用方面的开发研究工作。日本从 20 世纪 80 年代中后期起，加速了 SMT 在产业电子设备领域中的全面推广应用，仅用 4 年时间使 SMT 在计算机和通信设备中的应用数量增长了近 30%，使日本很快超过了美国，在 SMT 方面处于世界领先地位。

20 世纪 80 年代中期以来，SMT 进入高速发展阶段，20 世纪 90 年代初已成为完全成熟的新一代电路组装技术，并逐步取代通孔插装技术。据国外资料报道，进入 20 世纪 90 年代以来，全球采用通孔组装技术的电子产品正以年 11% 的速度下降，而采用 SMT 的电子产品正以 8% 的速度递增。到目前为止，日、美等国已有 80% 以上的电子产品采用了 SMT。

欧洲各国 SMT 的起步较晚，但他们重视发展并有较好的工业基础，发展速度也很快，其发展水平仅次于日本和美国。20 世纪 80 年代以来，新加坡等国也不惜投入巨资，纷纷引进先进技术，使 SMT 获得较快的发展。

3. 表面组装技术的发展动态

表面组装技术总的发展趋势是：元器件越来越小，组装密度越来越高，组装难度也越来越大。当前，SMT 正向以下 4 个方面发展。

（1）元器件体积进一步小型化。在大批量生产的微型电子整机产品中，0201 系列元件（外形尺寸为 0.6mm × 0.3mm）、窄引脚间距为 0.3mm 的新型封装的大规模集成电路已经大量采用。由于元器件体积的进一步小型化，对 SMT 表面组装工艺水平、SMT 设备的定位系统等提出了更高的精度与稳定性要求。

（2）进一步提高 SMT 产品的可靠性。面对微小型 SMT 元器件被大量采用和无铅焊接技术的应用，在极限工作温度和恶劣环境条件下，消除因为元器件材料的线膨胀系数不匹配而产生的应力，避免这种应力导致印制电路板开裂或内部断线以及元器件焊接被破坏等故障，已成为不得不考虑的问题。

（3）新型生产设备的研制。在 SMT 电子产品的大批量生产过程中，焊锡膏印刷机、贴片机和再流焊设备是不可缺少的。近年来，各种生产设备正朝着高密度、高速度、高精度和多功能方向发展，高分辨率的激光定位、光学视觉识别系统、智能化质量控制等先进技术得到推广应用。

（4）柔性 PCB 的表面组装技术。随着电子产品组装中柔性 PCB 的广泛应用，在柔性 PCB 上组装元器件的技术已被业界攻克，其难点在于柔性 PCB 如何实现刚性固定的准确定位要求。

4. 我国表面组装技术的发展概况

我国 SMT 的应用起步于 20 世纪 80 年代初期，最初从美、日等国成套引进了 SMT 生产线用于彩色电视机调谐器生产。随后应用于录像机、摄像机及袖珍式高档多波段收音机、随身听等生产中，近几年在计算机、通信设备、航空航天电子产品中也逐渐得到应用。

据 2000 年不完全统计，我国约有 40 多家企业从事表面组装元器件的生产，全国约有 300 多家企业引进了 SMT 生产线，不同程度地采用了 SMT 技术，全国已引进 7000 余台贴装机。随着改革开放的深入以及加入 WTO，美、日、新加坡的一些厂商已陆续将 SMT 加工厂搬到了中国，仅 2005 年一年就引进了贴装机 8992 台。使中国贴片机保存量在 30000 台以上，SMT 生产线在 15000 条左右。

经过几十年持续增长，尤其是 2000 年到 2004 年连续 5 年的超高速增长，中国已经成为世界第一的 SMT 产业大国，预计这一地位 10 年内不会改变。从 2005 年起，中国的 SMT 产业进入调整转型期，这个调整转型期是中国由 SMT 大国走向 SMT 强国的关键。我国 SMT 的发展前景是非常广阔的。

1.1.2 SMT 的组装技术特点

SMT 工艺技术的特点可以通过其与传统通孔插装技术（THT）的差别比较体现。从组装工艺技术的角度分析，SMT 和 THT 的根本区别是“贴”和“插”。二者的差别还体现在基板、元器件、组件形态、焊点形态和组装工艺方法各个方面。

THT 采用有引线元器件，在印制电路板上设计好电路连接导线和安装孔，通过把元器件引线插入 PCB 上预先钻好的通孔中，暂时固定后在基板的另一面采用波峰焊接等软钎焊技术进行焊接，形成可靠的焊点，建立长期的机械和电气连接，元器件主体和焊点分别分布在基板两侧。采用这种方法，由于元器件有引线，当电路密集到一定程度以后，就无法解决缩小体积的问题了。同时，引线间相互接近导致的故障、引线长度引起的干扰也难以排除。

所谓表面组装技术，是指把片状结构的元器件或适合于表面组装的小型化元器件，按照电路的要求放置在印制电路板的表面上，用再流焊或波峰焊等焊接工艺装配起来，构成具有一定功能的电子部件的组装技术。SMT 和 THT 元器件安装焊接方式的区别如图 1-1 所示。在传统的 THT 印制电路板上，元器件和焊点分别位于板的两面；而在 SMT 印制电路板上，焊点与元器件都处在板的同一面上。因此，在 SMT 印制电路板上，通孔只用来连接印制电路板两面的导线，孔的数量要少得多，孔的直径也小很多。这样，就能使印制电路板的装配密度极大地提高。

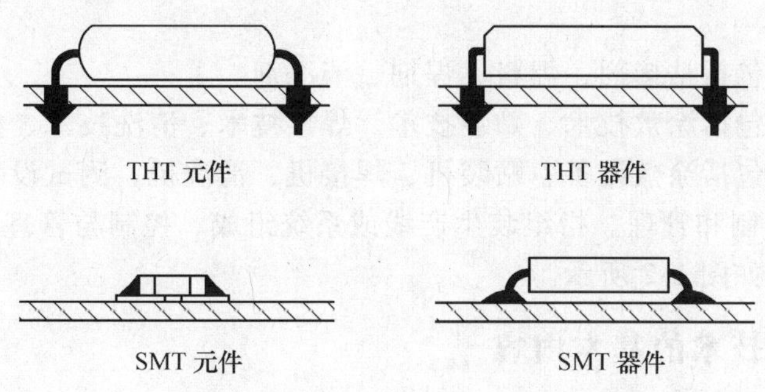

图 1-1 SMT 和 THT 元器件安装焊接方式的区别

表面组装技术和通孔插装元器件的方式相比，具有以下优越性。

（1）实现微型化。SMT的电子部件，其几何尺寸和占用空间的体积比通孔插装元器件小得多，一般可减小60%～70%，甚至可减小90%。重量减轻60%～90%。

（2）信号传输速度高。结构紧凑、组装密度高，在印制电路板上双面贴装时，组装密度可以达到5.5～20个焊点/cm^2，由于连线短、延迟小，可实现高速度的信号传输。同时，更加耐振动、抗冲击。这对于电子设备超高速运行具有重大的意义。

（3）高频特性好。由于元器件无引线或短引线，自然减小了电路的分布参数，降低了射频干扰。

（4）有利于自动化生产，提高成品率和生产效率。由于片状元器件外形尺寸标准化、系列化及焊接条件的一致性，使SMT的自动化程度很高，从而使焊接过程造成的元器件失效大大减少，提高了可靠性。

（5）材料成本低。现在，除了少量片状化困难或封装精度特别高的品种，绝大多数SMT元器件的封装成本已经低于同样类型、同样功能的THT元器件，随之而来的是SMT元器件的销售价格比THT元器件更低。

（6）SMT技术简化了电子整机产品的生产工序，降低了生产成本。在印制电路板上组装时，元器件的引线不用整形、打弯、剪短，因而使整个生产过程缩短，生产效率得到提高。同样功能电路的加工成本低于通孔插装方式，一般可使生产总成本降低30%～50%。

1.2 SMT及SMT工艺技术的基本内容

1.2.1 SMT的主要内容

SMT是一项复杂的系统工程，它主要包含表面组装元器件、组装基板、组装材料、组装工艺、组装设计、检测技术、组装和检测设备、控制和管理等技术。其技术范畴涉及诸多学科，是一项综合性工程科学技术。SMT主要包含以下内容。

（1）表面组装元器件。

① 设计。包括结构尺寸、端子形式、耐焊接热等设计内容。

② 制造。各种元器件的制造技术。

③ 包装。有编带式包装、棒式包装、散装等形式。

（2）电路基板。包括单（多）层PCB、陶瓷、瓷釉金属板等。

（3）组装设计。包括电设计、热设计、元器件布局、基板图形布线设计等。

（4）组装工艺。

① 组装材料。包括粘接剂、焊料、焊剂、清洗剂。

② 组装技术。包括涂敷技术、贴装技术、焊接技术、清洗技术、检测技术。

③ 组装设备。包括涂敷设备、贴装机、焊接机、清洗机、测试设备等。

（5）组装系统控制和管理。指组装生产线或系统组成、控制与管理等。

SMT的基本组成如图1-2所示。

1.2.2 SMT工艺技术的基本内容

SMT工艺技术的主要内容可分为组装材料选择、组装工艺设计、组装技术和组装设备

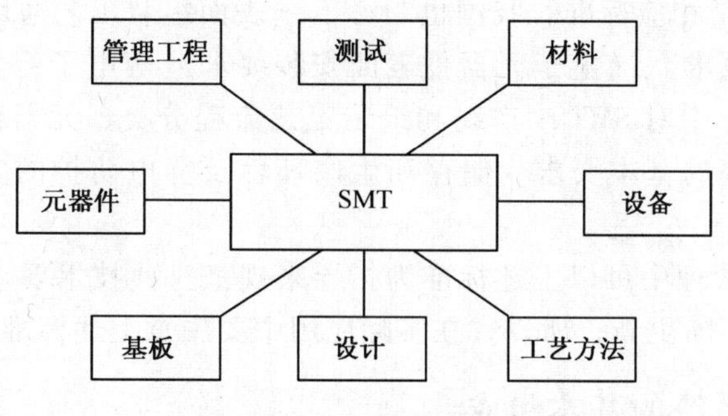

图 1-2　SMT 的基本组成

应用四大部分，如图 1-3 所示。

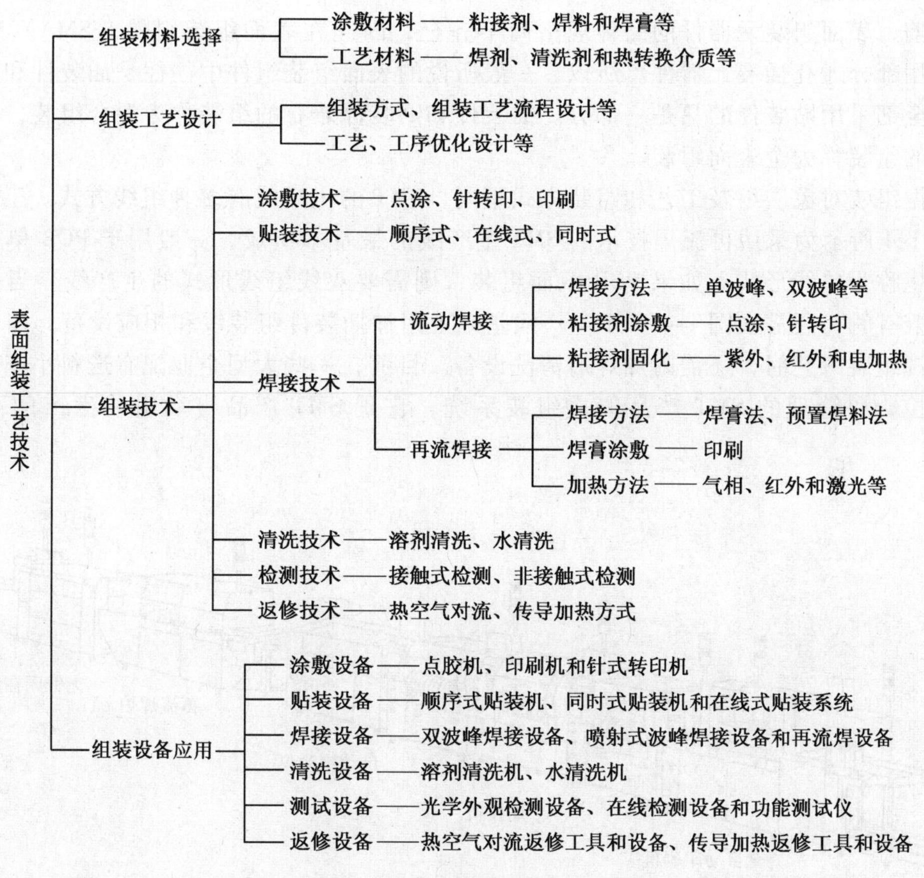

图 1-3　SMT 工艺技术的基本内容

SMT 工艺技术涉及化工与材料技术（如各种焊锡膏、焊剂、清洗剂），涂敷技术（如焊锡膏印刷），精密机械加工技术（如丝网制作），自动控制技术（如设备及生产线控制），焊接技术和测试，检验技术及组装设备应用技术等诸多技术。

1.2.3　SMT 工艺技术要求

随着 SMT 的快速发展和普及，其工艺技术日趋成熟，并开始规范化。美、日等国均针对 SMT 工艺技术制订了相应标准。我国也制订了《表面组装工艺通用技术要求》、《印制电路板组装件装联技术要求》、《电子元器件表面安装要求》等电子行业标准，其中《表面组装工艺通用技术要求》中对 SMT 生产线和组装工艺流程分类、元器件和基板及工艺材料的基本要求、各生产工序的基本要求、储存和生产环境及静电防护的基本要求等内容进行了规范。

SMT 工艺设计和管理中可以上述标准为指导来规范一些技术要求。由于 SMT 发展速度很快，其工艺技术将不断更新，所以，在实际应用中要注意上述标准引用的适用性问题。

1.2.4 SMT 生产系统的基本组成

由表面涂敷设备、贴装机、焊接机、清洗机和测试设备等表面组装设备形成的 SMT 生产系统习惯上称为 SMT 生产线。

目前，表面组装元器件的品种规格尚不齐全，因此在表面组装组件（SMA）中有时仍需要采用部分通孔插装元器件。所以，一般所说的表面组装组件中往往是插装件和贴装件兼有的，全部采用贴装件的只是一部分。插装件和贴装件兼有的组装称为混合组装，全部采用贴装件的组装称为全表面组装。

根据组装对象、组装工艺和组装方式不同，SMT 的生产线有多种组线方式。

图 1-4 所示为采用再流焊技术的 SMT 生产线的最基本组成，一般用于 PCB 单面组装的场合，也称为单线形式。如果 PCB 双面组装，则需要双线组线形式的生产线。当插装件和贴装件兼有时，还需在图 1-4 所示生产线基础上附加插装件组装线和相应设备。当采用的是非免清洗组装工艺时，还需附加焊后清洗设备。目前，一些大型企业配有送料小车、以计算机进行控制和管理的 SMT 产品集成组装系统，它是 SMT 产品自动组装生产的高级组织形式。

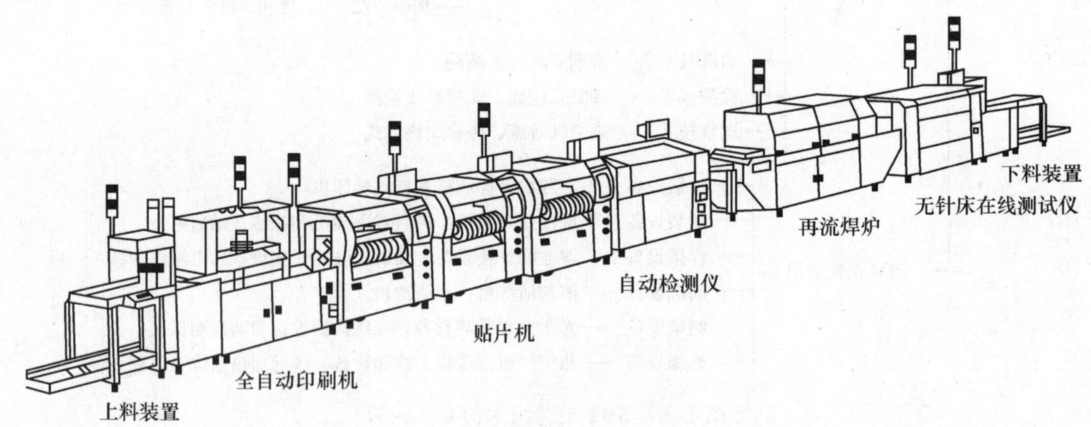

图 1-4 SMT 生产线基本组成示例

下面是 SMT 生产线的一般工艺过程，其中的焊锡膏涂敷方式、焊接方式以及点胶工序的有无，都可根据组线方式的不同而有所不同。

（1）印刷。其作用是将焊锡膏漏印到 PCB 的焊盘上，为元器件的焊接做准备。所用设备为焊锡膏印刷机，位于 SMT 生产线的最前端。

（2）点胶。它是将胶水滴到 PCB 的固定位置上，其主要作用是在采用波峰焊接时，将元器件固定到 PCB 上。所用设备为点胶机，位于 SMT 生产线的最前端（在图 1-4 中未示出）。此道工序也可采用类似焊锡膏印刷的方式，将贴片胶漏印到焊盘之间。

（3）贴装。其作用是将表面组装元器件准确地安装到 PCB 的固定位置上。所用设备为贴片机，位于 SMT 生产线中丝印机的后面。

（4）固化。其作用是将贴片胶固化，从而使表面组装元器件与 PCB 牢固粘接在一起。所用设备为固化炉，位于 SMT 生产线中贴片机的后面。

（5）再流焊接。其作用是将焊锡膏融化，使表面组装元器件与 PCB 上的焊盘牢固粘接在一起。所用设备为再流焊炉，位于 SMT 生产线中贴片机的后面。

（6）清洗。其作用是将组装好的 PCB 上面的焊接残留物如助焊剂等除去。所用设备为清洗机，位置可以不固定，可以在线，也可不在线。

（7）检测。其作用是对组装好的 SMA（表面组装组件）进行焊接质量和装配质量的检测。所用设备有放大镜、显微镜、在线测试仪（ICT）、飞针测试仪、自动光学检测（AOI）、X-RAY 检测系统和功能测试仪等。位置根据检测的需要，可以配置在生产线合适的地方。

（8）返修。其作用是对检测出故障的 SMA 进行返工。所用工具及设备为电烙铁、返修工作站等。配置在生产线中任意位置。

1.3 思考与练习题

1. 填空题

（1）SMT 是一项复杂的系统工程，它主要包含表面组装（　　）、组装（　　）、组装（　　）、组装（　　）、组装（　　）、检测技术、组装和检测（　　）、控制和管理等技术。

（2）表面组装技术和通孔插装元器件的方式相比，具有以下优越性：（　　）、（　　）、（　　）、（　　）、（　　）及简化了电子整机产品的生产工序并降低了生产成本等。

（3）从组装工艺技术的角度分析，SMT 和 THT 的根本区别是（　　）和（　　）。二者的差别还体现在（　　）、（　　）、组件形态、焊点形态和组装工艺方法各个方面。

2. 简述表面组装技术的含义及其产生背景。

3. 简述表面组装技术的发展简史。

4. 当前 SMT 在哪些方面取得了新的技术进展？

5. 画出 SMT 生产系统的基本组成框图。

第2章　表面组装元器件

本章要点

- 表面组装元器件的特点、种类和规格
- 表面组装元件 SMC（类型、规格）
- 表面组装半导体器件 SMD（类型、规格）
- 表面组装元器件的包装形式
- 表面组装元器件的使用要求与选择

2.1　表面组装元器件的特点和种类

2.1.1　特点

表面组装元器件俗称无引脚元器件或片式元器件。习惯上人们把表面组装无源元件，如片式电阻、电容、电感又称为 SMC（Surface Mounted Components），而将有源器件，如小外形晶体管 SOT 及四方扁平组件（QFP）称为 SMD（Surface Mounted Devices）。无论是 SMC 还是 SMD，在功能上都与传统的通孔安装元器件相同。起初是为了减小体积而制造，然而，它们一经问世，就表现出强大的生命力，其体积明显减小、高频特性提高、耐振动和安装紧凑等优点是传统通孔元器件所无法比拟的，从而极大地刺激了电子产品向多功能、高性能、微型化和低成本的方向发展。同时，这些微型电子产品又促进了 SMC 和 SMD 继续向微型化发展。片式电阻电容已由早期的 3.2mm×1.6mm 缩小为 0.4mm×0.2mm，IC 的引脚中心距已由 1.27mm 减小为 0.3mm，且随着裸芯片技术的发展，BGA 和 CSP 类多引脚器件已广泛应用到生产中。此外，一些机电元件，如开关、继电器、滤波器和延迟线，也都实现了片式化。

1. 表面组装元器件的特点

① 在表面组装元器件的电极上，有些焊端完全没有引线，有些只有非常短小的引线；相邻电极之间的距离比传统的 THT 集成电路的标准引线间距为（2.54mm）小很多，目前引脚中心间距已经达到 0.3mm。在集成度相同的情况下，表面组装元器件的体积比 THT 元器件小很多；或者说，与同样体积的传统电路芯片比较，表面组装元器件的集成度提高了很多倍。

② 表面组装元器件直接贴装在 PCB 的表面，将电极焊接在与元器件同一面的焊盘上。这样，PCB 上通孔的直径仅由制作印制电路板时金属化孔的工艺水平决定，通孔的周围没有焊盘，使 PCB 的布线密度和组装密度大大提高。

2. 表面组装元器件不足之处

① 元器件的片式化发展不平衡，阻容器件、晶体管、IC 发展较快，异型元器件、插座、振荡器等发展迟缓。

② 已片式化的元器件，尚未能完全标准化，不同国家乃至不同厂家的产品存在较大差异。因此，在设计、选用元器件时，一定要弄清楚元器件的型号、厂家及性能等，以避免出现因互换性差而造成的缺陷。

③ 元器件与 PCB 表面非常贴近，与基板间隙小，给清洗造成困难；元器件体积小，电阻、电容一般不设标记，一旦弄乱就不易搞清楚；特别是元器件与 PCB 之间热膨胀系数的差异性等也是 SMT 产品中影响质量的因素。

本章主要介绍目前 SMT 生产中常用 SMC 与 SMD 的结构特点、主要性能指标、外形尺寸、识别标志以及包装形式。

2.1.2 种类

表面组装元器件基本上都是片状结构。但片状是个广义的概念，从结构形状说，表面组装元器件包括薄片矩形、圆柱形、扁平异形等；表面组装元器件同传统元器件一样，也可以从功能上分类为无源元件 SMC、有源器件 SMD 和机电元件 3 大类。

表面组装元器件的详细分类见表 2-1。

表 2-1 表面组装元器件的详细分类

类　别	封装形式	种　类
无源表面组装元件 SMC	矩形片式	厚膜和薄膜电阻器、热敏电阻、压敏电阻、单层或多层陶瓷电容器、钽电解电容器、片式电感器、磁珠和石英晶体等
	圆柱形	碳膜电阻器、金属膜电阻器、陶瓷电容器和热敏电容器等
	异形	电位器，微调电位器、铝电解电容器、微调电容器、线绕电感器、晶体振荡器和变压器等
	复合片式	电阻网络、电容网络和滤波器等
有源表面组装器件 SMD	圆柱形	二极管
	陶瓷组件（扁平）	无引脚陶瓷芯片载体 LCCC、有引脚陶瓷芯片载体 CBGA
	塑料组件（扁平）	SOT、SOP、SOJ、PLCC、QFP、BGA 和 CSP 等
机电元件	异形	继电器、开关、插接器、延迟器和薄型微电机等

表面组装元件按照使用环境分类，可分为非气密性封装器件和气密性封装器件。非气密性封装器件对工作温度的要求一般为 0～70℃。气密性封装器件的工作温度范围可达到 -55℃～+125℃。气密性器件价格昂贵，一般使用在高可靠性产品中。

2.2 表面组装电阻器

2.2.1 SMC 固定电阻器

1. 表面组装电阻器的封装外形

表面组装电阻器按封装外形，可分为片状和圆柱状两种，外形与结构如图 2-1 所示。表面组装电阻器按制造工艺可分为厚膜型（RN 型）和薄膜型（RK 型）两大类。片状表面组装电阻器一般是用厚膜工艺制作的：在一个高纯度氧化铝（$A1_2O_3$，96%）基底平面上网印二氧化钌（RuO_2）电阻浆来制作电阻膜；改变电阻浆料成分或配比，就能得到不同的电阻

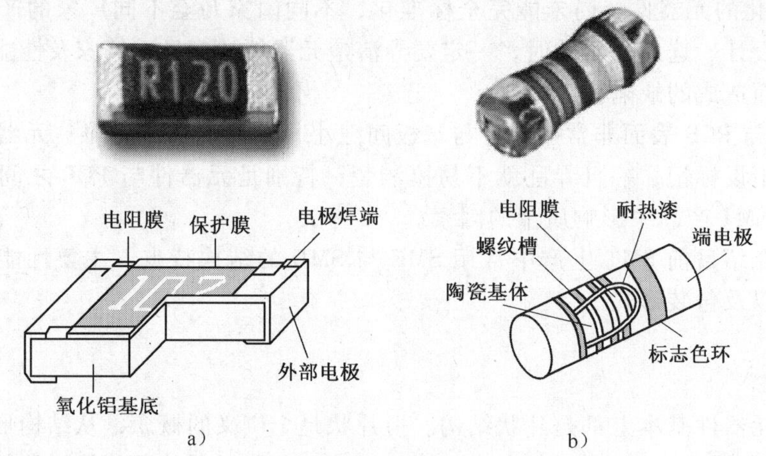

图 2-1　电阻器的外形与结构

a) 片状　b) 圆柱状

值，也可以用激光在电阻膜上刻槽微调电阻值；然后再用印刷玻璃浆覆盖电阻膜，并烧结成釉保护层，最后把基片两端做成焊端。

圆柱形表面组装电阻器（MELF）可以用薄膜工艺来制作；在高铝陶瓷基柱表面溅射镍铬合金膜或碳膜，在膜上刻槽调整电阻值，两端压上金属焊端，再涂覆耐热漆形成保护层并印上色环标志。圆柱形表面组装电阻器主要有碳膜 ERD 型、金属膜 ERO 型及跨接用的 0Ω 电阻器 3 种。

2. 外形尺寸

片状表面组装电阻器是根据其外形尺寸的大小划分成几个系列型号的，现有两种表示方法，欧美产品大多采用英制系列，日本产品大多采用公制系列，我国这两种系列都可以使用。无论哪种系列，系列型号的前两位数字表示元器件的长度，后两位数字表示元器件的宽度。例如，公制系列 3216（英制 1206）的矩形片状电阻，长 $L=3.2$mm（0.12 in），宽 $W=1.6$mm（0.06 in）。并且，系列型号的发展变化也反映了 SMC 元件的小型化进程：5750（2220）→4532（1812）→3225（1210）→3216（1206）→2520（1008）→2012（0805）→1608（0603）→1005（0402）→0603（0201）→0402（01005）。典型系列的外形尺寸见表 2-2。

表 2-2　典型 SMC 系列的外形尺寸（单位：mm/in）

公制/英制型号	*L*	*W*	*a*	*b*	*T*
3216/1206	3.2/0.12	1.6/0.06	0.5/0.02	0.5/0.02	0.6/0.024
2012/0805	2.0/0.08	1.25/0.05	0.4/0.016	0.4/0.016	0.6/0.016
1608/0603	1.6/0.06	0.8/0.03	0.3/0.012	0.3/0.012	0.45/0.018
1005/0402	1.0/0.04	0.5/0.02	0.2/0.008	0.25/0.01	0.35/0.014
0603/0201	0.6/0.02	0.3/0.01	0.2/0.005	0.2/0.006	0.25/0.01

图 2-2 是一个矩形表面组装电阻器的外形尺寸示意图。

图 2-3 是 MELF 电阻器的外形尺寸示意图，以 ERD-21TL 为例，$L=2.0(+0.1, -0.05)$mm，$D=1.25(\pm 0.05)$mm，$T=0.3(+0.1)$mm，$H=1.4$mm。

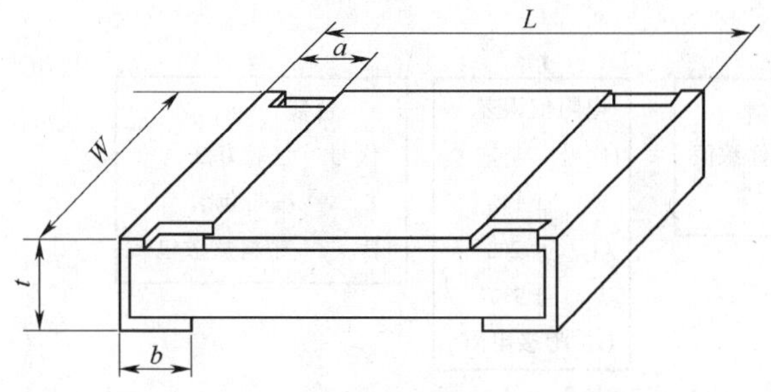

图 2-2　矩形表面组装电阻器的外形尺寸示意图

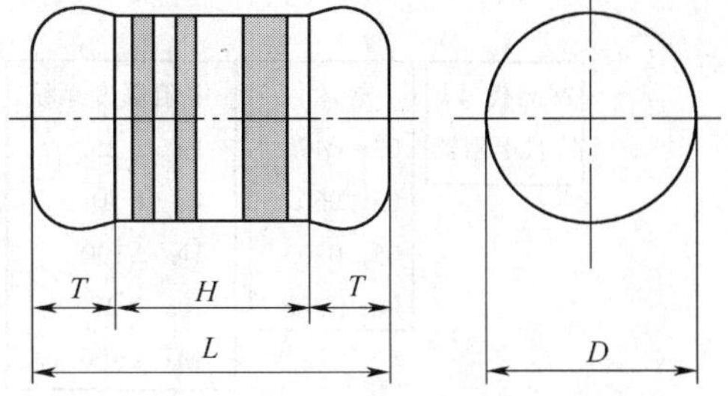

图 2-3　MELF 电阻器的外形尺寸示意图

通常电阻封装尺寸与功率的关系为：0201—1/20W，0402—1/16W，0603—1/10W，0805—1/8W，1206—1/4W。

3. 标称数值的标注

从电子元器件的功能特性来说，表面组装电阻器的参数数值系列与传统插装元器件的差别不大，标准的标称数值系列有 E6（电阻值允许偏差 ±20%）、E12（电阻值允许偏差 ±12%）、E24（电阻值允许偏差 ±5%），精密元器件还有 E48（电阻值允许偏差 ±2%）、E96（电阻值允许偏差 ±1%）等几个系列。

1005、0603 系列片状电阻器的表面积太小，难以用手工装配焊接，所以元器件表面不印刷它的标称数值（参数印在编带的带盘上）；3216、2012、1608 系列片状表面组装电阻器的标称数值一般用印在元器件表面上的三位数字表示（E24 系列）：前两位数字是有效数字，第 3 位是倍率乘数（有效数字后所加“0”的个数）。例如，电阻器上印有 114，表示阻值 110kΩ；表面印有 5R6，表示阻值 5.6Ω；表面印有 R39，表示阻值 0.39Ω；跨接电阻采用 000 表示。

当片状电阻器阻值允许偏差为 ±1% 时，阻值采用 4 位数字表示：若电阻值≥100 时，前 3 位数字是有效数字，第 4 位表示有效数字后所加“0”的个数，如 2002 表示 20kΩ，阻值介于 10～100Ω 时，在小数点处加“R”，如 15.5Ω 记为 15 R5，阻值小于 10Ω 时，在小数点处加“R”，不足 4 位的在末尾加“0”，如 4.8Ω 记为 4R80。

圆柱形电阻器用三位、四位或五位色环表示阻值的大小，每位色环所代表的意义与通孔插装色环电阻完全一样。例如：五位色环电阻器色环从左至右第一位色环为绿色，其有效值为 5；第二位色环为棕色，其有效值为 1；第三位色环为黑色，其有效值为 0；第四位色环为红色，其乘数为 10^2；第五位色环为棕色，其允许偏差为 ±1%。则该电阻的阻值为 51000Ω（51.00kΩ），允许偏差为 ±1%。

表面组装电阻器在料盘等包装上的标注目前尚无统一的标准，不同生产厂家的标注不尽相同，图 2-4 所示是某国产片状电阻器标识的含义，图中的标识“RC05K103JT”表示该电阻器是 0805 系列 10kΩ ±5% 片状电阻器，温度系数为 ±250%。

4. 表面组装电阻器的主要技术参数

虽然表面组装电阻器的体积很小，但它的数值范围和精度并不差，见表 2-3。3216 系列的阻值范围为 0.39Ω～10MΩ，额定功率可达到 1/4W，允许偏差有 ±1%、±2%、±5% 和 ±10% 共 4 个系列，额定工作温度上限是 70℃。

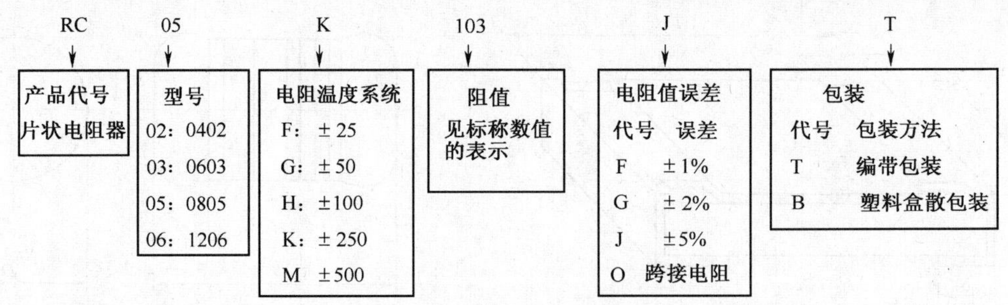

图 2-4 片状电阻器标识的含义

表 2-3 常用典型 SMC 电阻器的主要技术参数

系列型号	3216	2012	1608	1005
阻值范围	0.39Ω～10MΩ	2.2Ω～10MΩ	1Ω～10MΩ	10Ω～10MΩ
允许偏差/%	±1，±2，±5	±1，±2，±5	±2，±5	±2，±5
额定功率/W	1/4，1/8	1/10	1/16	1/16
最大工作电压/V	200	150	50	50
工作温度范围/额定温度/℃	-55～+125/70	-55～+125/70	-55～+125/70	-55～+125/70

5. 表面组装电阻器的焊端结构

片状表面组装电阻器的电极焊端一般由三层金属构成，如图 2-5 所示。焊端的内部电极通常是采用厚膜技术制作的钯银（Pd-Ag）合金电极，中间电极是镀在内部电极上的镍（Ni）阻挡层，外部电极是铅锡（Sn-Pb）合金。中间电极的作用是避免在高温焊接时焊料中的铅和银发生置换反应，从而导致厚膜电极“脱帽”，造成虚焊或脱焊。镍的耐热性和稳定性好，对钯银内部电极起到了阻挡层的作用；但镍的可焊接性较差，镀铅锡合金的外部电极可以提高可焊接性。随着无铅焊接技术的推广，焊端表面的合金镀层也将改变成无铅焊料。

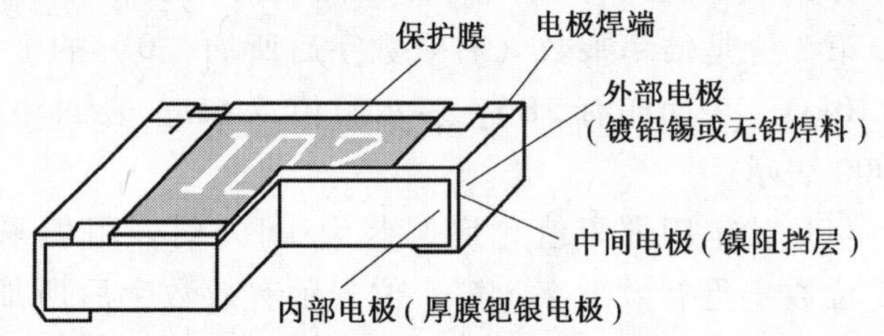

图 2-5 片状表面组装电阻器的电极焊端

2.2.2 SMC 电阻排（电阻网络）

电阻排也称为电阻网络或集成电阻，它是将多个参数与性能一致的电阻，按预定的配置要求连接后置于一个组装体内的电阻网络。图 2-6 所示为 8P4R（8 引脚、4 电阻）3216 系列表面组装电阻网络的外形与尺寸。

电阻网络按结构可分为 SOP 型、芯片功率型、芯片载体型和芯片阵列型 4 种。根据用途的不同，电阻网络有多种电路形式，芯片阵列型电阻网络的常见电路形式如图 2-7 所示。小型固定电阻网络一般采用标准矩形封装，主要有 0603、0805 和 1206 等几种尺寸，电阻网络内部的电阻值用数字标注在外壳上，意义与普通固定贴片电阻相同，其精度一般为 J（5%）、G（2%）和 F（1%）。

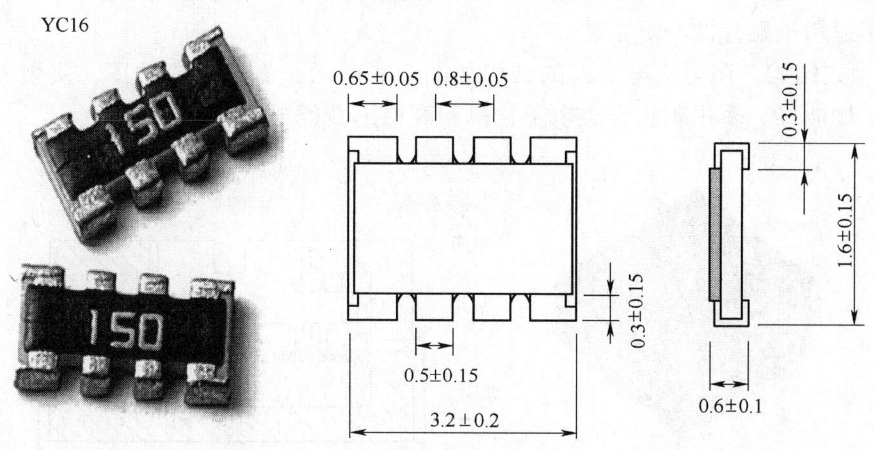

图 2-6　SMC 电阻排（电阻网络）

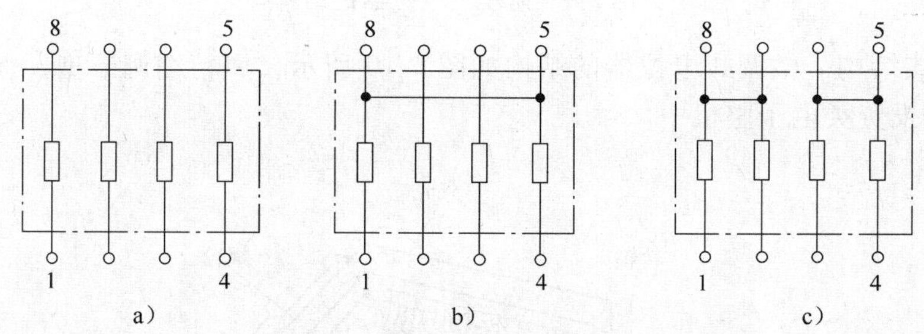

图 2-7　芯片阵列型电阻网络的常见电路形式

2.2.3　SMC 电位器

表面组装电位器又称为片式电位器。它包括片状、圆柱状和扁平矩形结构各种类型。标称阻值范围在 100Ω ~ 1MΩ，阻值允许偏差 ± 25%，额定功耗系列为 0.05W，0.1W，0.125W，0.2W，0.25W 和 0.5W。阻值变化规律为线性。

① 敞开式结构。敞开式电位器的结构如图 2-8 所示。它又分为直接驱动簧片结构和绝缘轴驱动簧片结构。这种电位器无外壳保护，灰尘和潮气易进入产品，对性能有一定影响，

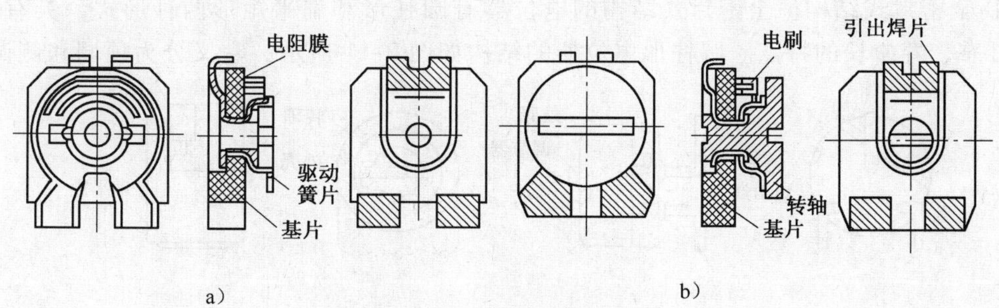

图 2-8　敞开式电位器的结构

a）直接驱动簧片结构　b）绝缘轴驱动簧片结构

但价格低廉，因此，常用于消费类电子产品中。敞开式的平状电位器仅适用于焊锡膏—再流焊工艺，不适用于贴片波峰焊工艺。

② 防尘式结构。防尘式电位器的结构如图 2-9 所示，有外壳或护罩，灰尘和潮气不易进入产品，性能好，多用于投资类电子整机和高档消费类电子产品中。

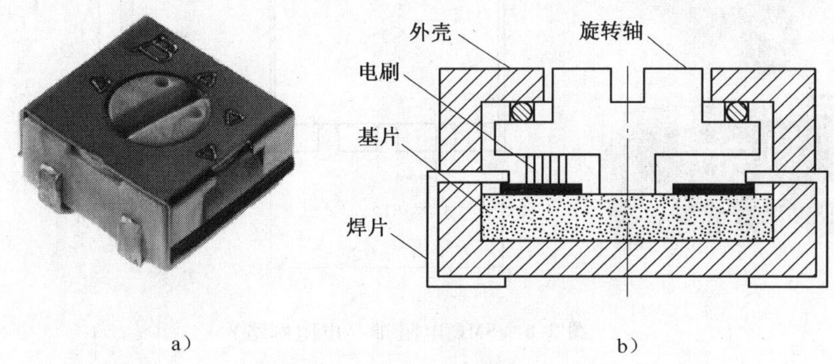

图 2-9　防尘式电位器的结构

③ 微调式结构。微调式电位器的结构如图 2-10 所示，属精细调节型，性能好，但价格昂贵，多用于投资类电子整机中。

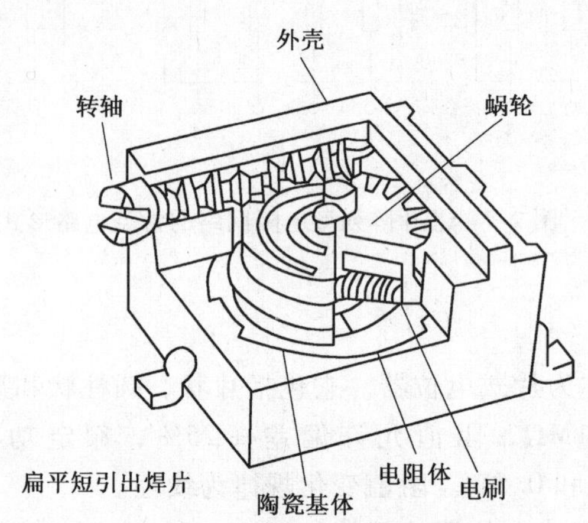

图 2-10　微调式电位器的结构

④ 全密封式结构。全密封式结构的电位器有圆柱形和扁平矩形两种形式，具有调节方便、可靠、寿命长的特点。圆柱形电位器的结构如图 2-11 所示，它又分为顶调和侧调两种。

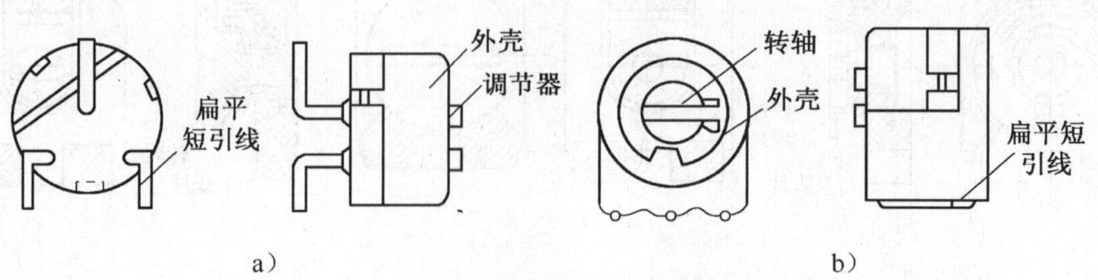

图 2-11　圆柱形电位器的结构

a）圆柱形顶调电位器的结构　b）圆柱形侧调电位器的结构

2.3 表面组装电容器

表面组装电容器目前使用较多的主要有两种：陶瓷系列（瓷介）的电容器和钽电解电容器，其中瓷介电容器约占80%，其次是钽和铝电解电容器。有机薄膜和云母电容器使用较少。

2.3.1 SMC多层陶瓷电容器

表面组装陶瓷电容器多以陶瓷材料为电容介质，多层陶瓷电容器是在单层盘状电容器的基础上构成的，电极深入电容器内部，并与陶瓷介质相互交错。多层陶瓷电容器简称为MLC。MLC通常为无引脚矩形结构，其外形标准与片状电阻大致相同，仍然采用长×宽表示。

MLC所用介质有COG、X_7R和Z_5V等多种类型，他们有不同的容量范围及温度稳定性，以COG为介质的电容温度特性较好。不同介质材料MLC的电容量范围见表2-4。

表2-4 不同介质材料MLC的电容量范围

型号	COG	X_7R	Z_5V
0805C	10～560pF	120pF～0.012μF	
1206C	680～1500pF	0.016～0.033μF	0.033～0.10μF
1812C	1800～5600pF	0.039～0.12μF	0.12～0.47μF

多层陶瓷电感器内部电极以低电阻率的导体银连接而成，提高了Q值和共振频率特性，采用整体结构，具有高可靠性、高品质和高电感值等特性，已经大量用于汽车工业、手机、PHS、WLNA和军事及航天产品等高频电路、中频增幅电路中。

对于元器件上的标注，早期采用英文字母及数字表示其电容，它们均代表特定的数值，只要查表就可以估算出电容的容值，字母数值对照表见表2-5、表2-6。

表2-5 片式电容容量系数表

字母	A	B	C	D	E	F	G	H	J	K	L
容量系数	1.0	1.1	1.2	1.3	1.5	1.6	1.8	2.0	2.2	2.4	2.7
字母	M	N	P	Q	R	S	T	U	V	W	X
容量系数	3.0	3.3	3.6	3.9	4.3	4.7	5.1	5.6	6.2	6.8	7.5
字母	Y	Z	a	b	c	d	e	f	m	n	t
容量系数	8.2	9.1	2.5	3.5	4.0	4.5	5.0	6.0	7.0	8.0	9.0

表2-6 片式电容容量倍率表/pF

下标数字	0	1	2	3	4	5	6	7	8	9
容量倍率	1	10^1	10^2	10^3	10^4	10^5	10^6	10^7	10^8	10^9

例如，标注为F_5，从系数表中查知字母F代表系数为1.6，从倍率表中查知下标5表示容量倍率10^5，由此可知该电容容量为1.6×10^5pF。

现在，片式瓷介电容器上通常不做标注，相关参数标记在料盘上。对于片式电容外包装上的标注，到目前为止仍无统一的标准，不同厂家标注略有不同。

MLC 外层电极与片式电阻相同，也是 3 层结构，即 Ag-Ni/Cd-Sn/Pb，其外形和结构如图 2-12 所示。

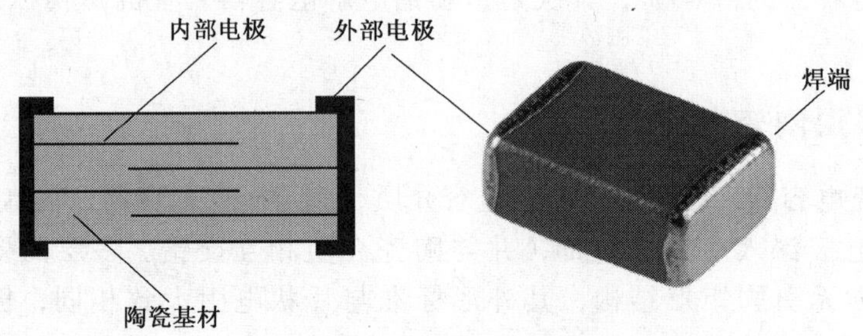

图 2-12　MLC 的结构与外形

2.3.2　SMC 电解电容器

常见的 SMC 电解电容器有铝电解电容器和钽电解电容器两种。

1. 铝电解电容器

铝电解电容器的容量和额定工作电压的范围比较大，因此做成贴片形式比较困难，一般是异形，主要应用于各种消费类电子产品中，价格低廉。按照外形和封装材料的不同，铝电解电容器可分为矩形（树脂封装）和圆柱形（金属封装）两类。

铝电解电容器的制作方法为将高纯度的铝箔（含铝 99.9% ~99.99%）电解腐蚀成高倍率的附着面，然后在硼酸、磷酸等弱酸性的溶液中进行阳极氧化，形成电介质薄膜，作为阳极箔；将低纯度的铝箔（含铝 99.5% ~99.8%）电解腐蚀成高倍率的附着面，作为阴极箔；用电解纸将阳极箔和阴极箔隔离后烧成电容器芯子，经电解液浸透，根据电解电容器的工作电压及电导率的差异，分成不同的规格，然后用密封橡胶铆接封口，最后用金属铝壳或耐热环氧树脂封装。

由于铝电解电容器采用非固体介质作为电解材料，因此在再流焊工艺中，应严格控制焊接温度，特别是再流焊接的峰值温度和预热区的升温速率。采用手工焊接时电烙铁与电容器的接触时间应尽量控制在 2s 以下。

铝电解电容器的电容值及耐压值在其外壳上均有标注，外壳上的深色标记代表负极，如图 2-13 所示。图 2-13a 是铝电解电容器的形状和结构，图 2-13b 是它的标注和极性表示方式。

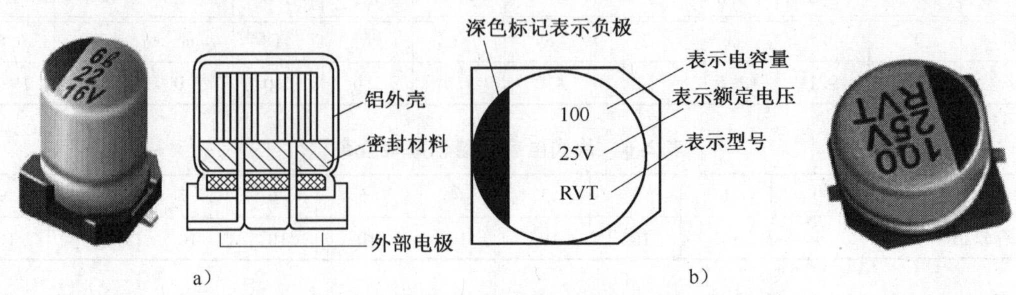

图 2-13　SMC 铝电解电容器

a）铝电解电容器的形状和结构　b）铝电解电容器的标注和极性表示方式

贴片式的组装工艺中的电容本身也是直立于 PCB 的，与插件式铝电解电容器的区别是 SMT 贴片电容有黑色的橡胶底座。

2. 钽电解电容

固体钽电解电容器的性能优异，是所有电容器中体积小而又能达到较大电容量的产品。因此容易制成适于表面贴装的小型和片式元器件。虽然钽原料稀缺，钽电容价格较昂贵，但由于大量采用高比体积钽粉，加上对电容器制造工艺的改进和完善，钽电解电容器得到了迅速的发展，使用范围日益广泛。

目前生产的钽电解电容器主要有烧结型固体、箔形卷绕固体和烧结型液体等 3 种，其中烧结型固体约占目前生产总量的 95% 以上，而又以非金属密封型的树脂封装式为主体。图 2-14所示是烧结型固体电解质片状钽电容器的内部结构图。

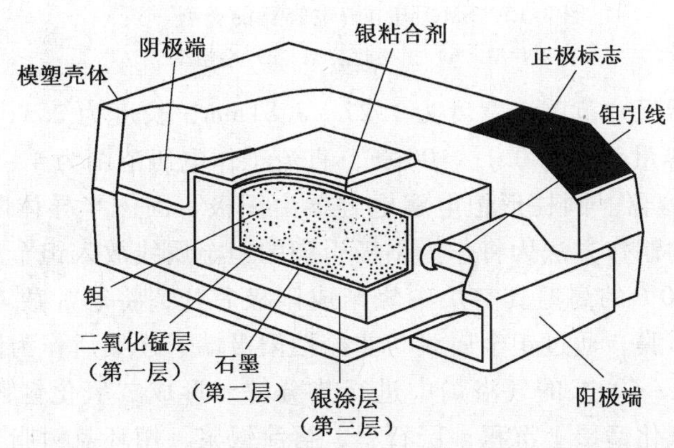

图 2-14 烧结型固体电解质片状钽电容器的内部结构图

钽电解电容器的工作介质是在钽金属表面生成的一层极薄的五氧化二钽膜。此层氧化膜介质与组成电容器的一个端极结合成整体，不能单独存在。因此单位体积内所具有的电容量特别大。即比容量非常高，所以特别适宜于小型化。在钽电解电容器工作过程中，具有自动修补或隔绝氧化膜中疵点的性能，使氧化膜介质随时得到加固和恢复其应有的绝缘能力，而不致遭到连续的累积性破坏。这种独特自愈性能，保证了其长寿命和可靠性的优势。

按照其外形，钽电解电容器可以分为片状矩形和圆柱形两种。按封装形式的不同，分为裸片型、模塑封装型和端帽型 3 种，如图 2-15 所示。

① 裸片型即无封装外壳，吸嘴无法吸取，故贴片机无法贴装，一般用于手工贴装。其尺寸小，成本低，但对恶劣环境的适应性差。对于裸片型钽电解电容器来讲，有引线一端为正极。

② 模塑封装型即常见的矩形钽电解电容器，多数为浅黄色塑料封装。成本高，尺寸较大，可用于自动化生产中。该类型电容器的阴极和阳极与框架引脚的连接会导致热应力过大，对机械强度影响较大，广泛应用于通信类电子产品中。对于模塑封装型钽电解电容来讲，靠近深色标记线的一端为正极。

③ 端帽型也称为树脂封装型，主体为黑色树脂封装，两端有金属帽电极。它的体积中等，成本较高，高频性能好，机械强度高，适合自动贴装，常用于投资类电子产品中。对于端帽型钽电解电容器来讲，靠近白色标记线的一端为正极。

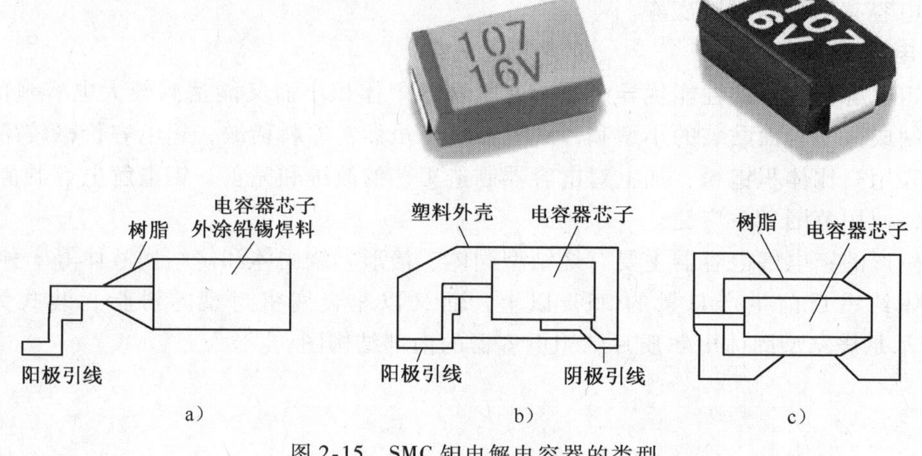

图 2-15　SMC 钽电解电容器的类型

a）裸片型　b）模塑封装型　c）端帽型

端帽型钽电解电容器尺寸范围：宽度为 1.27 ~ 3.81mm，长度为 2.54 ~ 7.239mm，高度为 1.27 ~ 2.794mm。电容量范围为 0.1 ~ 100μF，直流工作电压范围为 4 ~ 25V。

④ 圆柱形钽电解电容器。圆柱形钽电解电容器由阳极、固体半导体阴极组成，采用环氧树脂封装。该电容器的制作方法为将作为阳极引脚的钽金属线放入钽金属粉末中，加压成形，然后在 1650℃ ~ 2000℃ 的高温真空炉中烧结成阳极芯片，将芯片放入磷酸等电解质中进行阳极氧化，形成介质膜，通过钽金属线与非磁性阳极端子连接后作为阳极。然后浸入硝酸锰等溶液中，在 200℃ ~ 400℃ 的气浴炉中进行热分解，形成二氧化锰固体电解质膜并作为阴极。成膜后，在二氧化锰层上沉积一层石墨，再涂银浆，用环氧树脂封装，最后打上标志。从圆柱形钽电解电容器的结构可以看出，该电容器有极性。阳极采用非磁性金属，阴极采用磁性金属，所以，通常可根据磁性来判断正负电极。其电容值采用色环标志，具体颜色对应的数值见表 2-7。

表 2-7　圆柱形钽电解电容器的色环标志

额定电压/V	本色涂色	标称容量/μF	色环			
			第 1 环	第 2 环	第 3 环	第 4 环
		0.1	棕	黑		粉红
35		0.15	棕	绿	黄	
	橙色	0.22	红	红		
		0.33	橘红	橘红		
		0.47	黄	紫		
		0.68	蓝	灰		
10		1.00	棕	黑	绿	绿
	粉红色	1.50	棕	绿		
		2.20	红	红		
		3.30	橘红	橘红		黄
6.3		4.70	黄	紫		

2.3.3 SMC 云母电容器

云母电容器采用天然云母作为电解质，做成矩形片状，如图 2-16 所示。由于它具有耐热性好、损耗低、Q 值和精度高、易做成小电容等特点，特别适合在高频电路中使用，近年来已在无线通信、硬盘系统中大量使用。

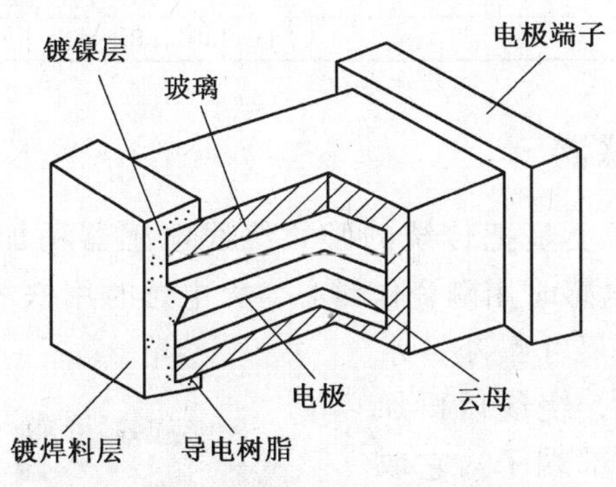

图 2-16 片状云母电容器的结构

片状云母电容器的外形尺寸见表 2-8。

表 2-8 片状云母电容器的外形尺寸

型号	尺寸/mm		
	长	宽	高
UC12	2.0	1.25	1.4
UC23	3.2	2.5	1.5
UC34	3.2	3.2	2.0
UC55	5.5	5.0	2.0

2.4 表面组装电感器

表面组装电感器是继表面组装电阻器、表面组装电容器之后迅速发展起来的一种新型无源元器件。

表面组装电感器除了与传统的插装电感器有相同的扼流、退耦、滤波、调谐、延迟和补偿等功能外，还特别在 LC 调谐器、LC 滤波器和 LC 延迟线等多功能器件中体现了独到的优越性。

由于电感器受线圈制约，片式化比较困难，故其片式化晚于电阻器和电容器，其片式化率也低。尽管如此，电感器的片式化仍取得很大的进展。不仅种类繁多，而且相当多的产品已经系列化、标准化，并已批量生产。表面组装电感器的常见类型见表 2-9。目前用量较大的主要有绕线型、多层型和卷绕型。

表 2-9　SMC 电感器类型

类　型	形　状	种　类
固定电感器	矩形	绕线型、多层型、固态型
	圆柱形	绕线型、卷绕印刷型、多层卷绕型
可调电感器	矩形	绕线型(可调线圈、中频变压器)
LC 复合元器件	矩形	LC 滤波器、LC 调谐器、中频变压器、LC 延迟线
	圆柱形	LC 滤波器、陷波器
特殊产品		LC、LRC、LR 网络

2.4.1　绕线型 SMC 电感器

绕线型 SMC 电感器实际上是把传统的卧式绕线电感器稍加改进而成。制造时将导线（线圈）缠绕在磁心上。低电感时用陶瓷作磁心，大电感时用铁氧体作磁心，绕组可以垂直也可水平。一般垂直绕组的尺寸最小，水平绕组的电性能要稍好一些，绕线后再加上端电极。端电极也称为外部端子，它取代了传统的插装式电感器的引线，以便表面组装。绕线型 SMC 电感器的实物外观如图 2-17 所示。

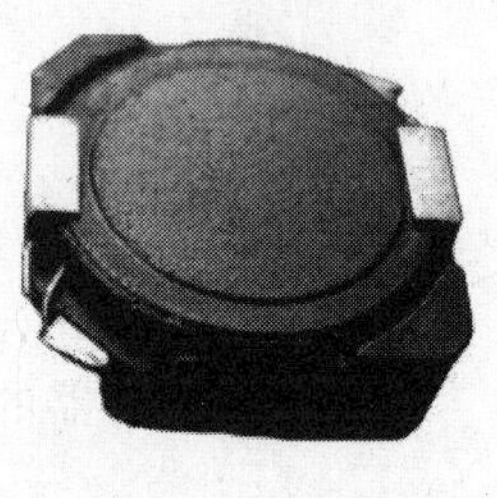

图 2-17　绕线型 SMC 电感器的实物外观

对绕线型 SMC 电感器来说，由于所用磁心不同，故结构上也有多种型式。

① 工字形结构。这种电感器是在工字形磁心上绕线制成的，如图 2-18a（开磁路）、图 2-18b（闭磁路）所示。

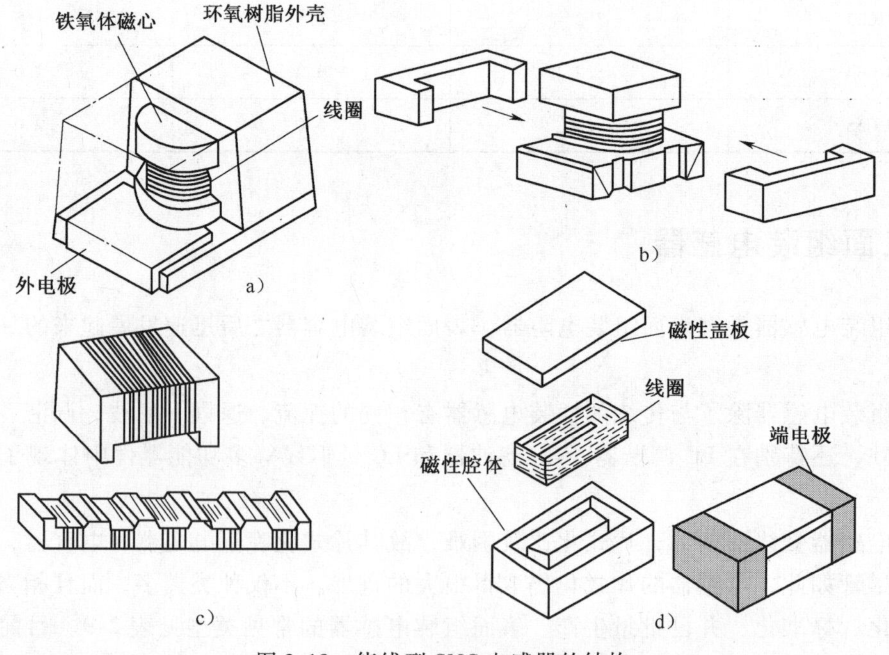

图 2-18　绕线型 SMC 电感器的结构

② 槽形结构。槽形结构是在磁性体的沟槽上绕上线圈而制成的，如图 2-18c 所示。

③ 棒形结构。这种结构的电感器与传统的卧式棒形电感器基本相同，它是在棒形磁心上绕线而成的。只是它用适合表面组装用的端电极代替了插装用的引线。

④ 腔体结构。这种结构是把绕好的线圈放在磁性腔体内，加上磁性盖板和端电极而成，如图 2-18d 所示。

2.4.2　多层型 SMC 电感器

多层型 SMC 电感器也称为多层型片式电感器（MLCI），它的结构和多层型陶瓷电容器相似，制造时由铁氧体浆料和导电浆料交替印刷叠层后，经高温烧结形成具有闭合磁路的整体。导电浆料经烧结后形成的螺旋式导电带，相当于传统电感器的线圈，被导电带包围的铁氧体相当于磁心，导电带外围的铁氧体使磁路闭合。其外形与结构如图 2-19 所示。

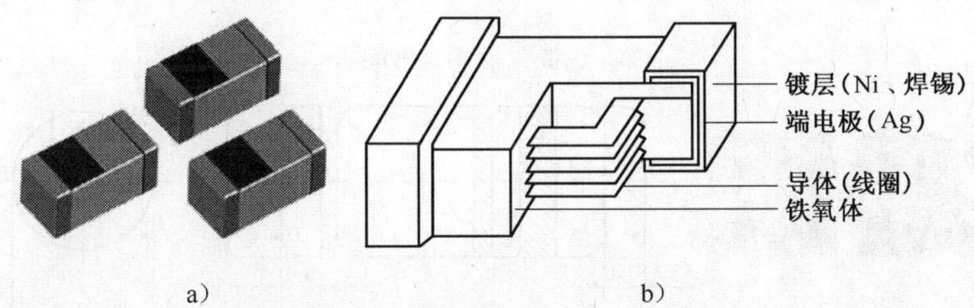

图 2-19　多层型 SMC 电感器的结构

MLCI 的制造关键是相当于线圈作用的螺旋式导电带。目前导电带常用的加工方法有交替（分部）印刷法和叠片通孔过渡法。此外，低温烧结铁氧体材料选择适当的粘合剂种类与含量，对 MLCI 的性能也是非常重要的。

MLCI 具有如下特点。

① 线圈密封在铁氧体中并作为整体结构，可靠性高。

② 磁路闭合，磁通量泄漏很少，不干扰周围的元器件，也不易受邻近元器件的干扰，适宜高密度安装。

③ 无引线，可做到薄型、小型化。但电感量和 Q 值较低。多层型片式电感器广泛应用在 VTR、TV、音响、汽车电子、通信和混合电路中。

2.5　表面组装分立器件

SMD 分立器件包括各种分立半导体器件，有二极管、晶体管和场效应晶体管，也有由两三只晶体管、二极管组成的简单复合电路。典型 SMD 分立器件的外形如图 2-20 所示，电极引脚数为 2 ~ 6 个。

二极管类器件一般采用 2 端或 3 端 SMD 封装，小功率晶体管类器件一般采用 3 端或 4 端 SMD 封装，4 ~ 6 端 SMD 器件内大多封装了两只晶体管或场效应晶体管。

2.5.1　SMD 二极管

SMD 二极管分为无引线柱形玻璃封装和片状塑料封装两种。无引线柱形玻璃封装二极

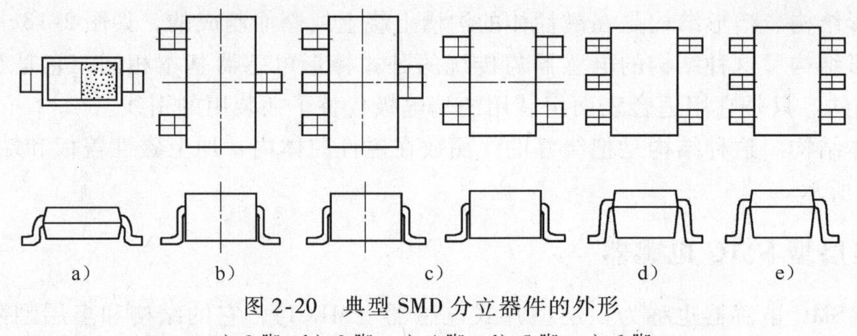

图 2-20　典型 SMD 分立器件的外形

a) 2 脚　b) 3 脚　c) 4 脚　d) 5 脚　e) 6 脚

管是将管芯封装在细玻璃管内，两端以金属帽为电极。常见的有稳压、开关和通用二极管，功耗一般为 0.5～1W。外形尺寸为 ϕ1.5mm×3.5mm 和 ϕ2.7mm×5.2mm 两种，外形如图 2-21 所示。

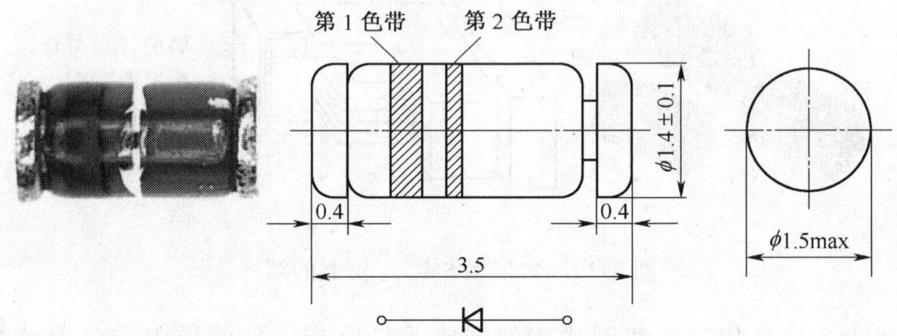

图 2-21　无引线柱形玻璃封装二极管

塑料封装二极管一般做成矩形片状，额定电流为 150mA～1A，耐压为 50～400V，外形尺寸为 3.8mm×1.5mm×1.1mm。

还有一种 SOT-23 封装的片状二极管，如图 2-22 所示，多用于封装复合二极管，也用于高速开关二极管和高压二极管。

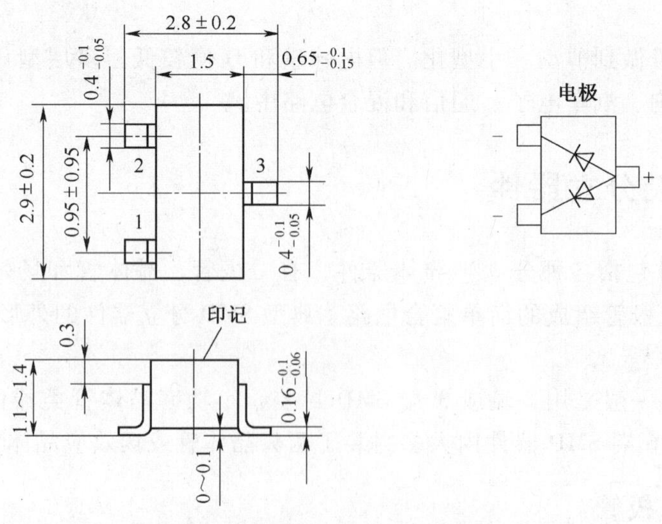

图 2-22　SOT-23 封装的二极管

图 2-23 所示为片式发光二极管（片式 LED），片式 LED 是一种新型表面贴装式半导体发光器件，具有体积小、散射角大、发光均匀性好、可靠性高等优点，发光颜色包括白光在内的各种颜色，因此被广泛应用在各种电子产品上。

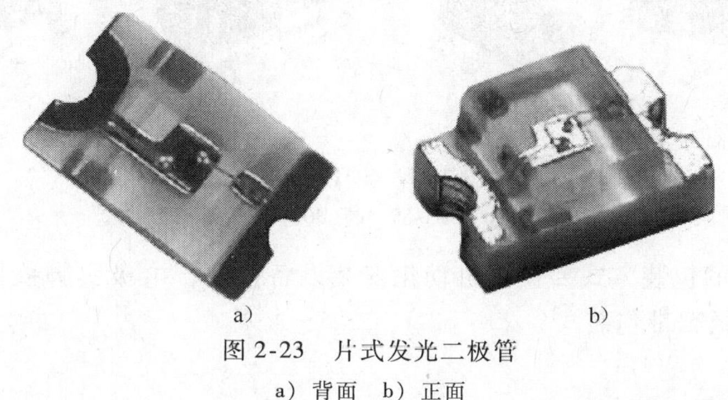

图 2-23 片式发光二极管

a）背面 b）正面

2.5.2 SMD 晶体管

晶体管采用带有翼形短引线的塑料封装，即 SOT 封装。可分为 SOT-23、SOT-89、SOT-143 和 SOT-252 几种尺寸结构，产品有小功率管、大功率管、场效应晶体管和高频管几个系列；其中 SOT-23 是通用的表面组装晶体管，SOT-23 有 3 条翼形引脚，外形与内部结构如图 2-24 所示。

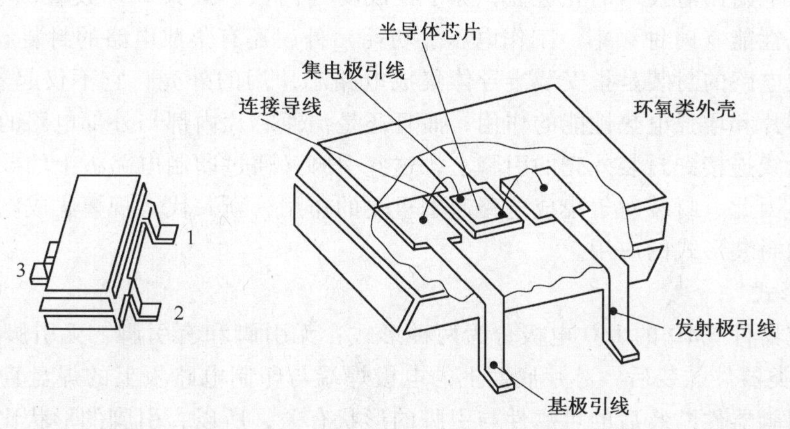

图 2-24 SOT-23 晶体管外形与结构

SOT-89 适用于较高功率的场合，它的 e、b、c 三个电极是从管子的同一侧引出，管子底面有金属散热片与集电极相连，晶体管芯片粘接在较大的铜片上，以利于散热。

SOT-143 有 4 条翼形短引脚，对称分布在长边的两侧，引脚中宽度偏大一点的是集电极，这类封装常见双栅场效应晶体管及高频晶体管。

小功率管额定功率为 100～300mW，电流为 10～700mA。

大功率管额定功率为 300mW～2W，SOT-252 封装的功耗为 2～50W，两条连在一起的引脚或与散热片连接的引脚是集电极。

SMD 分立器件封装类型及产品，到目前为止已有 3000 多种，各厂商产品的电极引出方式略有差别，在选用时必须查阅手册资料。但产品的极性排列和引脚距基本相同，具有互换性。图 2-25 所示是几种 SOT 晶体管外观。

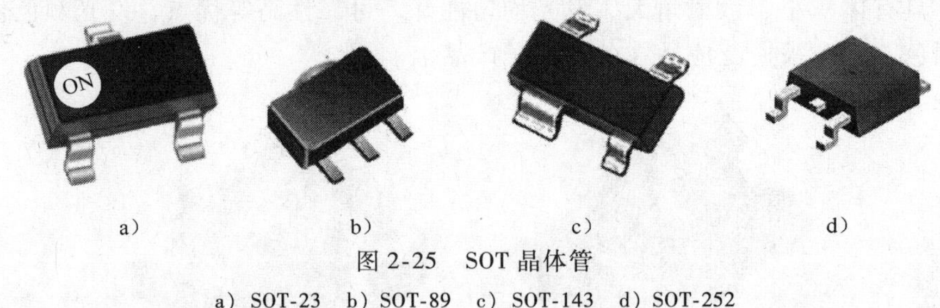

a）　b）　c）　d）

图 2-25　SOT 晶体管

a）SOT-23　b）SOT-89　c）SOT-143　d）SOT-252

SMD 分立器件的包装方式要便于自动化安装设备拾取，电极引脚数目较少的 SMD 分立器件一般采用盘状纸编带包装。

2.6　表面组装集成电路

表面组装集成电路包括各种数字电路和模拟电路的 SSI ~ ULSI 集成器件。由于工艺技术的进步，SMT 集成电路的电气性能指标比 THT 集成电路更好一些。

2.6.1　SMD 封装综述

衡量集成电路制造技术的先进性，除了集成度（门数、最大 I/O 数量）、电路技术、特征尺寸和电气性能（时钟频率、工作电压、功耗）外，还有集成电路的封装。

所谓集成电路的封装是指安装半导体集成电路芯片用的外壳，它不仅起着安放、固定、密封、保护芯片和增强电热性能的作用，而且还是沟通芯片内部与外部电路的桥梁——芯片上的接点用导线连接到封装外壳的引脚上，这些引脚又通过印制电路板上的导线与其他元器件建立连接。因此，封装对于集成电路起着重要的作用，新一代大规模集成电路的出现，常常伴随着新的封装形式的应用。

1. 电极形式

表面组装器件 SMD 的 I/O 电极分为两种形式：无引脚和有引脚。无引脚形式有 LCCC、PQFN 等，这类器件贴装后，芯片底面上的电极焊端与印制电路板上的焊盘直接连接，可靠性较高。有引脚器件贴装后的可靠性与引脚的形状有关，所以，引脚的形状比较重要。占主导地位的引脚形状有翼形、钩形（J 形）和球形 3 种。翼形引脚用于 SOT/SOP/QFP 封装，钩形（J 形）引脚用于 SOJ/PLCC 封装，球形引脚用于 BGA/CSP/Flip Chip 封装。

翼形引脚的主要特点是：符合引脚薄而窄以及小间距的发展趋势，特点是焊接容易，可采用包括热阻焊在内的各种焊接工艺来进行焊接，工艺检测方便，但占用面积较大，在运输和装卸过程中容易损坏引脚。

钩形引脚的主要特点是：引线呈“J”形，空间利用率比翼形引脚高，它可以用除热阻焊外的大部分再流焊进行焊接，比翼形引脚坚固。由于引脚具有一定的弹性，可缓解安装和焊接的应力，防止焊点断裂。

2. 封装材料

按芯片的封装材料分有金属封装，陶瓷封装，金属—陶瓷封装，塑料封装。

金属封装：金属材料可以冲压，因此有封装精度高，尺寸严格，便于大量生产，价格低廉等优点。

陶瓷封装：陶瓷材料的电气性能优良，适用于高密度封装。

金属—陶瓷封装：兼有金属封装和陶瓷封装的优点。

塑料封装：塑料的可塑性强，成本低廉，工艺简单，适合大批量生产。

3. 芯片的装载方式

裸芯片在装载时，它的有电极的一面可以朝上也可以朝下，因此，芯片就有正装片和倒装片之分，布线面朝上为正装片，反之为倒装片。

另外，裸芯片在装载时，它们的电气连接方式亦有所不同，有的采用有引线键合方式，有的则采用无引线键合方式。

4. 芯片的基板类型

基板的作用是搭载和固定裸芯片，同时兼有绝缘、导热、隔离及保护作用，它是芯片内外电路连接的桥梁。从材料上看，基板有有机和无机之分，从结构上看，基板有单层的、双层的、多层的和复合的。

5. 封装比

评价集成电路封装技术的优劣，一个重要指标是封装比

封装比 = 芯片面积/封装面积

这个比值越接近1越好。在如图2-26所示的集成电路封装示意图里，芯片面积一般很小，而封装面积则受到引脚间距的限制，难以进一步缩小。

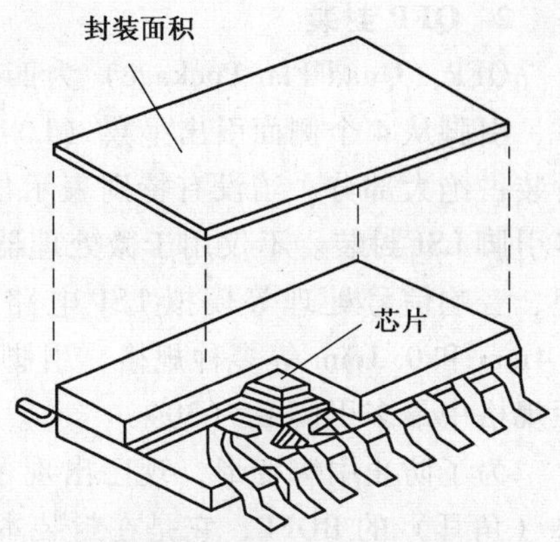

图2-26 集成电路封装示意图

集成电路的封装技术已经历经了好几代变迁，从DIP、QFP、PGA、BGA到CSP再到MCM，芯片的封装比越来越接近1，引脚数目增多，引脚间距减小，芯片重量减轻，功耗降低，技术指标、工作频率、耐温性能、可靠性和适用性都取得了巨大的进步。

图2-27所示是常用半导体器件的封装形式及特点。

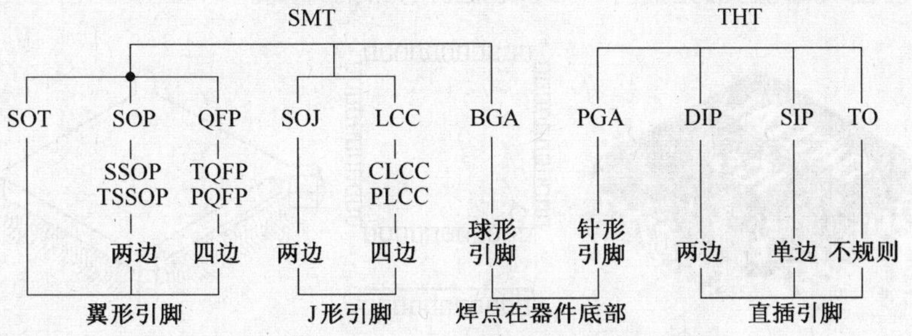

图2-27 常用半导体器件的封装形式及特点

2.6.2 集成电路的封装形式

1. SO封装

引线比较少的小规模集成电路大多采用这种小型封装，如图2-31所示。SO封装又分为

几种，芯片宽度小于 0.15in，电极引脚数目比较少的（一般在 8 ~ 40 脚之间），叫做 SOP 封装；宽度在 0.25in 以上，电极引脚数目在 44 以上的，叫做 SOL 封装，这种芯片常见于随机存储器（RAM）。芯片宽度在 0.6in 以上，电极引脚数目在 44 以上的，叫做 SOW 封装，这种芯片常见于可编程存储器（E^2PROM）。有些 SOP 封装采用小型化或薄型化封装，分别叫做 SSOP 封装和 TSOP 封装。大多数 SO 封装的引脚采用翼形电极，也有一些存储器采用 J 形电极（称为 SOJ），有利于在插座上扩展存储容量，图 2-28a 和 b，分别是具有翼形引脚和“J”形引脚的 SOP 封装结构。SO 封装的引脚间距分别为 1.27mm、1.0mm、0.8mm、0.65mm 和 0.5mm 几种。

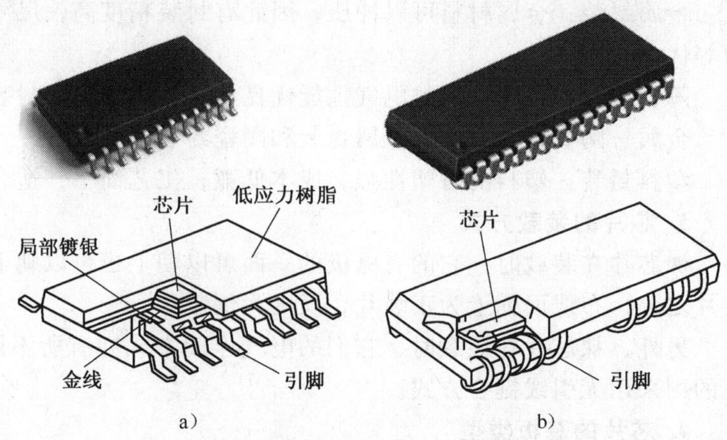

图 2-28 SOP 的翼形引脚和“J”形引脚封装结构

2. QFP 封装

QFP（Quad Flat Pockage）为四侧引脚扁平封装，是表面组装集成电路主要封装形式之一，引脚从 4 个侧面引出呈翼（L）型。基材有陶瓷、金属和塑料 3 种。从数量上看，塑料封装占绝大部分。当没有特别表示出材料时，多数情况为塑料 QFP。塑料 QFP 是最普及的多引脚 LSI 封装。不仅用于微处理器，门阵列等数字逻辑 LSI 电路，而且也用于 VTR 信号处理、音响信号处理等模拟 LSI 电路。引脚中心距分为 1.0mm、0.8mm、0.65mm、0.5mm、0.4mm 和 0.3mm 等多种规格，引脚间距最小极限为 0.3mm，最大为 1.27mm。0.65mm 中心距规格中最多引脚数为 304。

为了防止引脚变形，现已出现了几种改进的 QFP 品种。如封装的 4 个角带有树脂缓冲垫（角耳）的 BQFP，它是在封装本体的 4 个角设置突起，以防止在运送或操作过程中引脚发生弯曲变形。图 2-29 是常见的 QFP 封装集成电路的外观。

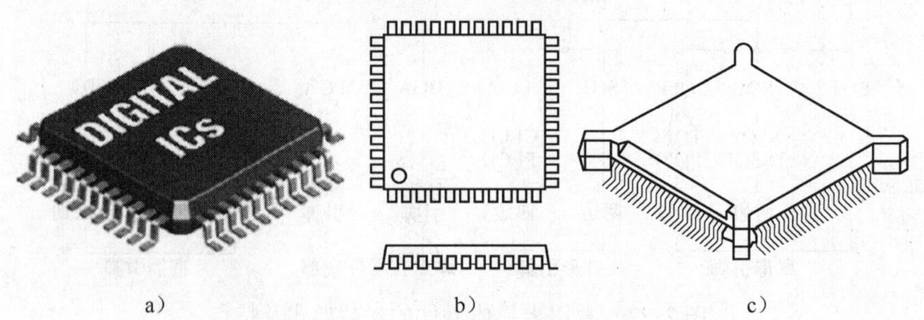

图 2-29 常见的 QFP 封装集成电路的外观

a）QFP 封装集成电路实物 b）QFP 封装的一般形式 c）BQFP 封装

3. PLCC 封装

PLCC 是集成电路的有引脚塑封芯片载体封装，它的引脚向内钩回，叫做钩形（J 形）

电极，电极引脚数目为 16 ~ 84 个，间距为 1.27mm，其外观与封装结构如图 2-30 所示。PLCC 封装的集成电路大多是可编程的存储器。芯片可以安装在专用的插座上，容易取下来对其中的数据进行改写；为了减少插座的成本，PLCC 芯片也可以直接焊接在电路板上，但用手工焊接比较困难。

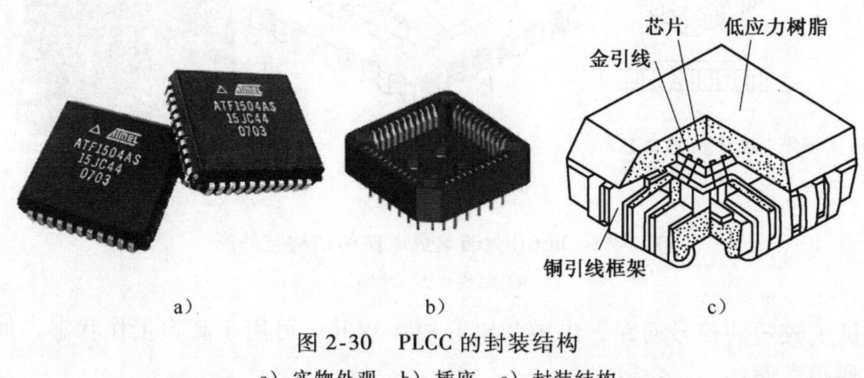

图 2-30　PLCC 的封装结构

a）实物外观　b）插座　c）封装结构

PLCC 的外形有方形和矩形两种，方形的称为 JEDEC MO-047，矩形的称为 JEDEC MO-052。外形尺寸如图 2-31 所示。

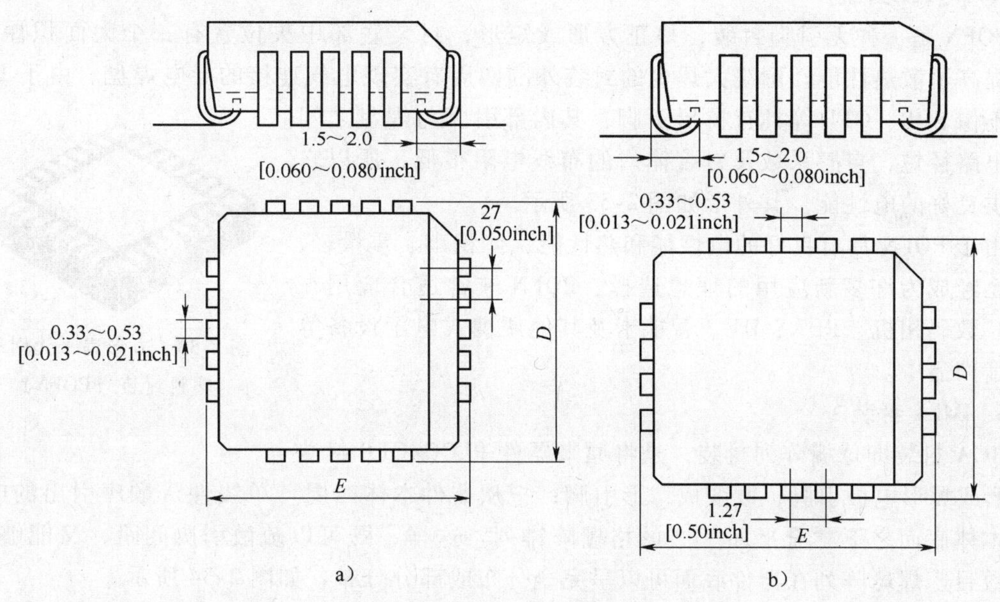

图 2-31　PLCC 的外形尺寸

a）方形 PLCC　b）矩形 PLCC

4. LCCC 封装

LCCC 是陶瓷芯片载体封装的 SMD 集成电路中没有引脚的一种封装；芯片被封装在陶瓷载体上，外形有正方形和矩形两种，无引线的电极焊端排列在封装底面上的四边，电极数目正方形分别为 16、20、24、28、44、52、68、84、100、124 和 156 个，矩形分别为 18、22、28 和 32 个。引脚间距分别为 1.0mm 和 1.27mm 两种，其结构与外形如图 2-32 所示。

LCCC 引出端子的特点是在陶瓷外壳侧面有类似城堡状的金属化凹槽和外壳底面镀金电

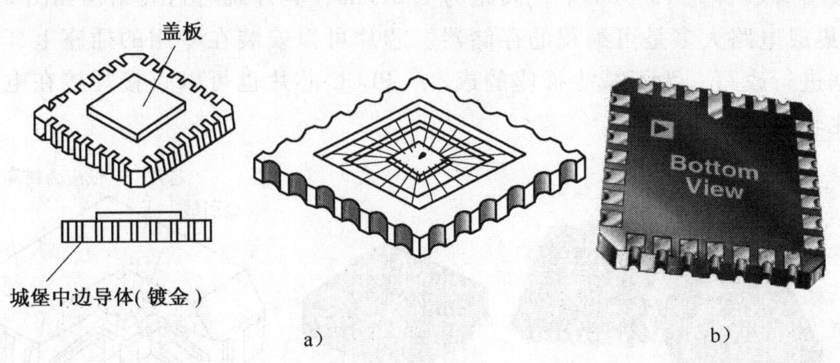

图 2-32　LCCC 封装集成电路的结构与外形
a）结构　b）外形

极相连，提供了较短的信号通路，电感和电容损耗较低，可用于高频工作状态，如微处理器单元、门阵列和存储器。

LCCC 集成电路的芯片是全密封的，可靠性高但价格高，主要用于军用产品中，并且必须考虑器件与电路板之间的热膨胀系数是否一致的问题。

5. PQFN 封装

PQFN 是一种无引脚封装，呈正方形或矩形，封装底部中央位置有一个大面积裸露焊盘，提高了散热性能。围绕大焊盘的封装外围四周有实现电气连接的导电焊盘。由于 PQFN 封装不像 SOP、QFP 等具有翼形引脚，其内部引脚与焊盘之间的导电路径短，自感系数及封装体内的布线电阻很低，所以它能提供良好的电性能。其外形如图 2-33 所示。

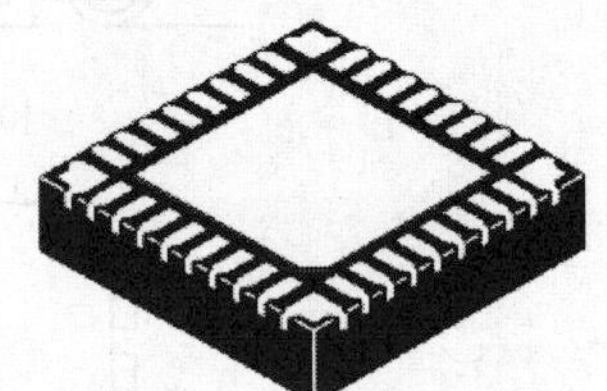

图 2-33　方形扁平无引脚塑料封装（PQFN）

由于 PQFN 具有良好的电性能和热性能，体积小、重量轻，因此已经成为许多新应用的理想选择。PQFN 非常适合应用在手机、数码相机、PDA、DV、智能卡及其他便携式电子设备等高密度产品中。

6. BGA 封装

BGA 封装即球栅阵列封装，是将原来器件 PLCC/QFP 封装的 J 形或翼形电极引脚，改变成球形引脚；把从器件本体四周“单线性”顺序引出的电极，变成本体底面之下“全平面”式的格栅阵排列。这样，既可以疏散引脚间距，又能够增加引脚数目。焊球阵列在器件底面可以呈完全分布或部分分布，如图 2-34 所示。

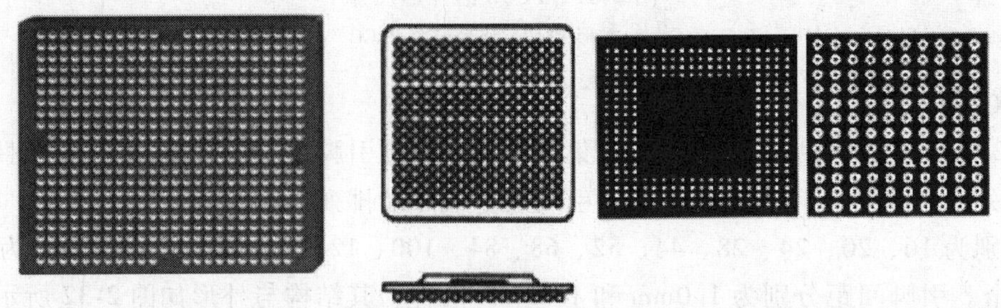

图 2-34　BGA 封装的集成电路

① BGA 方式能够显著地缩小芯片的封装表面积：假设某个大规模集成电路有 400 个 I/O 电极引脚，同样取引脚的间距为 1.27mm，则正方形 QFP 芯片每边为 100 条引脚，边长至少达到 127mm，芯片的表面积要 160cm^2 以上；而正方形 BGA 芯片的电极引脚按 20×20 的行列均匀排布在芯片的下面，边长只需 25.4mm，芯片的表面积还不到 7cm^2。可见，相同功能的大规模集成电路，BGA 封装的尺寸比 QFP 的要小得多，有利于在 PCB 上提高装配的密度。

② 从装配焊接的角度看，BGA 芯片的贴装公差为 0.3mm，比 QFP 芯片的贴装精度要求 0.08mm 低得多。这就使 BGA 芯片的贴装可靠性显著提高，工艺失误率大幅度下降，用普通多功能贴片机和回流焊设备就能基本满足组装要求。

③ 采用 BGA 芯片，使产品的平均线路长度缩短，改善了电路的频率响应和其他电气性能。

④ 用回流焊设备焊接时，锡球的高度表面张力导致芯片的自校准效应（也叫“自对中”或“自定位”效应），提高了装配焊接的质量。

正因为 BGA 封装有比较明显的优越性，所以大规模集成电路的 BGA 品种也在迅速多样化。现在已经出现很多种形式，如陶瓷 BGA（CBGA）、塑料 BGA（PBGA）以及微型 BGA（Micro-BGA、μBGA 或 CSP）等，前两者的主要区分在于封装的基底材料，如 CBGA 采用陶瓷，PBGA 采用 BT 树脂；而后者是指那些封装尺寸与芯片尺寸比较接近的微型集成电路。

目前可以见到的一般 BGA 芯片，焊球间距有 1.5mm、1.27mm 和 1.0mm 3 种；而 μBGA 芯片的焊球间距分别为 0.8mm、0.65mm、0.5mm、0.4mm 和 0.3mm 多种。

7. CSP 封装

CSP 的全称为 Chip Scale PACkage，为芯片尺寸级封装的意思。是 BGA 进一步微型化的产物，做到裸芯片尺寸有多大，封装尺寸就有多大。即封装后的 IC 尺寸边长不大于芯片的 1.2 倍，IC 面积只比晶粒（Die）大不超过 1.4 倍。CSP 封装可以让芯片面积与封装面积之比超过 1:1.14，已经非常接近于 1:1 的理想情况。

在相同的芯片面积下，CSP 所能达到的引脚数明显的要比 TSOP、BGA 引脚数多得多。TSOP 最多为 304 根引脚，BGA 的引脚极限能达到 600 根，而 CSP 理论上可以达到 1000 根。由于如此高度集成的特性，芯片到引脚的距离大大缩短了，线路的阻抗显著减小，信号的衰减和干扰大幅降低。CSP 封装也非常的薄，金属基板到散热体的最有效散热路径仅为 0.2mm，提升了芯片的散热能力。

目前的 CSP 还主要用于少 I/O 端数集成电路的封装，如计算机内存条和便携电子产品。未来则将大量应用在信息家用电器（IA）、数字电视（DTV）、电子书（E-Book）、无线网络 WLAN/GigabitEthemet 和 ADSL/等新兴产品中。

2.7 表面组装元器件的包装

表面组装元器件的包装有编带、散装、管装和托盘 4 种类型。

1. 散装

无引线且无极性的 SMC 元器件可以散装，例如一般矩形、圆柱形电容器和电阻器。散装的元器件成本低，但不利于自动化设备拾取和贴装。

2. 盘状编带包装

编带包装适用于除大尺寸 QFP、PLCC 和 LCCC 芯片以外的其他元器件，其具体形式有纸编带、塑料编带和粘接式编带 3 种。

（1）纸质编带。纸质编带由底带、载带、盖带及绕纸盘（带盘）组成，如图 2-35 所示。载带上圆形小孔为定位孔，以供供料器上齿轮驱动；矩形孔为承料腔，用来放置元器件。

用纸质编带进行元器件包装的时候，要求元器件厚度与纸带厚度差不多，纸质编带不可太厚，否则供料器无法驱动，因此，纸编带主要用于包装 0805 规格（含）以下的片状电阻、片状电容（有少数例外）。纸带一般宽为 8mm，包装元器件以后盘绕在塑料绕纸盘上。

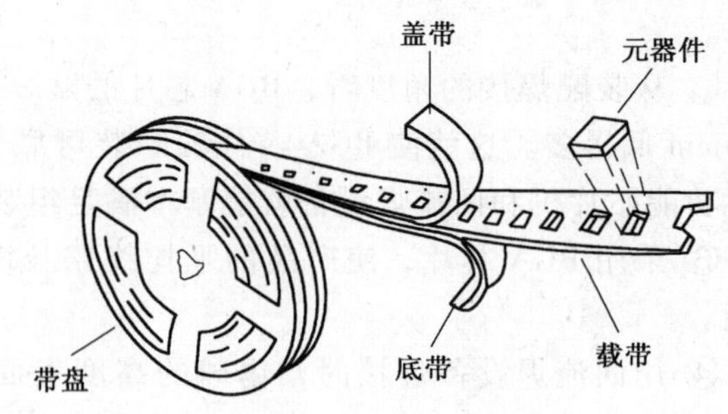

图 2-35 纸质编带

（2）塑料编带。塑料编带与纸质编带的结构尺寸大致相同，所不同的是料盒呈凸形，如图 2-36 所示。塑料编带包装的元器件种类很多，有各种无引线元器件、复合元器件、异形元器件、SOT 晶体管和引线少的 SOP/QFP 集成电路等。贴片时，供料器上的上剥膜装置除去薄膜盖带后再取料。

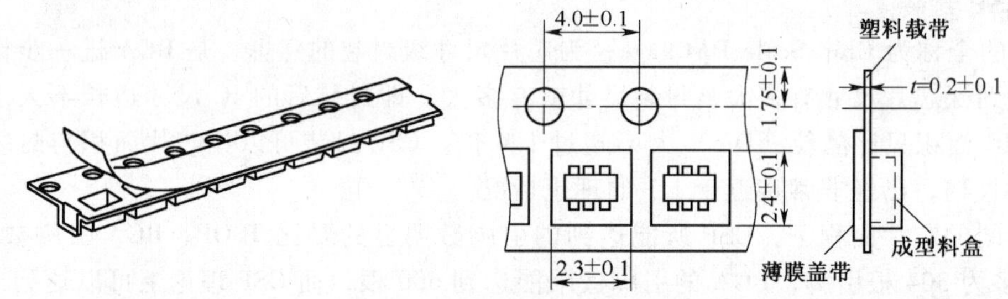

图 2-36 塑料编带结构与尺寸

纸编带和塑料编带的一边有一排定位孔，用于贴片机在拾取元器件时引导纸带前进并定位。定位孔的孔距为 4mm（小于 0402 系列的元器件的编带孔距为 2mm）。在编带上的元器件间距依元器件的长度而定，一般为 4mm 的倍数。编带的尺寸标准见表 2-10。

表 2-10 SMT 元器件包装编带的尺寸标准

编带宽度/mm	8	12	16	24	32	44	56
元器件间距/mm（4 的倍数）	2,4	4,8	4,8,12	12,16,20,24	16,20,24,28,32	24,28,32,36,40,44	40,44,48,52,56

编带包装的料盘由聚苯乙烯（PS polystyrene）材料制成，由 1 ~ 3 个部件组成，其颜色为蓝色、黑色、白色或透明，通常是可以回收使用的。

（3）粘接式编带。粘接式编带的底面为胶带，IC 贴在胶带上，且为双排驱动。贴片时，供料器上有下剥料装置。粘接式编带主要用来包装尺寸较大的片式元器件，如 SOP、片式电阻网络和延迟线等。

3. 管式包装

管式包装主要用于SOP、SOJ、PLCC集成电路、PLCC插座和异形元器件等，从整机产品的生产类型看，管式包装适合于品种多、批量小的产品。

包装管（也称为料条）由透明或半透明的聚乙烯（PVC polyvinylchloride）材料构成，挤压成满足要求的标准外形，如图2-37所示。管式包装的每管零件数从数十颗到近百颗不等，管中组件方向具有一致性，不可装反。

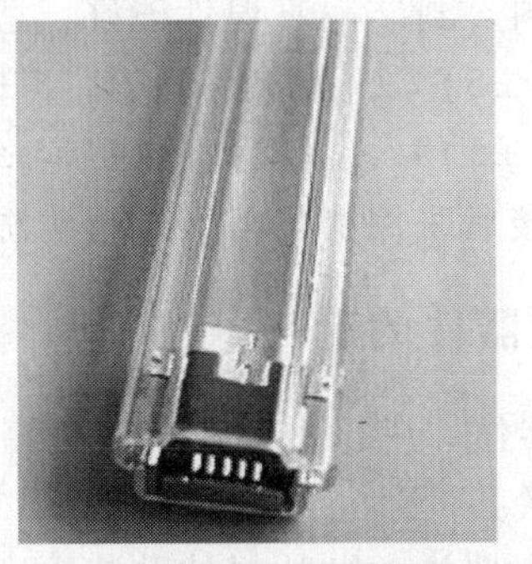
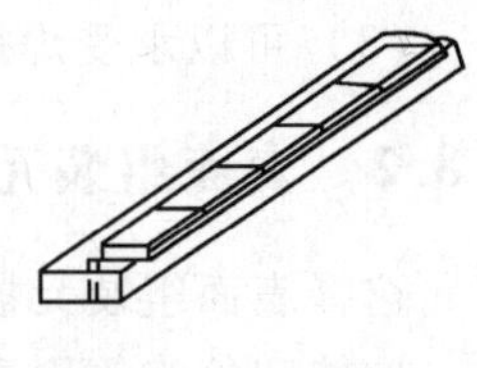

图2-37　管式包装

4. 托盘包装

托盘（又称华夫盘）由碳粉或纤维材料制成，要求暴露在高温下的IC托盘通常具有150℃或更高的耐温。托盘铸塑成矩形标准外形，包含统一相间的凹穴矩阵，如图2-38所示。凹穴托住元器件，提供运输和处理期间对元器件的保护。间隔为在PCB装配过程中用于贴装的标准工业自动化设备提供准确的元器件位置。元器件安排在托盘内，标准的方向是将第一引脚放在托盘斜切角落。

托盘包装主要用于QFP、窄间距为SOP、PLCC和BCA集成电路等器件。

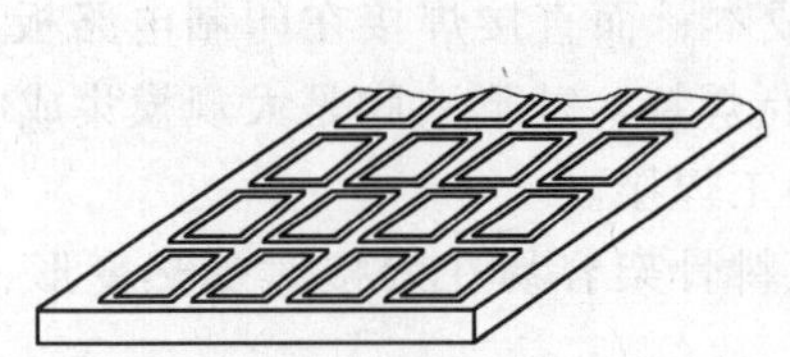

图2-38　华夫盘

2.8　表面组装元器件的选择与使用

2.8.1　对SMT元器件的基本要求

表面组装元器件应该满足以下基本要求。

1. 装配适应性—要适应各种装配设备操作和工艺流程

（1）SMT元器件在焊接前要用贴片机贴放到印制电路板上，所以，元器件的上表面应该适于贴片机真空吸嘴的拾取。

（2）表面组装元器件的下表面（不包括焊端）应保留使用胶粘剂的空间。

（3）尺寸、形状应该标准化，并具有良好的尺寸精度和互换性。

（4）包装形式适应贴片机的自动贴装，并能够保护器件在搬运过程中免受外力，保持引脚的平整。

（5）具有一定的机械强度，能承受贴装应力和电路基板的弯曲应力。

2. 焊接适应性—要适应各种焊接设备及相关工艺流程

（1）元器件的焊端或引脚的共面性好，满足贴装、焊接要求。

（2）元器件的材料、封装耐高温性能好，适应焊接条件。

- 再流焊为（235±5）℃，焊接时间为（5±0.2）s。
- 波峰焊为（250±5）℃，焊接时间为（4±0.5）s。

（3）可以承受焊接后采用有机溶剂进行清洗，封装材料及表面标识不得被溶解。

2.8.2 表面组装元器件的选择

选择表面组装元器件，应该根据系统和电路的要求，综合考虑市场供应商所能提供的规格、性能和价格等因素。

（1）选择元器件时要注意贴片机的贴装精度水平。

（2）钽和铝电解电容器主要用于电容量大的场合。铝电解电容器的容量大、耐压高且价格比较便宜，但引脚在底座下面，焊接的可靠性不如矩形封装的钽电解电容器。

（3）集成电路的引脚形式与焊接设备及工作条件有关，是必须考虑的问题。虽然 SMT 的典型焊接方法是再流焊，但翼形引脚数量不多的芯片也可以放在印制电路板的焊接面上，用波峰焊设备进行焊接，有经验的技术工人用热风台甚至普通电烙铁也可以熟练地焊接。J 形引脚不易变形，对于单片计算机或可编程存储器等需要多次拆卸以便擦写其内部程序的集成电路，采用 PLCC 封装的芯片与专用插座配合，使拆卸或更换变得容易。但假如产品已经大批量生产，减少 PLCC 的插座显然可以降低成本；而直接焊接在印制电路板上的 PLCC 芯片维修不够方便，并且不能采用波峰焊设备进行焊接。球形引脚是大规模集成电路的发展方向，但 BGA 集成电路肯定不能采用波峰焊或手工焊接。

（4）机电元器件大多由塑料构成骨架，塑料骨架容易在焊接时受热变形，最好选用有引脚露在外面的机电元器件。

2.8.3 使用 SMT 元器件的注意事项

（1）表面组装元器件存放的环境条件。

① 环境温度：库存温度＜40℃。

② 生产现场温度＜30℃。

③ 环境湿度：＜RH60%。

④ 环境气氛：库存及使用环境中不得有影响焊接性能的硫、氯、酸等有毒气体。

⑤ 防静电措施：要满足 SMT 元器件对防静电的要求。

⑥ 元器件的存放周期：从元器件厂家的生产日期算起，库存时间不超过两年。整机厂用户购买后的库存时间一般不超过 1 年。假如是自然环境比较潮湿的整机厂，购入 SMT 元器件以后应在 3 个月内使用，并在存放地及元器件包装中采取适应的防潮措施。

（2）有防潮要求的 SMD 元器件。开封后 72 h 内必须使用完毕，最长也不要超过一周。如果不能用完，应存放在 RH20% 的干燥箱内，已受潮的 SMD 器件要按规定进行烘干去潮处理。

注意事项：

① 凡采用塑料管包装的 SMD（SOP，SOJ，PLCC 和 QFP 等），其包装管不耐高温，不能直接放进烘箱烘烤，应另行放在金属管或金属盘内才能烘烤。

② QFP 的包装塑料盘有不耐高温和耐高温两种。耐高温的（注有 T_{max} = 135℃、150℃或 180℃等几种）可直接放入烘箱中进行烘烤，不耐高温的不可直接放入烘箱烘烤，以防发生意外，应另放在金属盘内进行烘烤。转放时应防止损伤引脚，以免破坏其共面性。

（3）运输、分料、检验或手工贴装。假如工作人员需要拿取 SMD 器件，应该佩带防静电腕带，尽量使用吸笔操作，并特别注意避免碰伤 SOP、QFP 等器件的引脚，预防引脚翘曲变形。

（4）剩余 SMD 的保存方法。

① 配备专用低温低湿储存箱。将开封后暂时不用的 SMD 或连同送料器一起存放在箱内。但配备大型专用低温低湿储存箱费用较高。

② 利用原有完好的包装袋。只要袋子不破损且内装干燥剂良好（湿度指示卡上所有的黑圈都呈蓝色，无粉红色），就仍可将未用完的 SMD 重新装回袋内，然后用胶带封口。

2.8.4 SMT 器件封装形式的发展

SMT 技术自 20 世纪 60 年代问世以来，已进入完全成熟的阶段，不仅成为当代电路组装技术的主流，而且正继续向纵深发展。就封装器件组装工艺来说，SMT 正在积极开展多芯片模块和三维组装技术的研究。

1. 芯片级组装技术

自从 1947 年世界上第一只晶体管问世以来，特别是随着 LSI、VLSI 及 ASIC 器件的飞速发展，出现了各种先进的 IC 封装技术，如 DIP、SOP、QFP、BGA 和 CSP 等。随着 SMT 技术的成熟，裸芯片直接贴装到 PCB 上已提到议事日程，特别是低膨胀系数的 PCB 以及焊接和填充材料这些制约裸芯片发展的瓶颈技术的解决，使裸芯片技术进入一个高速发展的新时代。从 1997 年以来裸芯片的年增长率已达到 30% 以上，发展较为迅速的裸芯片应用包括计算机的相关部件，如微处理器、高速内存和硬盘驱动器等，除此之外，还有一些便携式设备，如手机、数码相机等。最终所有的消费电子产品，由于对高性能和小型化发展趋势的要求，也将大量使用裸芯片技术，因此裸芯片技术必将成为 21 世纪芯片应用的发展主流。

裸芯片焊接技术有两种主要形式：一种是 COB 技术，另一种是倒装片技术 FC（Flip Chip）。

（1）COB 法。COB 法是采用引线键合的方法将裸芯片直接组装在 PCB 上，焊区与芯片体在同一平面上，焊区周边均匀分布，焊区最小面积为 90μm × 90μm，最小间距为 100μm，PCB 焊盘有相应的焊盘数，也是周边排列。

在焊接时先将裸芯片用导电/导热胶粘在 PCB 上，凝固后，用线焊机（绑定机）将金属丝（Al 或 Au）在超声、热压的作用下，分别连接在芯片上的 I/O 端子焊区和 PCB 相对应的焊盘上，之后采用环氧树脂进行封装以保护键合引线。如图 2-39 所示。COB 技术具有价格低廉、节约空间及工艺成熟的优点。但 COB 法不适合大批量自动贴装，并且用于 COB 法的 PCB 制造工艺难度也相对较大；此外，由于 COB 的散热有一定困难，通常只适用于低功耗（0.5 ~ 1W）的 IC 芯片。

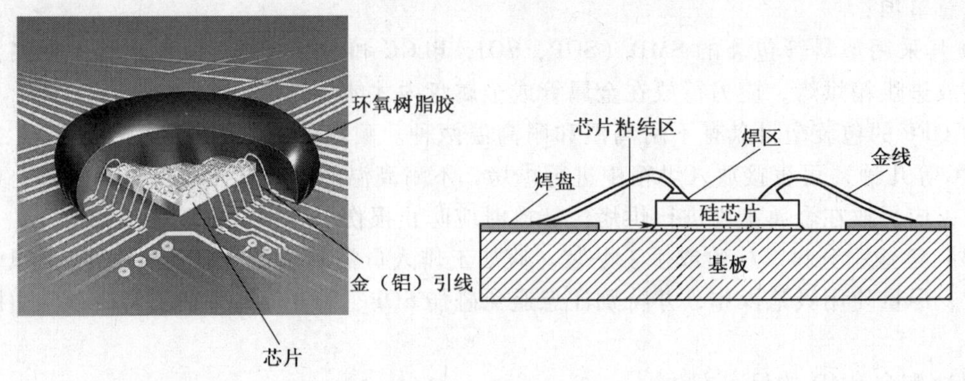

图 2-39　COB 法

（2）FC 法。FC 又称为倒装片，与 COB 相比，其 I/O 端子以面阵列式排列在芯片之上，并在 I/O 端子表面制造成焊料凸点。焊接时，只要将芯片反置于 PCB 上，使凸点对准 PCB 上的焊盘，加热后就能实现 FC 与 PCB 的互连，因此 FC 可以采用类似于 SMT 的技术手段来加工。FC 工艺如图 2-40 所示。

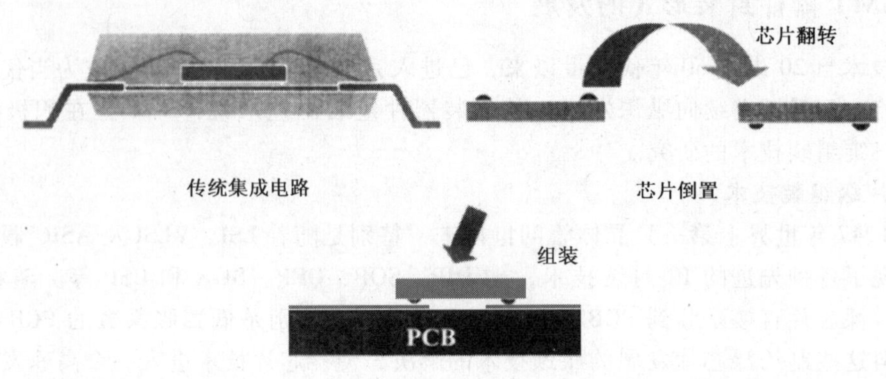

图 2-40　FC 工艺

早在 20 世纪 60 年代末，IBM 公司就把 FC 技术大量应用于计算机中，即在陶瓷印制电路板上贴装高密度的 FC；到了 20 世纪 90 年代，该技术已在多种行业的电子产品中加以应用，特别是便携式的通信设备中。IBM 公司将 FC 连接到 PCB 的过程称为 Controlled Collapse Chip Connection，即受控的塌陷芯片连接，简称为 C4。裸芯片在焊接过程中一方面受到熔化焊料表面张力的影响，可以自行校正位置，另一方面又受到重力的影响，芯片高度有限度地下降。因此，FC 无论是封装还是焊接，其工艺都是可靠的和可行的。当前该技术已受到电子装配行业的广泛重视。

2. 多芯片模块（MCM）技术

MCM 是 20 世纪 90 年代以来发展较快的一种先进的混合集成电路，它是把几块 IC 芯片组装在一块印制电路板上，构成功能电路块，称为多芯片模块（Multi Chip Module，MCM）。

可以说 MCM 技术是 SMT 的延伸，一组 MCM 的功能相当于一个分系统的功能。通常 MCM 基板的布线多于 4 层，且有 100 个以上的 I/O 引出端，并将 CSP、FC、ASIC 器件与之互连。它代表20世纪90年代电子组装技术的精华，是半导体集成电路技术、厚膜/薄膜混合微电子技术、印制电路板技术的结晶，国际上称为微组装技术（Microelectronic Packaging Technology）。MCM技术主要用于超高速计算机、外层空间电子技术中。

MCM技术通常分为3大类，即MCM-L、MCM-C、MCM-D。MCM-L是在印制电路板上制作多层高密度组装和互连，是COB芯片——PCB组装技术的延伸与发展。MCM-C是在陶瓷多层基板上用厚膜和薄膜多层方法制作高密度组装和互连。MCM-D是在硅基板或其他新型基板上采用沉积方法制作薄膜多层高密度组装和互连的技术，在MCM制作中它的技术含量最高。

若把几块MCM组装在普通电路板上就实现了电子设备或系统级的功能，从而使军事和工业用电路组件实现了模块化。21世纪的前20年是MCM推广应用和使电子设备变革的时期。

3. 三维立体组装技术

三维立体组装技术（简称为3D组装技术）的指导思想是把IC芯片（MCM片、WSI大圆片规模集成片）一片片叠起来，利用芯片的侧面边缘和垂直方向进行互连，将水平组装向垂直方向发展为立体组装。实现三维组装不但使电子产品的密度更高，也使其功能更多、信号传输更快、性能更好、可靠性更高，而电子系统的相对成本却会更低，它是目前硅芯片技术的最高水平。

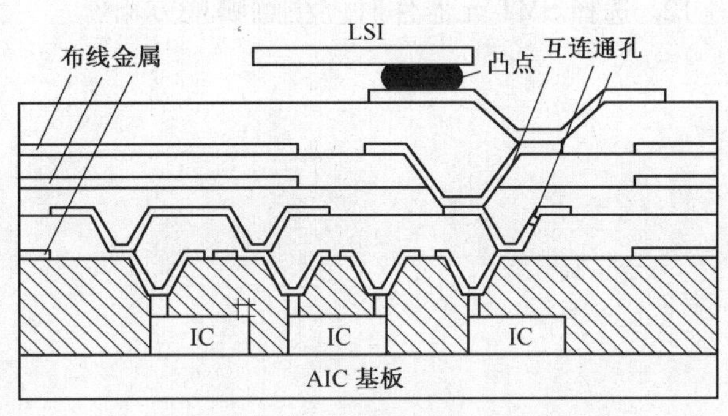

图2-41　埋置型3D结构

当前实现3D组装的途径大致有3种：一是在多层基板内或多层布线介质中埋置R（电阻）、C（电容）及IC，基板顶端再贴装各类片式元器件，故称为埋置型3D结构，如图2-41所示；二是在Si大圆片规模集成（WSI）后作为基板，在其上进行多层布线，最上层再贴装SMD构成3D，此方法称为有源基板型3D，结构如图2-42所示；三是将MCM上下层双叠互连起来成为3D，故称为叠装型3D结构，如图2-43所示。

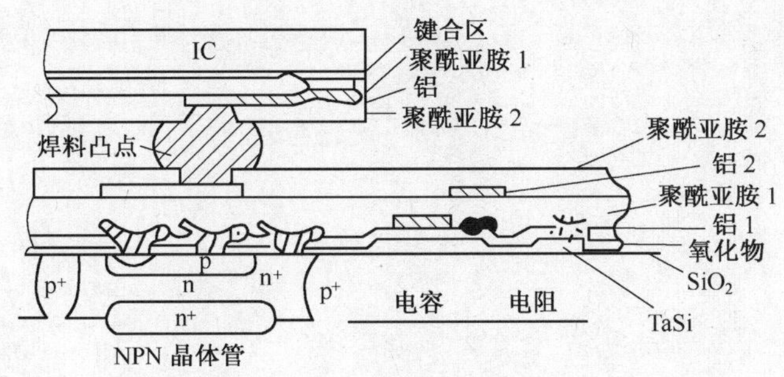

图2-42　有源基板型3D结构

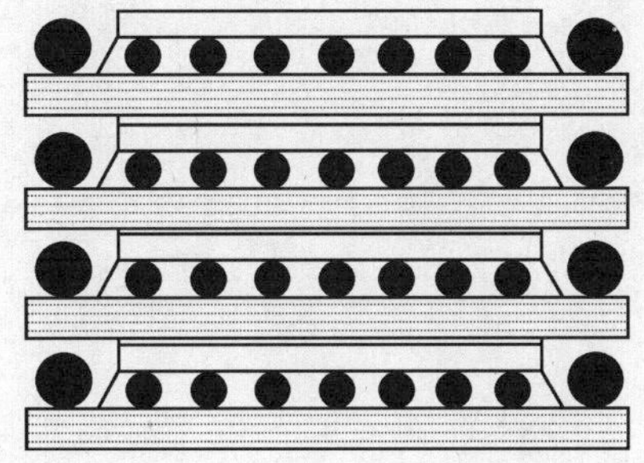
图2-43　叠装型3D结构

2.9　思考与练习题

1. 分析表面组装元器件有哪些显著特点。

2. 简述 SMC 元件的小型化进程。

3. 试写出下列 SMC 元件的长和宽（mm）和与之对应的英制型号：

3216、2012、1608、1005。

4. 说明下列 SMC 元件的含义：

①3216C ②3216R ③RC05K103JT

5. 简述表面组装电阻器的焊端结构。

6. 常用的 SMC 电容器有哪些类型？叙述他们的结构与特点。

7. SMT 元器件有哪些包装形式？

8. 什么是集成电路的封装比？

9. 总结归纳 SOP、PLCC、QFP、BGA 和 CSP 等封装方式各自的特点。

10. 用于 SMT 生产的表面组装元器件应该满足哪些基本要求？

11. 使用 SMT 元器件时应该注意哪些问题？

12. 选择 SMT 元器件时应注意哪些方面？

第3章　表面组装印制电路板的设计与制造

本章要点

- SMB 的特点
- SMB 的基板材料
- SMB 的设计方法
- 印制电路板的制造

印制电路是一种附着于绝缘基材表面，用于连接电子元器件（包括屏蔽元件）的导电图形，印制电路的成品板称为印制电路板，简称为印制板或 PCB（Printed Circuit Board）。PCB 对电路的电性能、热性能、机械强度和可靠性都起着重要作用。

早期通孔元器件组装的电子产品所用的 PCB 又称为插装印制板或单面板。它是将铜箔粘压在绝缘基板上，并用印制、蚀刻和钻孔等手段制造出导体图形和元器件安装孔，构成电气互连。

随着 SMT 技术的出现，元器件在 PCB 上的安装方式已从单一的通孔插装（THT）逐步演变为表面安（贴）装，或插、贴混合安装。

由于 SMT 用的 PCB 与 THT 用的 PCB 在设计、材料等方面都有很多差异，为了区别，通常将用于 SMT 的 PCB 称为 SMB（Surface Mount Printed Circuit Board）。从广义上说，SMT 用的基板不单限于印制电路板，还包括陶瓷基板、硅基板、被釉钢基板（指涂敷瓷釉的钢基板）和其他基板。狭义的 SMT 用基板则专指 SMB。

3.1　SMT 印制电路板的特点与材料

3.1.1　SMT 印制电路板的特点

SMT 印制电路板与传统 PCB 相比，尽管不需要在焊盘上钻插装孔，但由于一些高集成度的表面组装器件具有面积大、引脚数量多和引脚间距密等特点，因此，对于 SMB 来说，无论是基材的选用，还是图形的设计与制造，都有比传统 PCB 更高的要求。

首先，对用于制造 SMB 的基板来说，其性能要求比插装 PCB 基板性能要求高得多；其次，SMB 的设计、制造工艺也要复杂得多，许多高新技术是制造插装 PCB 根本不用的技术，如多层板、金属化孔、盲孔和埋孔等技术，但在 SMB 制造中却几乎全部使用，故世界上又将 SMB 制造能力作为 PCB 制造水平的标志，SMB 已成为当前先进 PCB 制造厂的主流产品。SMB 与 THT 插装 PCB 相比，其主要特点是：高密度、小孔径、多层数、高板厚/孔径比、优良的传输特性、高平整光洁度和尺寸稳定性等。

（1）高密度。由于有些表面组装器件引脚数高达 100 ~ 500 条之多，引脚中心距已由

1.27mm 过渡到 0.5mm，甚至 0.3mm，因此 SMB 图形要求细线、窄间距，线宽从 0.2 ~ 0.3mm 缩小到 0.15mm、0.1mm 甚至 0.05mm，2.54mm 网格之间由过双线已发展到过 3 根导线，最新技术已达到过 6 根导线，细线、窄间距极大地提高了 SMB 的安装密度。

（2）小孔径。单面 PCB 中的过孔主要用来插装元器件，而在 SMB 中大多数金属化孔不再用来插装元器件，而是用来实现层与层导线之间的互连，小孔径为 SMB 提供更多的空间。目前 SMB 上的孔径为 ϕ0.46 ~ ϕ0.3mm，并向 ϕ0.2 ~ ϕ0.1mm 方向发展，与此同时，出现了以盲孔和埋孔技术为特征的内层中继孔。

（3）热膨胀系数（CTE）低。由于表面组装器件引脚多且短，器件本体与 PCB 之间的热膨胀系数不一致。由于热应力而造成器件损坏的事情经常会发生，因此要求 SMB 基材的热膨胀系数应尽可能低，以适应与器件的匹配性，如今，CSP、F·C 等芯片级的器件已用来直接贴装在 SMB 上，这就对 SMB 的热膨胀系数提出了更高的要求。国际上称为“芯片级”的 SMB 基材已经商品化。

（4）耐高温性能好。SMT 焊接过程中，经常需要双面贴装元器件，因此要求 SMB 能耐两次再流焊温度，并要求 SMB 变形小、不起泡；二次焊接时焊盘仍有优良的可焊性，SMB 表面仍有较高的光洁度。

（5）平整度高。SMB 要求很高的平整度，以便表面组装器件引脚与 SMB 焊盘密切配合，SMB 焊盘表面涂覆层不再使用 Sn/Pb 合金热风整平工艺，而是采用镀金工艺或者预热助焊剂涂覆工艺。

SMT 和 THT 所用 PCB 板的有关性能比较见表 3-1、表 3-2。表 3-1 是误差值比较表，表 3-2 是导线和焊盘之间的关系（表中 DIP 为传统双列直插封装集成电路）。

表 3-1　误差值比较表

项　目	SMT 基板	传统基板
最细导线宽/in	0.005	0.010
导线宽误差/in	0.008 以下 ±0.001 0.005 +0.000 −0.001	±20%
导线间距（最小）/in	0.005	0.010
层与层之间距离（最少）/in	0.003	0.005
孔位准确度 12in 以内 12in 以外	 ±0.004 ±0.006	 ±0.006 ±0.010
定位孔孔径/in	+0.002 −0.000	
定位孔中心偏移度/in	±0.003	
焊点至基准点/in	0.003	
焊点附着强度 g/mm^{-2}	500	
板厚与孔径比	1:15 ~ 1:5	1:3,1:4

表 3-2 导线和焊盘之间的关系

导线宽度/in	导线间距/in	焊盘之间导线数目			焊盘尺寸/in	
		SMT 0.050in 间距	SMT 0.1in 间距	DIP 0.1in 间距	SMT	DIP
0.008	0.012	1	3	2	0.050	0.062
0.008	0.087	1	4	2	0.042	0.055
0.006	0.0065	1	4	3	0.032	0.050
0.005	0.005	2	5	4	0.045	0.060
0.004	0.0043	2	6	5	0.035	0.055

3.1.2 基板材料

用于 PCB 的基材品种很多，但大体上分为两大类，即有机类基板材料和无机类基板材料。有机类基板材料是指用增强材料如玻璃纤维布（纤维纸、玻璃毡等），浸以树脂粘合剂，通过烘干成坯料，然后覆上铜箔，经高温高压而制成。这类基板称为覆铜箔层压板（CCL），俗称覆铜板，是制造 PCB 的主要材料。无机类基板主要是陶瓷板和瓷釉包覆钢基板。

CCL 的品种很多，按所用增强材料品种来分，可分为纸基、玻璃纤维布基、复合基（CEM）和金属基 4 大类；按所采用的有机树脂粘合剂又可分为酚醛树脂（PE）、环氧树脂（EP）、聚酰亚胺树脂（PI）、聚四氟乙烯树脂（TF）以及聚苯醚树脂（PPO）等；按基材的刚柔来分，又可分为刚性 CCL 和挠性 CCL。

表 3-3 列出了各种电路基板材料的性能。其中玻璃转变温度 T_g 和热膨胀系数是重要的参数。一般，T_g 必须大于电路工作温度和生产工艺中的最高温度，热膨胀系数则应尽量小并一致。

表 3-3 电路基板材料的性能

基板材料＼性能	玻璃转变温度 T_g/℃	x,y 轴的 CTE /(10^{-6}/℃)	z 轴的 CTE /(10^{-6}/℃)	热导率 /(W/m·℃)	抗挠强度 /kpsi	介电常数 (在 1MHz 下)	表面电阻 /Ω
环氧玻璃纤维	125	13~18	48	0.16	45~50	4.8	10^{13}
聚酰亚胺玻璃纤维	250	12~16	57.9	0.35	97	4.4	10^{12}
聚酰亚胺石英	250	6~8	50	0.3	95	4.0	10^{13}
环氧石墨	125	7	~49	0.16			10^{13}
聚酰亚胺石墨	250	6.5	~50	1.5		6.0	10^{12}
聚四氟乙烯玻璃纤维	75	55				2.2	10^{14}
环氧石英	125	6.5	48	~0.16		3.4	10^{13}
氧化铝陶瓷		6.5	6.5	2.1	44	8	10^{14}
瓷釉覆盖钢板		10	13.3	0.001	+	6.3~6.6	10^{13}
聚酰亚胺 CIC 芯板	250	6.5	+	0.35/57	+		0.35

注：1. 表中数值仅作比较用，不能作精确的工程计算用。

2. 抗挠强度单位为 1kpsi，指千镑/英寸^2：1kpsi = 688.94N/cm^2。

3. 表中的热导率、抗挠强度、介电常数都是指在 25℃ 下。

4. 表中“+”由芯板和表面层的比例决定。

1. 陶瓷基板

陶瓷电路基板的基板材料是96%的氧化铝，在要求基板强度很高的情况下，可采用99%的纯氧化铝材料。但高纯氧化铝的加工困难，成品率低，所以使用纯氧化铝的价格高。氧化铍也是陶瓷基板的材料，它是金属氧化物，具有良好的电绝缘性能和优异的热导性，可用作高功率密度电路的基板，但在加工过程中生成的粉尘对人体是有害的。

陶瓷电路基板主要用于厚、薄膜混合集成电路、多芯片微组装电路中，它具有有机材料电路基板无法比拟的优点。例如，陶瓷电路基板的热膨胀系数可以和LCCC外壳的热膨胀系数相匹配，故组装LCCC器件时将获得良好的焊点可靠性。另外，陶瓷基板即使在加热的情况下，也不会放出大量吸附的气体造成真空度的下降，故适用于芯片制造过程中的真空蒸发工艺。此外，陶瓷基板还具有耐高温、表面光洁度好、化学稳定性高的特点，是薄、厚膜混合电路和多芯片微组装电路的优选电路基板。但它难加工成大而平的基板，且无法制作成多块组合在一起的邮票板结构来适应自动化生产的需要。另外，对陶瓷材料来说，由于其介电常数高，故也不适合作高速电路基板，而且价格也是一般SMT所不能承受的。

2. 环氧玻璃纤维电路基板

这种电路基板由环氧树脂和玻璃纤维组成，它结合了玻璃纤维强度好和环氧树脂韧性好的优点，故具有良好的强度和延展性。用它既可以制作单面PCB，也可以制作双面和多层PCB。

环氧玻璃纤维电路基板在制作时，先将环氧树脂渗透到玻璃纤维布中制成层板。同时，还加入其他化学物品，如固化剂、稳定剂、防燃剂和粘合剂等。在层板的单面或双面粘压铜箔制成覆铜的环氧玻璃纤维层板作为印制电路板的原材料。目前常用的层板类型如下所述。

（1）G-10和G-11层板。它们是环氧玻璃纤维层板，不含有阻燃剂，可以用钻床钻孔，但不允许用冲床冲孔。G-10的性能和FR-4层板极其相似，而G-11则可耐更高的工作温度。

（2）FR-2、FR-3、FR-4、FR-5和FR-6层板。它们都含有阻燃剂，因而被命名为“FR”。

① FR-2层板。它的性能类似于XXXPC，是纸基酚醛树脂层板，只能用冲床冲孔，而不可以用钻床钻孔。

② FR-3层板。它是纸基环氧树脂层板，可在室温下冲孔。

③ FR-4层板。它是环氧玻璃纤维层板，和G-10层板的性能极其相似，具有良好的电性能和加工特性，并具有可取的性能价格比，可制作多层板。它被广泛地应用于工业产品中。

④ FR-5层板。它和FR-4的性能相似，但可在更高的温度下保持良好的强度和电性能。

⑤ FR-6层板。它是聚酯树脂玻璃纤维层板。

上述层板中，常用的G-10和FR-4适用于多层印制电路板，价格相对便宜，并可采用钻床钻孔工艺，容易实现自动化生产。

（3）非环氧树脂的层板。这类层板主要有聚酰亚胺树脂玻璃纤维层板、聚四氟乙烯玻璃纤维层板、酚醛树脂纸基层板等。

① 聚酰亚胺树脂玻璃纤维层板。它可作为刚性或柔性电路基板材料，在高温下它的强度和稳定性都优于FR-4层板，常用于高可靠的军用产品中。

② GX 和 GT 层板。它们是聚四氟乙烯玻璃纤维层板，这些材料的介电性能是可以控制的，可用于介电常数要求严格的产品中，而 GX 的介电性能优于 GT，可用于高频电路中。

③ XXXP 和 XXXPC 层板。它们是酚醛树脂纸基层板，只能冲孔不能钻孔，这些层板仅用于单面和双面印制电路板，而不能作为多层印制电路板的原材料。因为价格便宜，所以在民用电子产品中广泛将它们作为电路基板材料。

每种层板都具有各自的最高连续工作温度，如果工作温度超过这个温度值，层板的电、机械性能都会大幅度恶化，甚至影响组装件的功能。表 3-4 列出了常用电路层板材料的最高连续温度。从表中可以看出聚酰亚胺的最高连续工作温度最高，它属于高温层板类。

表 3-4　层板的最高连续温度

层板类型	最高连续温度/℃	层板类型	最高连续温度/℃
XXXP	125	FR-4	130
XXXPC	125	FR-5	170
C-10	130	FR-6	105
G-11	170	聚酸亚胺	260
FR-2	105	CT	220
FR-3	105	CX	220

3.1.3　SMB 基材质量的相关参数

由于 PCB 是电子组件的结构支撑件，对电气、耐热等多种性能都有严格的要求，大型的电子企业专设检测中心对其性能进行综合测试，现将有关主要参数及这些参数变化对 SMB 性能的影响介绍如下所述。

1. 玻璃化转变温度（T_g）

除了陶瓷基板外，几乎所有的层压板都含有聚合物。聚合物是由有机材料合成而来的，它的特点是在一定温度条件下，基材形态会发生变化，在这个温度之下基材是硬而脆的，即类似玻璃的形态，通常被称为玻璃态；若在这个温度之上，材料会变软，呈橡胶样形态，常被称为橡胶态或皮革态，此时它的机械强度明显变低，因此把这种决定材料性能的临界温度称为玻璃化转变温度（glass transtion temperture，简称为 T_g）。显然，作为结构材料来说，人们都希望它的玻璃化转变温度越高越好。玻璃化转变温度是聚合物特有的性能，它是选择基板的一个关键参数。在 SMT 焊接过程中，焊接温度通常在 220℃左右，远远高于 PCB 基板的 T_g，故 PCB 受高温后会出现明显的热变形，随着 PCB 的冷却必然会产生很大的热应力，该应力作用在元器件引脚上，严重时会使元器件损坏，如图 3-1 所示。

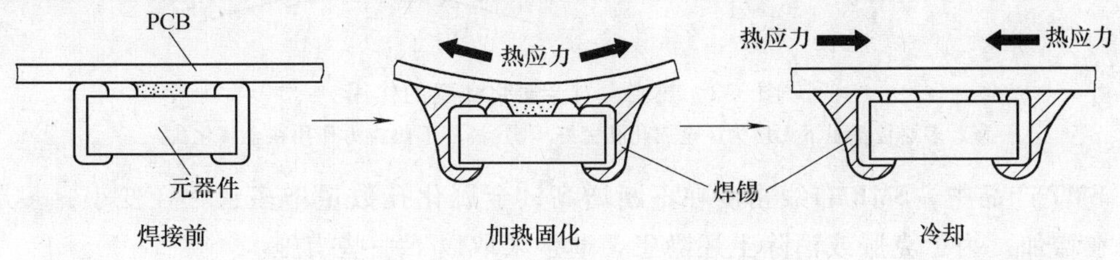

图 3-1　PCB 热应力使元器件损坏

在选择电路基板材料时，玻璃化转变温度不但要比电路工作温度高，同时还要尽可能接近工艺中出现的最高温度。

玻璃化转变温度高的 SMB 具有下列优点：钻孔加工过程中，有利于钻制微小孔。而低玻璃化转变温度的板材会因高速钻孔产生大量的热能而使其中的树脂软化以致加工困难。玻璃化转变温度高的 SMB 在较高温度环境中仍具有相对较小的热膨胀系数，与片式元器件的热膨胀系数相接近，故能保证产品可靠地工作。

2. 热膨胀系数（CTE）

任何材料受热后都会膨胀，热膨胀系数是指每单位温度变化引起材料尺寸的线性变化量。高分子材料的热膨胀系数通常高于无机材料，当膨胀应力超过材料承受限度时，会对材料产生损坏。对于多层板结构的 SMB 来说，其 X、Y 方向（即长、宽方向）的热膨胀系数与 Z 方向（厚度）的热膨胀系数存在差异性。因此当多层板受热时，Z 方向中的金属化孔就会因膨胀应力的差异而受到损坏，严重时会造成金属化孔发生断裂。因为多层板是由几片单层“半固化树脂片”热压制成的，半固化树脂片则是由玻璃纤维布浸渍环氧树脂后，加热烘烤使环氧玻璃纤维布处于半固化状态，然后将半固化片逐层叠加起来而成的。如需要做内层电路，还应按要求放置内电路铜箔，最后将叠加好的几层半固化片热压成型，冷却后再在需要的位置上钻孔并进行电镀处理，最后生成电镀通孔并称为金属化孔。由于基板上钻孔后的孔壁几乎就是环氧树脂，它与镀铜层的结合力不会很高。一般金属化孔的孔壁仅在 25μm 厚左右，金属化孔制成后，也就实现了 SMB 层与层之间的互连，早期多层板的结构对金属化孔留下一定的隐患，即半固化片中因受玻璃纤维布的增强作用以及各层铜布线的约束，通常热膨胀系数明显减低。以环氧半固化板为例，每层的热膨胀系数为 $(13 \sim 15) \times 10^{-6}/℃$，而多层板层与层之间主要依靠环氧树脂本身的粘结力实现粘合，因此环氧树脂在没有其他材料的增强和约束下，其热膨胀系数在受热后会明显变大，通常为 $(50 \sim 100) \times 10^{-6}/℃$。半固化片层为 X—Y 方向，而半固化片之间则为 Z 方向，因此 X—Y 方向与 Z 方向的热膨胀系数存在明显的差异性。再由于金属化孔的孔壁薄，镀铜层结构又不太致密，因此 SMB 受热后，Z 方向的热应力就会作用在金属化孔的孔壁上，对它的脆弱部分施加应力后，会导致孔壁断裂或部分断裂。

这种缺陷事先是无法预知的，有时在电子产品使用一段时间后，由于疲劳等多种原因而产生隐性缺陷，热应力对金属化孔壁的作用如图 3-2 所示。

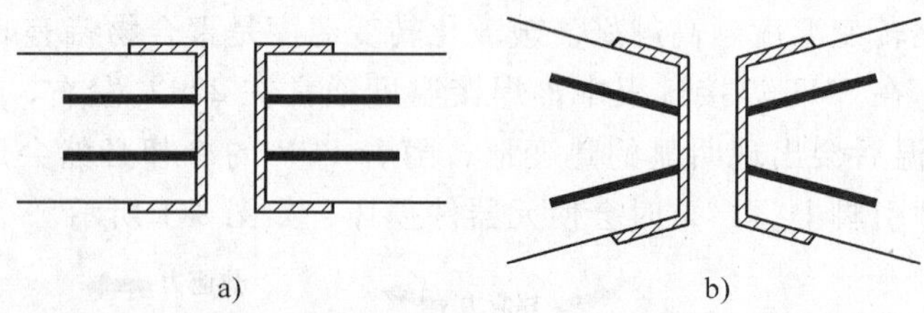

图 3-2　热应力对金属化孔壁的作用

a）多层板室温下无应力，金属化孔完好　b）高温下热应力作用在金属化孔上

在 SMT 产品中，SMB 布线密度在不断增高，金属化孔数量增多且孔径变小，多层板的层数也在增加。为了克服或消除上述隐患，通常采取以下一些措施。

① 凹蚀工艺，以增强金属化孔壁与多层板的结合力。

② 适当控制多层板的层数，目前主张使用 8 ~ 10 层，使金属孔的径深比控制在 1:3 左右，这是最保险的径深比，目前最常见的径深比是 1:6 左右。

③ 使用 CTE 相对小的材料或者用 CTE 性能相反的材料叠加使用，使 SMB 整体的 CTE 减小。

④ 在 SMB 制造工艺上，采用盲孔和埋孔技术，如图 3-3 所示，以达到减小径深比的目的，这是一种最理想的办法。盲孔是指表层和内部某些分层互连，无须贯穿整个基板，减小了孔的深度，埋孔则仅是内部分层之间的互连，可使孔的深度进一步减小。尽管盲孔和埋孔在制作时难度大，但却大大提高了 SMB 的可靠性，通过 SMB 光板测试就可判别线路网络是否连通。

采用以上措施后，不必再担心产品使用过程中外界不可知因素导致金属化孔断裂的现象发生。

图 3-3 盲孔和埋孔技术示意图

a）盲孔 b）埋孔

3. 耐热性

耐热性是 SMB 基材质量的重要参数之一，一般要求 SMB 能具有 250℃/50s 的耐热性。这一方面是因为通常 SMB 需经两次再流焊，因而经过一次高温后，仍然要求保持板间的平整度，方能保证二次贴片的可靠性。另一方面 SMB 焊盘越来越小，焊盘的粘结强度相对较小，若 SMB 使用的基材耐热性高，则焊盘的抗剥强度也较高。

4. 电气性能

随着无线通信技术向高频化方向发展，对 SMB 的高频特性要求也在不断提高。频率的增高会导致基材的介电常数（ε）增大。通常电路信号的传输速率 v（m/s）与 ε 有关。

$$v = \frac{kc}{\sqrt{\varepsilon}}$$

其中，k 为常数，c 为光速，ε 为 PCB 的介电常数。

当 PCB 的 ε 增大时，电路信号的传输速率 v 降低。例如，聚四氯乙烯基板的 ε 为 2.6 ~ 3，环氧基板的 ε 为 4.5 ~ 4.9，前者比后者低 35% ~ 47%，若采用前者制作 SMB，则其信号速度比后者要快 40%。

此外，若从信号损失的角度来分析，电介质材料在交变电场的作用下会因发热而消耗能量，通常用介质损耗角正切（$\tan\delta$）表示，一般情况下 $\tan\delta$ 与 ε 成正比关系。

若 $\tan\delta$ 增大，介质吸收能量增大，信号损失大；在高频下这种关系就更加明显，它直接影响高频传输信号的效率。

总之，ε 和 $\tan\delta$ 是评估 SMB 基材电气性能的重要参数，当电路的工作频率大于 1GHz 时通常要求基材的 $\varepsilon < 3.5$，$\tan\delta < 0.02$。此外，评估基材电气性能指标的参数还有抗电强度、

绝缘电阻、抗电弧性能等。

5. 平整度

SMB 要求很高的平整度，以使 SMD 引脚与焊盘密切配合。为此，SMB 焊盘表面涂覆层不仅使用 Sn/Pb 合金热风整平工艺，而且大量采用镀金工艺或者涂覆有机耐热预焊剂工艺，以提高其平整度。

6. 特性阻抗 Z_0

（1）Z_0 的定义。当脉动电通过导体时，除了受到电阻外，还受到感抗（X_L）和容抗（X_C）的阻力，电路或元件对通过其中的交流电流所产生的阻碍作用称为阻抗。而在计算机等数字通信产品中，印制电路传输的是方波信号，通常又称为脉冲信号，属于脉动交流电性质，因此传输中遭遇的阻力称为特性阻抗，简称为 Z_0。用于高频线路的 SMB 应有高精度的特性阻抗。

早期 PCB 的印制线，仅起到 PCB 层次之间的元件和部件的互连功能，但随着数字电子产品的高速化，作为电子元件支撑的 PCB 已不再是一个简单的电气互连装置，而是应作为一种传输线路，需要有理想的传输特性。

（2）Z_0 高精度控制的意义。当信号在导线中传输时，若导线的长度达到所传输信号波长的 1/7，则此时的导线便成为信号传输线，以手机为例：

当工作频率为 900MHz 时，电气信号传送速度 $v = c_{光} = 30 \times 10^4 \times 10^3 \mathrm{m/s}$

波长

$$\lambda = \frac{v}{f}$$

则

$$\frac{\lambda}{7} = \frac{v}{7f} = \frac{30 \times 10^4 \times 10^3 \times 10^2}{7 \times 900 \times 10^6} \mathrm{cm} = 4.76 \mathrm{cm}$$

即当导线的长度≥4.76cm 时，导线应看成传输线，需要对其进行特性阻抗控制，小于 4.76cm 长度的导线可按普通导线看待，不必考虑特性阻抗问题。

特性阻抗是电阻（R）、容抗（X_C）和感抗（X_L）综合的结果，即

$$Z_0 = \sqrt{(R + X_L) \cdot (R + X_C)^{-1}}$$

根据电磁波的传送原理，印制导线的特性阻抗与搭载其上的集成电路的输入/输出阻抗必须互相匹配，即传输线的负载阻抗等于传输线的特性阻抗，此时信号在传输途中所产生的能量反射和损失为最小，换言之，信号能量得到完整的传输。

因此，在高频或高速数字信号传输技术不断发展的今天，PCB 组件传输线的特性阻抗应保持恒定和稳定，即 PCB 的 Z_0 应控制在某一精度范围内。通常根据 PCB 在系统中的作用分为三个等级，其划分的原则是：封装基板级（一级），包括 BGA、CSP 等，Z_0 精度控制在 5% 以内；组件基板级（二级），包括 MCM、存储器和功能卡等，Z_0 精度控制在 10% 以内；母板，又称主板级（三级），Z_0 精度控制在 15% 以内。

影响 Z_0 值有多方面的因素，如绝缘层的介电常数 ε、绝缘层的厚度 H、印制导线宽度 W、导电层的厚度 T（包括镀金层的厚度），其中 ε、H、T 与 PCB 基材本身特性有关。

在多层板的制造中绝缘厚度的精度高低对 Z_0 的精度控制是最重要的因素，其次是导线

的宽度。在实际生产中，首先通过工艺的改进提高半固化片厚度的精度，以控制成型板的厚度 H；采用复合金属层（Cu/Al）以控制铜箔的厚度；改进蚀刻液的配方，以及曝光加工的位置，以控制导线的宽度；采用新型的基材以控制 PCB 的 ε。经过上述工艺的改进使 PCB 的 Z_0 精度得到明显的提高，并取得受控状态。

3.1.4 CCL 常用的字符代号

在国标 GB/T 4721—1992 中，规定了 CCL 产品型号用几个英文字母和两位阿拉伯数字表示。

第一个字母 C 表示铜箔。

第二、三个字母表示基材所用的树脂。

PE：酚醛

EP：环氧

UP：聚酯

SI：有机硅

TF：聚四氟乙烯

PI：聚酰亚胺

第四、五个字母表示增强材料。

CP：纤维素/纤维纸

GC：无碱玻璃布

GM：列碱玻璃纤维毡

AC：芳香族聚酰胺纤维布

AM：芳香族聚酰胺纤维毡

若以纤维素纸为增强材料，两表面贴附无碱玻璃布则在 CP 后加“G”表示。在字母末尾用一短横线连着两位数字，表示同类不同性能的产品编号。

具有阻燃性的 CCL 在编号后加字母“F”表示。

例如，“CEPCP（G）-23F”表示环氧纸基两表面贴附玻璃布的覆铜板，具有阻燃性。

3.1.5 CCL 的铜箔种类与厚度

铜箔对产品的电器性能有一定的影响，铜箔一般按制造方法分为压延铜箔和电解铜箔两大类。压延法制造的铜箔要求铜纯度高（一般≥99.9%），铜箔弹性好，适用于挠性板、高频信号板等高性能 PCB 的制造，在产品说明书中用字母“W”表示。电解铜箔则用于普通 PCB 的制造，铜的纯度稍低于压延法所用的铜纯度（一般为 99.8%），并用字母“E”表示，常用的铜箔厚度见表 3-5。

表 3-5 铜箔的公称厚度、质量厚度及允许公差

公称厚度/mm	质量厚度		允许公差	
	g/m²	OZ/ft²	g/m²	参考厚度公差/mm
0.018	152	0.5	±15	+0.008 -0.004

（续）

公称厚度/mm	质量厚度		允许公差	
	g/m²	OZ/ft²	g/m²	参考厚度公差/mm
0.035	305	1	±30	+0.010 -0.005
0.070	610	2	±61	+0.018 -0.008

注：1OZ = 28.35g，$1ft^2 = 0.09290304m^2$。

3.2 SMB 的设计

3.2.1 SMB 设计的基本原则

目前，虽然 SMT 设备已经达到相当高的精度，但是 SMT 产品并没有达到预想的质量，困扰产品质量的原因之一就是 SMB 设计问题。

在进行 SMB 设计时，应遵循以下基本原则。

（1）元器件布局。布局是指按照电原理图的要求和元器件的外形尺寸，将元器件均匀整齐地布置在 PCB 上，并能满足整机的机械和电气性能要求。布局合理与否不仅影响 PCB 组装件和整机的性能与可靠性，而且也影响 PCB 及其组装件加工和维修的难易度，所以布局时应尽量做到以下几点。

① 元器件分布均匀、排在同一电路单元的元器件应相对集中排列，以便于调试和维修。

② 有相互连线的元器件应相对靠近排列，以利于提高布线密度和保证走线距离最短。

③ 对热敏感的元器件，布置时应远离发热量大的元器件。

④ 相互可能有电磁干扰的元器件，应采取屏蔽或隔离措施。

（2）布线规则。布线是按照电原理图和导线表以及需要的导线宽度与间距布设印制导线，布线一般应遵守如下规则。

① 在满足使用要求的前提下，选择布线方式的顺序为单层→双层→多层，即布线可简不繁。

② 两个连接盘之间的导线布设尽量短，敏感的信号、小信号先走，以减少小信号的延迟与干扰。模拟电路的输入线旁应布设接地线屏蔽，同一层导线的布设应分布均匀，各导线上的导电面积要相对均衡，以防板子翘曲。

③ 信号线改变方向应走斜线或圆滑过渡，而且曲率半径大一些好，避免电场集中、信号反射和产生额外的阻抗。

④ 数字电路与模拟电路在布线上应分隔开，以免互相干扰，如在同一层则应将两种电路的地线系统和电源系统的导线分开布设，不同频率的信号线中间应布设接地线隔开，避免发生信号串扰。

⑤ 电路元件接地、接电源时走线要尽量短、尽量近，以减少内阻。

⑥ 多层板上各层的走线应互相垂直，以减少耦合，切忌上下层走线对齐或平行。

⑦ 高速电路的多根 I/O 线以及差分放大器、平衡放大器等电路的 I/O 线长度应相等，

以避免产生不必要的延迟或相移。

⑧ 焊盘与较大面积导电区相连接时，应采用长度不小于0.5mm的细导线进行热隔离，细导线宽度不小于0.13mm。

⑨ 最靠近印制电路板边缘的导线，距离印制板边缘的尺寸应大于5mm，需要时接地线可以靠近板的边缘。如果印制电路板加工过程中要插入导轨，则导线距板的边缘至少要大于导轨槽深的距离。

⑩ 双面板上的公共电源线和接地线，尽量布设在靠近板的边缘，并且分布在板的两面，其图形配置要使电源线和地线之间为低的阻抗。多层板可在内层设置电源层和地线层，通过金属化孔与各层的电源线和接地线连接，内层大面积的导线和电源线、地线应设计成网状，可提高多层板层间结合力。

⑪ 为了测试的方便，设计上应设定必要的断点和测试点。

（3）导线宽度。印制导线的宽度由导线的负载电流、允许的温升和铜箔的附着力决定。一般印制电路板的导线宽度不小于0.2mm，厚度为18μm以上，对于SMT印制电路板和高密度板的导线宽度可小于0.2mm；但导线越细其加工难度越大，所以在布线空间允许的条件下，应适当选择宽一些的导线，通常的设计原则如下所述。

① 信号线应粗细一致，这样有利于阻抗匹配，一般推荐线宽为0.2～0.3mm（8～12mil），而对于电源地线则走线面积越大越好，可以减少干扰。对高频信号最好用地线屏蔽，可以提高传输效果。

② 在高速电路与微波电路中，规定了传输线的特性阻抗，此时导线的宽度和厚度应满足特性阻抗要求。

③ 在大功率电路设计中，还应考虑到电源密度，此时应考虑到线宽与厚度以及线间的绝缘性能。对于多层板的内层导体，允许的电流密度约为外层导体的一半。

（4）印制导线间距。印制电路板表层导线间的绝缘电阻是由导线间距、相邻导线平行段的长度、绝缘介质（包括基材和空气）所决定的。在布线空间允许的条件下，应适当加大导线间距。

（5）元器件的选择。元器件的选择应充分考虑到PCB实际面积的需要，尽可能选用常规元器件。不可盲目地追求小尺寸的元器件，以免增加成本。IC器件应注意引脚形状与脚间距，对小于0.5mm脚间距的QFP应慎重考虑，不如直接选用BGA封装的器件。此外对元器件的包装形式、端电极尺寸、可焊性、器件的可靠性、温度的承受能力（如能否适应无铅焊接的需要）都应考虑到。

在选择好元器件后，必须建立好元器件数据库，包括安装尺寸、引脚尺寸和生产厂家等有关资料。

（6）PCB基材的选用。选择基材应根据PCB的使用条件和机械、电气性能要求来确定。根据印制电路板结构确定基材的覆铜箔面数（单面、双面或多层板）；根据印制电路板的尺寸、单位面积承载元器件质量，确定基材板的厚度。不同类型材料的成本相差很大，在选择PCB基材时应考虑到下列因素。

① 电气性能的要求。

② 玻璃化转变温度、热膨胀系数、平整度等因素以及孔金属化的能力。

③ 价格因素。

（7）印制电路板的抗电磁干扰设计。对于外部的电磁干扰，可通过整机的屏蔽措施和改进电路的抗干扰设计来解决。对 PCB 组装件本身的电磁干扰，在进行 PCB 布局、布线设计时，应考虑抑制设计，常用以下方法。

① 可能相互产生影响或干扰的元器件，在布局时应尽量远离或采取屏蔽措施。

② 不同频率的信号线，不要相互靠近平行布线；对高频信号线，应在其一侧或两侧布设接地线进行屏蔽。

③ 对于高频、高速电路，应尽量设计成双面和多层印制电路板。双面板的一面布设信号线，另一面可以设计成接地面，多层板中可把易受干扰的信号线布置在地线层或电源层之间，对于微波电路用的带状线，传输信号线必须布设在两接地层之间，并对其间的介质层厚度按需要进行计算。

④ 晶体管的基极印制线和高频信号线应尽量设计得短，减少信号传输时的电磁干扰或辐射。

⑤ 不同频率的元器件不共用同一条接地线，不同频率的地线和电源线应分开布设。

⑥ 数字电路与模拟电路不共用同一条地线，在与印制电路板对外地线连接处可以有一个公共接点。

⑦ 工作时电位差比较大的元器件或印制线，应加大相互之间的距离。

（8）PCB 的散热设计。随着印制电路板上元器件组装密度的提高，若不能及时有效地散热，将会影响电路的工作参数，甚至热量过大会使元器件失效，所以对印制电路板的散热问题，设计时必须认真考虑，一般采取以下措施。

① 加大印制电路板上与大功率元件接地面的铜箔面积。

② 发热量大的元器件不贴板安装，或外加散热器。

③ 对多层板的内层地线应设计成网状并靠近板的边缘。

④ 选择阻燃或耐热型的板材。

3.2.2 常见的 SMB 设计错误及后果

（1）SMB 没有工艺边、工艺孔，不能满足 SMT 设备的装夹要求。

（2）SMB 外形异形或尺寸过大、过小，同样不能满足设备的装夹要求。

（3）SMB、FQFP 焊盘四周没有光学定位标志（Mark）或者定位标志点不标准，如定位标志点周围有阻焊膜，会造成定位标志点图像反差过小，机器频繁报警不能正常工作。

（4）焊盘结构尺寸不正确，如片式元件的焊盘间距过大过小、焊盘不对称等都会造成片式元件焊接后，出现歪斜、立碑等多种缺陷。

（5）焊盘上有过孔，焊接时焊料熔化后通过焊盘上的过孔漏到底层，造成焊点焊料过少。

（6）片式元件焊盘大小不对称，特别是用地线、过线的一部分作为焊盘使用，以致再流焊时片式元件两端焊盘受热不均匀，焊锡膏先后熔化而造成立碑缺陷。

（7）IC 焊盘设计不正确，FQFP 中焊盘太宽，引起焊接后桥连，或焊盘后沿过短引起焊后强度不足。

（8）IC 焊盘之间的互连导线放在中央，不利于焊后检查。

（9）波峰焊时 IC 没有设计辅助焊盘，引起焊接后桥连。

（10）SMB 厚度或 SMB 中 IC 分布不合理，焊后出现 SMB 变形。

（11）测试点设计不规范，以致 ICT 不能工作。

（12）表面组装元器件之间间隙不正确，后期修理出现困难。

（13）阻焊层和字符图不规范或者阻焊层和字符图落在焊盘上，都会造成虚焊或电气断路。

（14）拼板设计不合理，如“V”形槽加工不好，造成 SMB 再流后变形。

上述错误会在不良设计的产品中出现一个或多个，导致不同程度地影响焊接质量。

3.3 SMB 设计的具体要求

3.3.1 整体设计

1. PCB 幅面

PCB 的外形一般为长宽比不太大的长方形。长宽比例较大或面积较大的板，容易产生翘曲变形。PCB 的基材厚度应根据对板的机械强度要求以及 PCB 上单位面积承受的元器件质量合理选取。

考虑焊接工艺过程中的热变形以及结构强度，如抗张、抗弯、机械脆性、热膨胀等因素，SMB 厚度、最大宽度与最大长宽比之间的关系见表 3-6。

表 3-6 印制电路板厚度、最大宽度及最大长宽比

厚度/mm	最大印制电路板宽度/mm	最大长宽比
0.8	50	2.0
1.0	100	2.4
1.6	150	3.0
2.4	300	4.0

2. 电路块的划分

复杂电路常常需要划分为多块印制电路板，或在单块印制电路板上划分为不同的区域。划分可按如下原则进行。

（1）按照电路各部分的功能划分。把电路的 I/O 端子尽量集中靠近印制电路板的边缘，以便和连接器相连接，并设置相应的测试点供功能调校用。

（2）模拟和数字两部分电路分开。

（3）高频和中、低频电路分开，高频部分单独屏蔽起来，防止外界电磁场的干扰。

（4）大功率电路和其他电路隔开，以便采用散热措施。

（5）减小电路中噪声干扰和串扰现象。易产生噪声的电路需和某些电路隔开。例如，为降低 ECL 器件的高速开关噪声干扰，必须把低电平、高增益的放大电路和它们隔开。

3. 电路板的尺寸与拼板工艺

要根据整机的总体结构来确定单块印制电路板的尺寸。由于 SMT 印制电路板的尺寸较小，为了更适合于自动化生产往往将多块板组合成一块板，有意识地将若干个相同单元印制电路板进行有规则的拼合，把它们拼合成长方形或正方形。拼板之间可以采用 V 形槽、邮

票孔、冲槽等工艺手段进行组合，对于不相同的印制电路板的拼合也可按此原则进行，但应注意元件位号的编写方法。拼合的印制电路板俗称为“邮票”板，其结构示意图如图 3-4 所示。

（1）邮票板可由多块同样的印制电路板组成或由多块不同的电路板组成。

（2）根据表面组装设备的情况决定邮票板的最大外形尺寸，如贴片机的贴片面积、印刷机的最大印刷面积和再流焊炉传送带的工作宽度等。

（3）邮票板的工艺孔可设计成一个圆形和一个槽形孔，槽形孔的宽方向尺寸和圆形孔的直径相等，而长方向的尺寸则比宽方向的尺寸至少大 0.5mm。

（4）邮票板上各电路板间的连接筋起机械支撑作用。因此它既要有一定的强度，又要易于折断以便把电路板分开。连接筋的参考尺寸如图 3-4a 所示，图示尺寸约为 1.8mm × 2.4mm（0.093in × 0.070in），邮票板结构示意图如图 3-4b 所示。

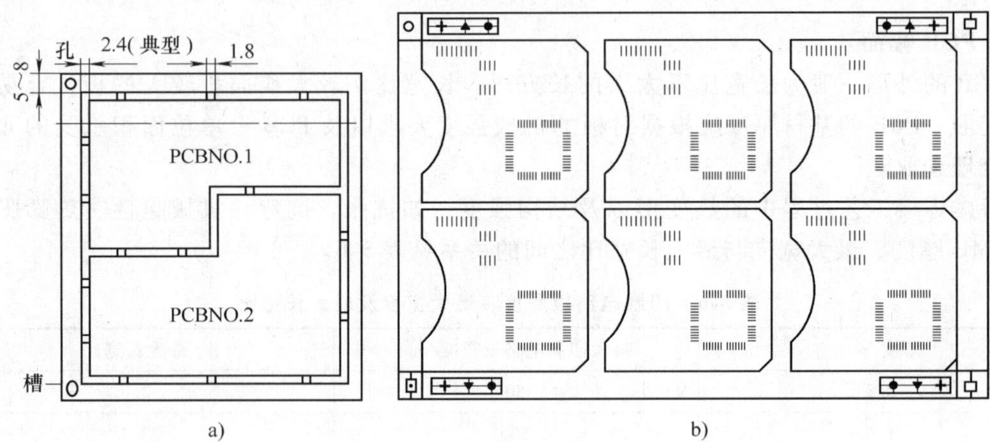

图 3-4　邮票板结构示意图

a）连接筋尺寸　b）邮票板结构

4. 定位孔、工艺边及图像识别标志

定位孔、工艺边及图像识别标志是保证印制板适应 SMT 大生产不可缺少的标志，它们的典型尺寸及在 PCB 上的位置如图 3-5 所示。

（1）定位孔。定位孔尺寸和定位孔位置如图 3-5 所示，孔壁要求光滑，不应有涂覆层，粗糙度应小于 3.2μm；周围 2mm 处应无铜箔，且不得贴装元件。

（2）工艺边。辅助工艺边（简称为工艺边）主要是用于设备的夹持与定位，以及异形边框补偿。若印制电路板两侧 5mm 以上不贴装元件或不插元件，则可以不设专用工艺边，即可借用印制电路板两边以保证正常生产需要，定位孔尺寸及粗糙度要求同前，定位孔中心离印制电路板两边距离为 5mm。若印制板因结构尺寸的限制无法满足上述的要求，则可在印制电路板上沿贴装印制电路板流动的长度方向增设工艺边，工艺边的宽度为 5 ~ 8mm，此时定位孔与图像识别标志应设于工艺边上，待加工工序结束后可以去掉工艺边。

（3）图像识别标志。图像识别标志是提供贴片机光学定位的标志，其作用是提高元器件贴装的定位精度，图像识别标志分为印制电路板图像识别标志和器件图像识别标志。

常用的印制电路板识别标志的位置和尺寸如图 3-5、图 3-6 所示，识别标志应设在铜箔

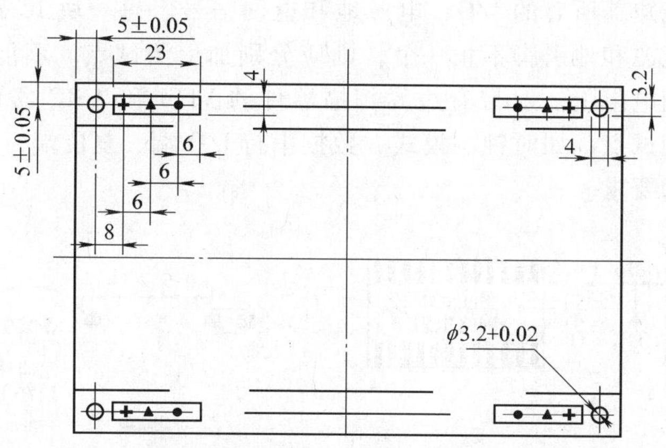

图 3-5 定位孔尺寸和定位孔位置

层，图中点划线范围内多余的铜箔应腐蚀掉并不再涂覆阻焊层，或最少在印制电路板对角两侧设立两圆点作为识别标志，但两圆点的坐标值不应相等，以确保贴片时印制电路板进机方向的唯一性。

当有 QFP、PLCC 和 BGA 器件时，为进一步消除印制电路板制造、贴片、安装时的综合误差，保证器件贴装精度，应增设器件图像识别标志，常用“十”或“●”、“▲”来表示，位置可在焊盘图形内，也可在其外的附近地方，尺寸及要求同印制电路板识别标志，如图 3-7 所示。

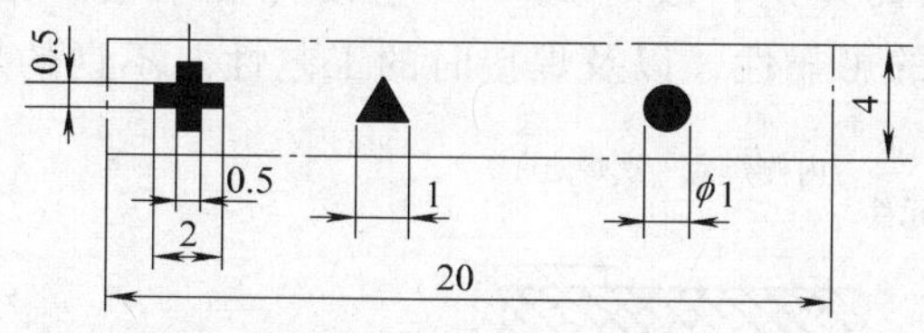

图 3-6 印制板图像识别标志

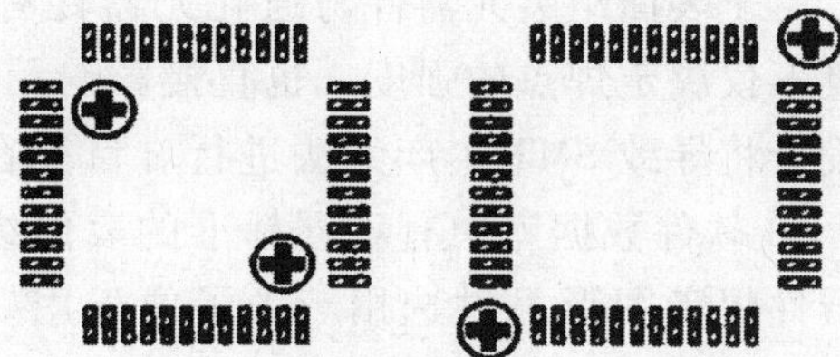
图 3-7 FQFP（器件）图像识别标志

5. 测试点的设计

为了保证品质和降低成本，在电子产品的生产过程中离不开在线测试。为了保证测试工作的顺利进行，PCB 设计时应考虑到测试点的问题。与测试有关的设计要求如下所述。

（1）接触可靠性测试。应设计两个定位孔，原则上可用工艺孔代替，但对拼板的单板测试时仍应在子板上设计定位孔。测试点的焊盘直径为 0.9～1.0mm，并与相关测试针相配套，此外也可取通孔为测试点。测试点的中心应落在网格之上，测试点不应设计在板子的边缘 5mm 内，面板的测试点原则上应设在同一面上，并注意分散均匀。相邻的测试点之间的中心距不小于 1.46mm，测试点之间不设计其他元件，以防止元件或测试点之间短路，如图 3-8 所示。测试点与元件焊盘之间的距离应不小于 1mm，测试点不能涂覆任何绝缘层，如图 3-9所示，图中 TP 点即为测试点。

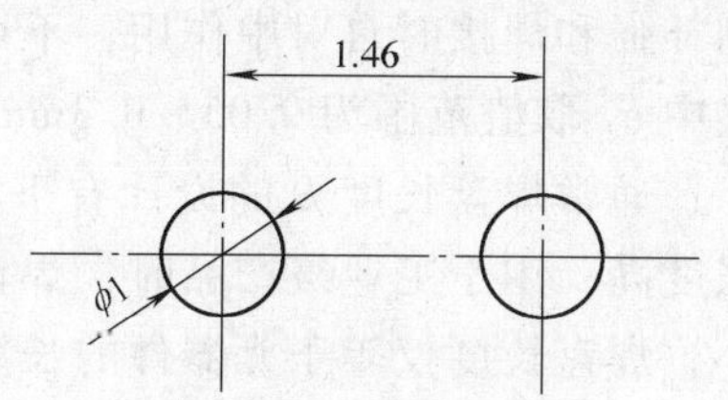

图 3-8 相邻的测试点之间的中心距

（2）电气可靠性设计。所有的电气节点都应提供测试点，即测试点应能覆盖所有的 I/O、电源地和返回信号。每一块 IC 都应有电源和地的测试点，如果器件的电源和地引脚不止一个，则应分别加上测试点。不能将 IC 控制线直接连接到电源、地或公用电阻上。对带有边界扫描器件的 VLSI 和 ASIC 器件，应增设为实现边界扫描功能的辅助测试点，如时钟、模式、数据串行 I/O 端、复位端，以达到能测试器件本身的内部逻辑功能的要求。

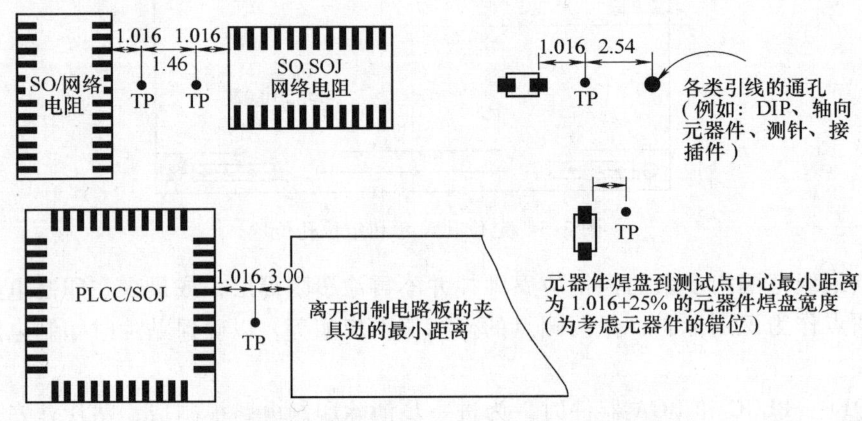

图 3-9　测试点与元器件焊盘之间的距离

3.3.2　表面组装元器件焊盘设计

由于表面组装元器件与通孔元器件有着本质的差别，故对 SMB 焊盘设计要求很严格。焊盘不仅决定焊点的强度，也直接影响元件连接的可靠性，以及焊接时的工艺性。不良的焊盘设计将导致 SMT 生产无法进行。目前在有关 PCB 软件数据库中有不同标准的表面组装元器件焊盘图形可供选用。为了便于用好这些资料，现提供部分有关焊盘设计的相关原则。

(1) 片式元件的焊盘设计。片式元件两端有电极，其电极为 3 层结构，虽然很薄但仍有一定的厚度，片式元件焊接后理想的焊接形态如图 3-10 所示。

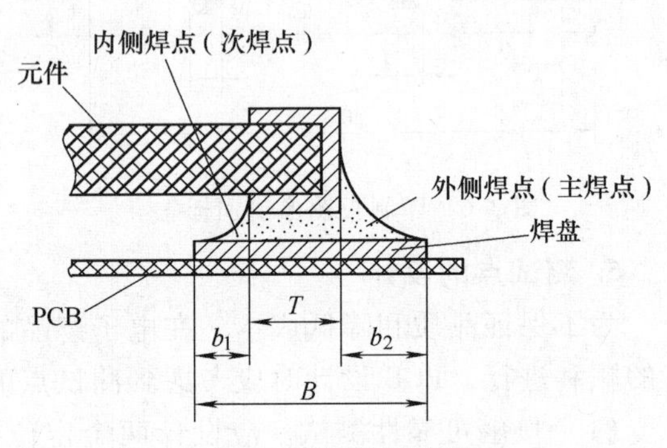

图 3-10　理想的焊接形态

从图中可以看出它有两个焊点，分别在电极的外侧和内侧，外侧焊点又称为主焊点，主焊点呈弯月面状，维持焊接强度；内焊点起到补强和焊接时自对中作用，不可轻视。由图 3-10 可知理想的焊盘长度为 $B = b_1 + T + b_2$，式中 b_1 取值范围为 0.05 ~ 0.3mm，b_2 取值范围为 0.25 ~ 1.3mm。

通常焊盘长度 B 的设计有下列 3 种情况：用于高可靠性场合时，焊盘尺寸偏大，焊接强度高；用于工业级产品时，焊盘尺寸适中，焊接强度高；用于消费类产品时，焊盘尺寸偏小，焊盘长度仅等于元器件的长度，但在良好的工艺条件下仍有足够的焊接强度，此设计有利于整机外形小型化。

对于焊盘宽度 A 的设计也相应有下列 3 种情况：用于高可靠性场合时，焊盘宽度 A =

1.1×元器件宽度，用于工业级产品时，焊盘宽度 $A=1.0\times$元器件宽度；用于消费类产品时，焊盘宽度 $A=(0.9\sim1.0)\times$元器件宽度。焊盘间距 G 应适当小于元件两端焊头之间的距离，焊盘外侧距离 $D=L+2b_2$，如图 3-11 所示。

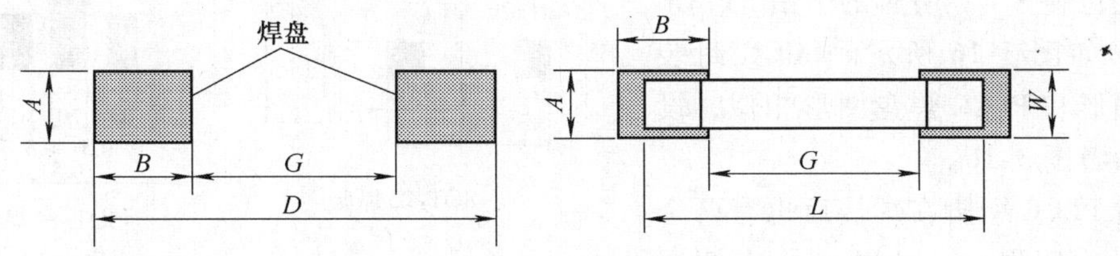

图 3-11　焊盘的内外侧距离

对于 0603 的片式元件，为了防止焊接过程产生“立碑”等焊接缺陷，推荐下列形态的焊盘：矩形焊盘（又称为 H 形焊盘），如图 3-12 所示；半圆形焊盘（又称为 U 形焊盘），如图 3-13 所示。

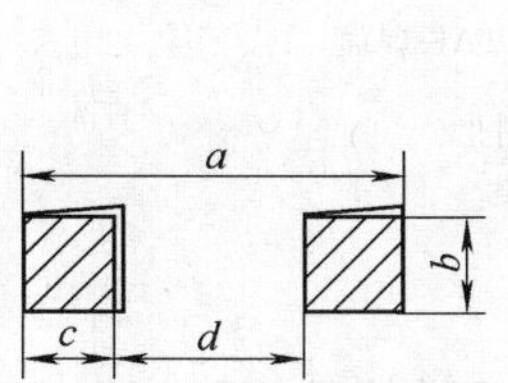

	a	*b*	*c*	*d*
1	0.6	0.3	0.15	0.3
2	0.6	0.35	0.15	0.3
3	0.7	0.3	0.2	0.3
4	0.7	0.35	0.2	0.3
5	0.8	0.3	0.25	0.3
6	0.8	0.35	0.25	0.3

图 3-12　矩形焊盘

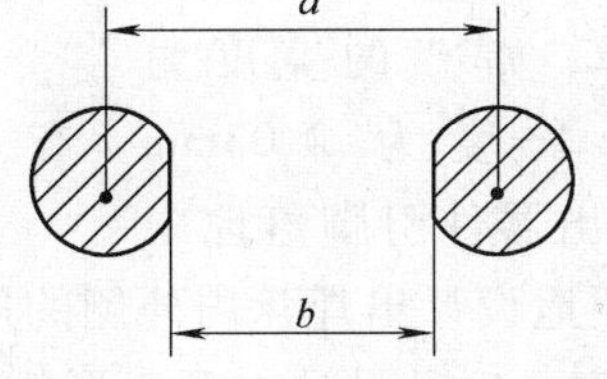

a	*b*
0.4	0.3
0.5	0.3

图 3-13　半圆形焊盘

在 SMT 中，柱状无源元件（MELF）的焊盘图形设计与焊接工艺密切相关，如图3-14 所示。当采用贴片—波峰焊时，其焊盘图形可参照片状元件的焊盘设计原则来设计；当采用再流焊时，为了防止柱状元件的滚动，焊盘上必须开一个缺口，以利于元件的定位。

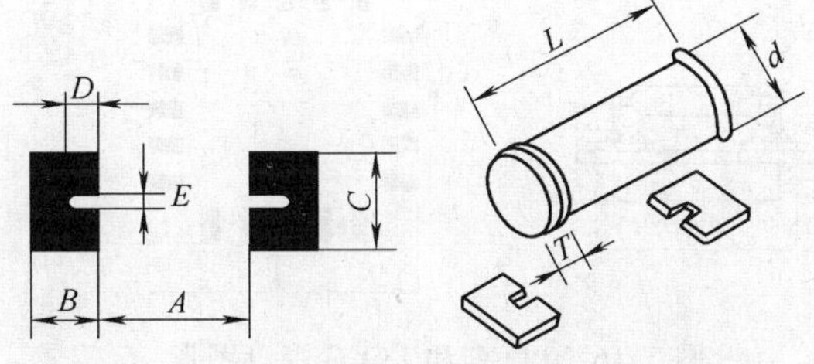

图 3-14　柱状无源元件（MELF）的焊盘

计算公式：$A=L_{\max}-2T_{\max}-0.254$

$B=d_{\max}+T_{\min}+0.254$

$C=d_{\max}-0.254$

$D=B-(2B+A-L_{\max})/2$

$E=0.2\text{mm}$

（2）小外形封装晶体管焊盘的设计。在 SMT 中，小外形封装晶体管（SOT）的焊盘图形设计较为简单，一般来说，只要遵循下述规则即可。

① 焊盘间的中心距与器件引线间的中心距相等。

② 焊盘的图形与器件引线的焊接面相似，但在长度方向上应扩展 0.3mm，在宽度方向上应减少 0.2mm；若是用于波峰焊，则长度方向及宽度方向均应扩展 0.3mm。

使用中应注意 SOT 的品种，如 SOT-23、SOT-89、SOT-143 和 DPAK 等，SOT 焊盘图形如图 3-15 所示。

（3）PLCC 焊盘设计。PLCC 封装的器件至今仍大量使用，但焊盘设计中经常出现错误，并导致焊接后焊料不能完全包裹“L”引脚的下沿，PLCC 焊盘图形如图 3-16 所示。LCCC 封装的焊盘图形和 PLCC 焊盘图形相似，设计时可参考图 3-16。

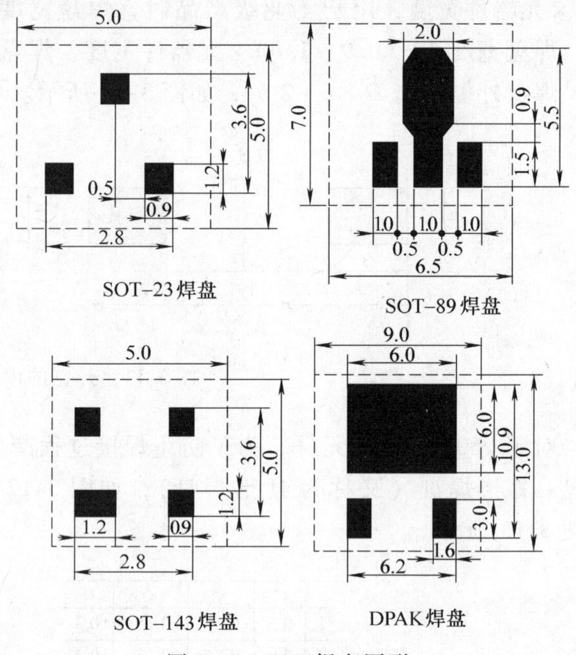

图 3-15　SOT 焊盘图形

通常 PLCC 引脚在焊接后也有两个焊接点，外侧焊点为主焊点，内侧焊点为次焊点，PLCC 器件的引脚间距通常为 1.27mm（50mil），故焊盘的宽度为 0.63mm（25mil），长度为 2.03mm（80mil），PLCC 引脚在焊盘上的位置有两种类型。

① 引脚居中型。这种设计在计算时较为方便和简单，焊盘的宽度为 0.63mm（25mil），长度为 2.03mm（80mil），只要计算出器件引脚落地中央尺寸，就可以方便地设计出焊盘内外侧的尺寸，如图 3-17a 所示。

② 引脚不居中型。这种设计有利于形成主焊接点，外侧有足够的锡量供给主焊缝，PLCC 引脚与焊盘的相切点在焊盘的内 1/3 处。焊盘的宽度仍为 0.63mm（25mil），如图 3-17b 所示。

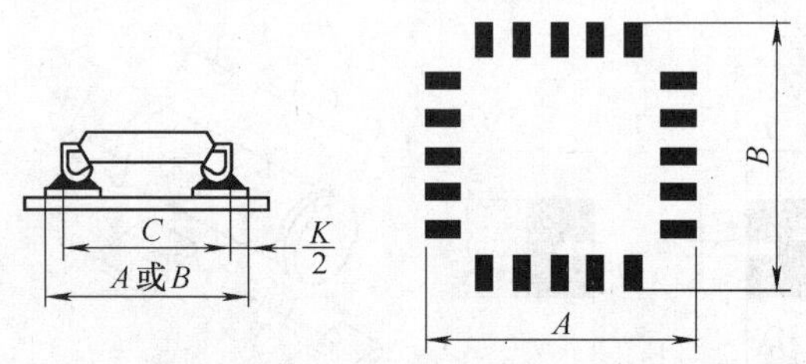

图 3-16　PLCC 和 LCCC 焊盘图形

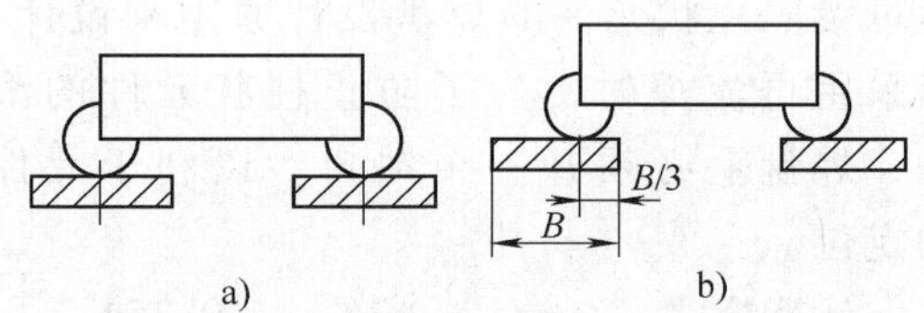

图 3-17　PLCC 引脚在焊盘上的位置
a）引脚居中型　b）引脚不居中型

（4）QFP 焊盘设计。QFP 焊盘长度和引脚长度的最佳比为 $L_2:L_1=(2.5\sim3):1$，或者 $L_2=F+L_1+A$（F 为端部长 0.4mm；A 为趾部长 0.6mm；L_1 为器件引脚长度；L_2 为焊盘长度）。

QFP 焊盘的设计尺寸如图 3-18 所示。

焊盘宽度通常取：$0.49P\leqslant b_2\leqslant 0.54P$（$P$ 为引脚公称尺寸，b_2 为焊盘宽度）。

下面以 FQFP48 器件为例进行焊盘设计。FQFP48 器件的外形尺寸如图 3-19 所示。其引脚中心距为 0.5mm，$L_1=0.5$mm。

$L_2:L_1=3:1$；

$L_2=F+L_1+A=0.4+0.5+0.6=1.5$（mm）；

$b=0.5P=0.5\times0.5=0.25$（mm）。

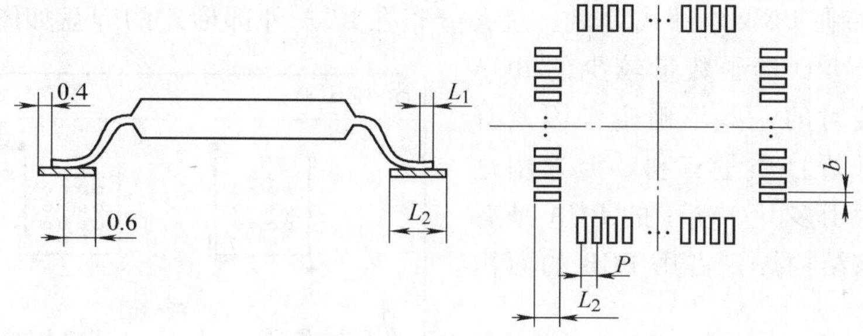

图 3-18　QFP 焊盘的设计

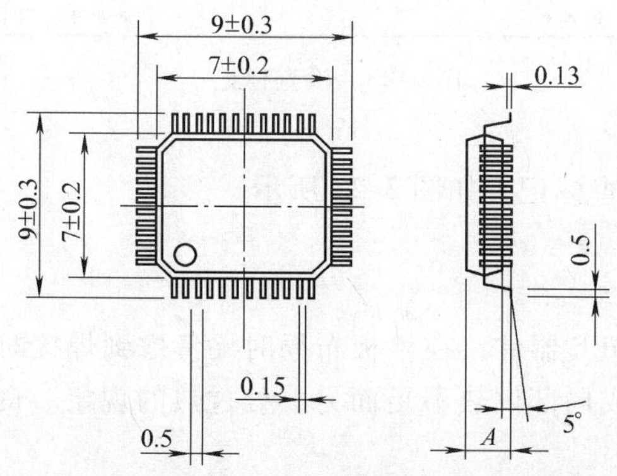

图 3-19　FQFP48 器件的外形尺寸

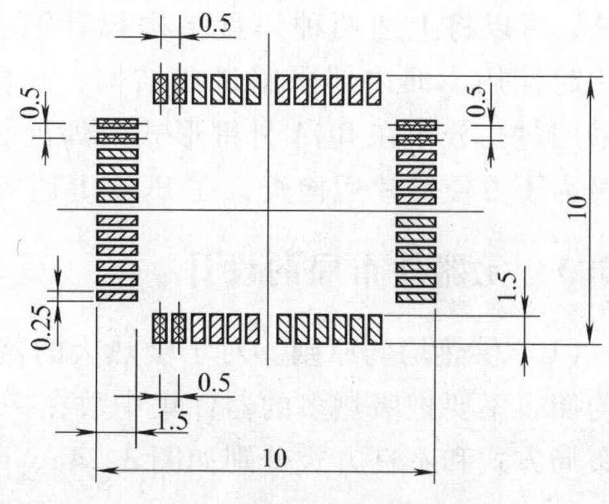

图 3-20　FQFP48 器件焊盘尺寸

设计完成后的焊盘尺寸如图 3-20 所示。

（5）BGA 焊盘设计。BGA 焊点的形态如图3-21 所示，图中，D_c、D_o 是器件基板的焊盘尺寸，D_b 是焊球的尺寸，D_p 是焊盘尺寸，H 是焊球的高度。

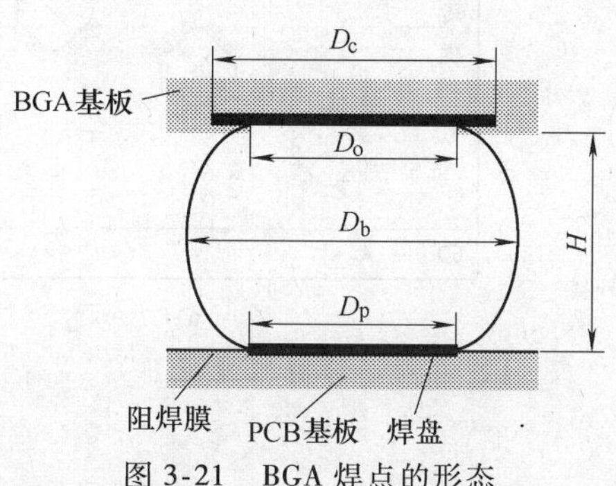

图 3-21　BGA 焊点的形态

BGA 焊盘结构通常有 3 种形式，分别是哑铃式焊盘、过孔分布在 BGA 外部式焊盘、混合式焊盘。

① 哑铃式焊盘。哑铃式焊盘结构如图 3-22a 所示。BGA 焊盘通过过孔把线路引入到其他层，实现同外围电路的沟通，过孔通常应用阻焊层全面覆盖。该方法简单实用较为常见，并且占用 PCB 面积较少。但由于过孔位于焊盘之间，万一过孔处的阻焊层脱落，就可能造成焊接时出现桥接故障。

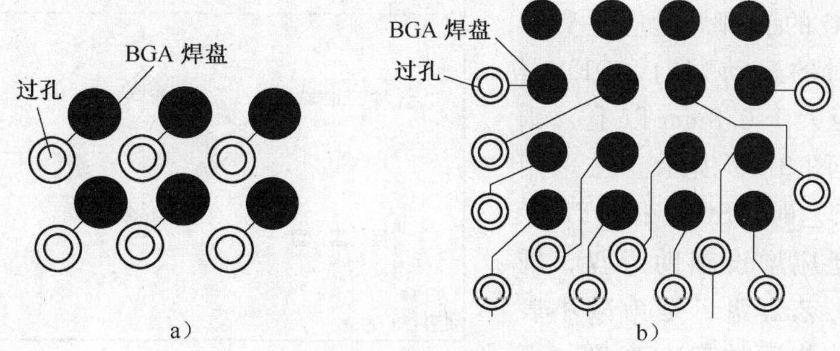

图 3-22　BGA 焊盘结构
a）哑铃式　b）BGA 外部形式

② 过孔分布在BGA外部式焊盘。过孔分布在BGA外部形式的焊盘如图3-22b所示，该形式特别适用于I/O端子数量较少的BGA焊盘设计，焊接时的一些不确定性因素有所减少，对保证焊接质量有利。但采用这样的设计形式对于多I/O端子的BGA是有困难的，此外该结构焊盘占用PCB的面积相对过大。

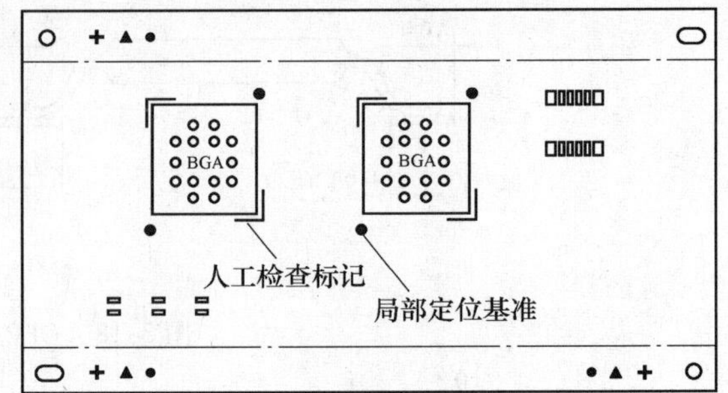

图3-23　检查标记

③ 混合式焊盘。对于I/O端子较多的BGA，可以将上述两种焊盘结构设计混合在一起使用，即内部采用过孔结构，外围则采用过孔分布在BGA外部形式的焊盘。

为了方便贴片后检查，在PCB上还应设有检查标记，如图3-23所示。

3.3.3　元器件布局的设计

（1）供热均匀原则。对于吸热大的器件和FQFP器件，在整板布局时要考虑到焊接时的热均衡，不要把吸热多的器件集中放在一处，造成局部供热不足而另一处过热的现象。良好的布局方式和不良方式分别如图3-24a、b所示。

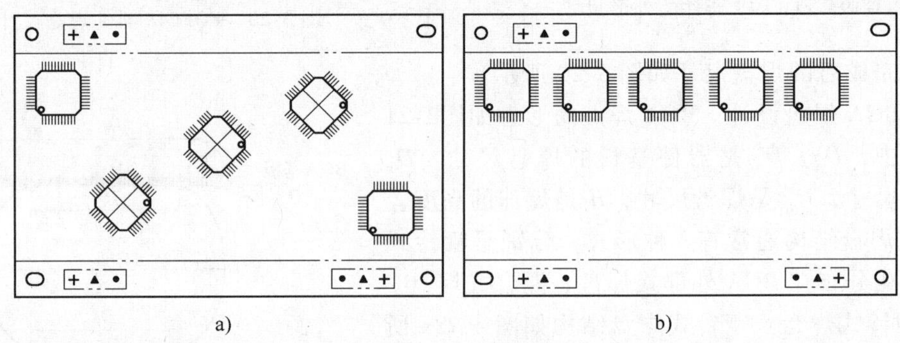

图3-24　元器件布局设计

a）良好　b）差

（2）元件排列方向及其辅助焊盘的设计。在采用贴片—波峰焊工艺时，片式元件和SOIC的引脚焊盘应垂直于印制板波峰焊时的运动方向，QFP器件（引脚中心距大于0.8mm以上）则应转45°角，如图3-25所示。在采用贴片—波峰焊工艺时，SOIC和QFP除注意方向外，还应增设辅助焊盘，辅助焊盘也称为工艺焊盘，是为减小表面组装元器件贴装后的架空高度，而设置在PCB涂胶位置上的有阻焊膜的

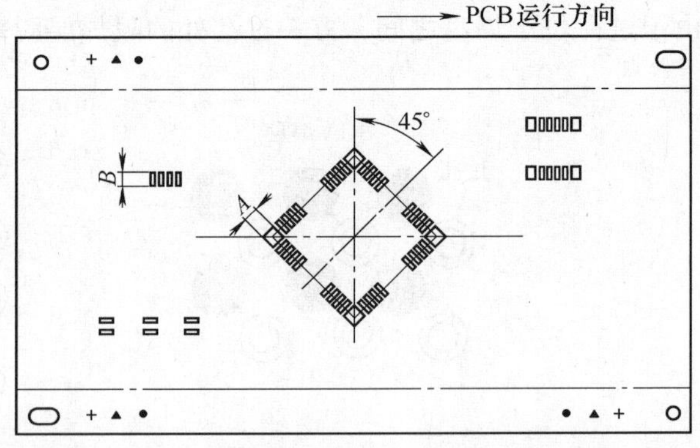

图3-25　波峰焊工艺中元器件的排列方向与辅助焊盘

空焊盘。

3.3.4 焊盘与导线连接的设计

1. SMC的焊盘与线路连接

SMT元件（SMC）的焊盘与线路连接可以有多种方式，原则上连线可在焊盘任意点引出。线路与SMC焊盘连接时，一般不得在两焊盘相对的间隙之间进行，建议在两端引出，如图3-26所示。

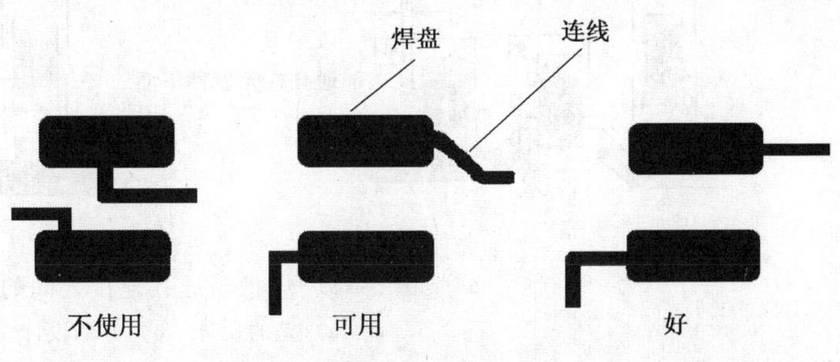

图3-26 线路与焊盘的连接

2. SMD的焊盘与线路连接

SMD焊盘与线路的连接图形，将影响再流焊中元器件泳动的发生、焊接热量的控制以及焊锡沿布线的迁移。

① 再流焊接时若元器件出现泳动现象，则元器件泳动的方向与元器件两端焊盘和连线的润湿面积有关。原则上集成电路焊盘的连线可以从焊盘任一端引出，但不应使焊锡的表面张力过分聚集在一根轴上。只要使器件各轴上保持所受的焊锡张力均衡，器件就不相对焊盘发生偏转。

② 由于SMD的排列方位不合理、焊盘上焊膏量不等以及焊盘的导热路径不同，在再流焊时很可能使焊盘再流开始时间不同，因而产生“立碑”现象或元器件在焊盘上偏转的现象。

为了使每个焊盘再流的时间一致，必须控制焊盘和连线间的热耦合，以确保每个焊盘保持相同的热量。SMD器件的引脚与大面积铜箔连接时，要进行热隔离；一般规定不允许把宽度大于0.25mm的布线和再流焊焊盘连接。如果电源线或接地线要和焊盘连接，则在连接前需要将宽布线变窄至0.25mm宽，且不短于0.635mm的长度，再和焊盘相连，如图3-27所示。

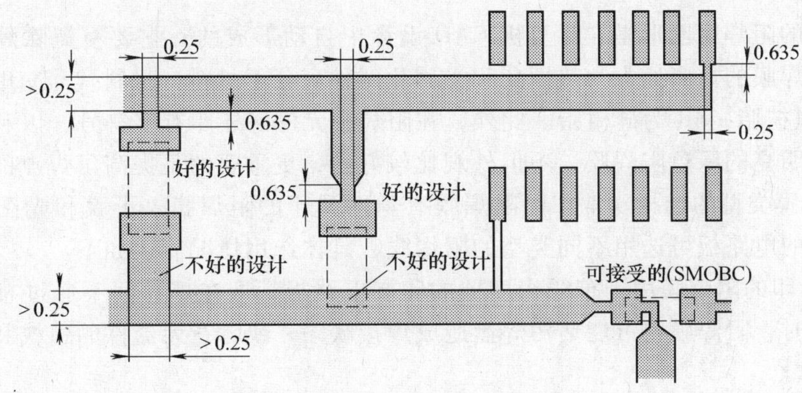

图3-27 宽布线变窄后再和焊盘相连

3. 导通孔与焊盘的连接

表面组装印制电路板的导通孔可以采用两种形式：一种是裸露的镀铜孔，两端覆盖阻焊膜；二是有锡铅镀层的镀铜孔。一般焊盘与导通孔之间使用电路连接时，用具有阻焊膜的窄走线与焊盘相连；如果导通孔采用阻焊膜，则可以将导通孔放置在与焊盘相邻的地方，通常不将导通孔放在焊盘上，如图 3-28 所示。

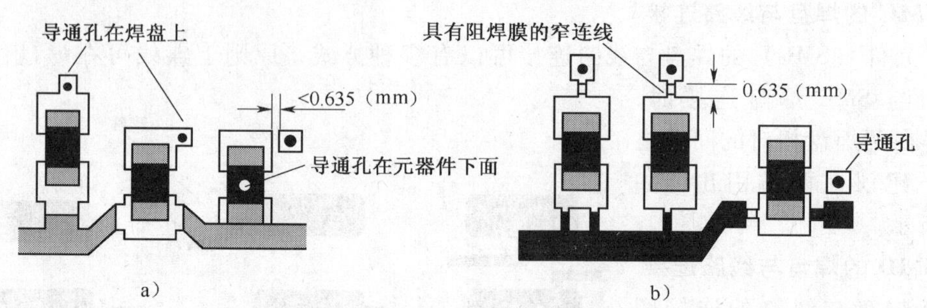

图 3-28　焊盘与通孔连接之间的设计
a）差的设计　b）好的设计

3.3.5　PCB 可焊性设计

PCB 蚀刻及清洁后必须在表面进行涂覆保护，包括在非焊接区内涂覆阻焊膜和在焊盘表面加涂覆层以防止焊盘氧化两道工序。

1. 阻焊膜

常见的印制电路板，如计算机板卡，基本上是环氧树脂玻璃布基双面印制电路板，其中有一面是 SMC/SMD 以及插装元器件，另一面为元器件引脚焊接面，可以看出除了需要锡焊的焊盘等部分外，其余部分的表面有一层耐波峰焊的阻焊膜。阻焊膜多数为绿色，有少数采用黄色、红色或蓝色等，所以在 PCB 行业常把阻焊油叫成绿油。其作用是防止波峰焊时产生桥接现象，提高焊接质量和节约焊料。同时还可以防止在再流焊时焊盘上的焊锡迁移至金属布线上，造成焊接缺陷。如果以阻焊膜盖住通孔，在波峰焊时焊剂不会由通孔冲到印制电路板的元器件面上。它也是印制电路板的永久性保护层，能起到防潮、防腐蚀、防霉和防机械擦伤等作用。

通常焊盘的阻焊膜图形是在计算机 CAD 设计中自动形成的，它要覆盖除焊盘以外的其他图形。作阻焊膜的树脂通常为热固化和光固化两种高分子材料，材料代号 AR 为丙烯酸树脂，ER 为环氧树脂，SR 为硅树脂。此外，在阻焊膜元件区还印有字符号，以利于安装和维修。表面光滑明亮的绿色阻焊膜，不但外观比较好看，更重要的是提高了焊点的可靠性。

（1）阻焊膜类型的选择。常用的阻焊膜有丝网漏印的阻焊膜、干膜和光图形转移的湿膜等。对具体的电路板可选用不同类型的阻焊膜，具体选用情况简述如下。

① 丝网漏印的阻焊膜用于布线密度低的印制电路板，即在焊盘间不通过布线导体。在焊盘间距较小时，阻焊膜很可能玷污焊盘造成焊接缺陷，或者在元器件的引线和焊盘之间造成开路。

② 光图形转移的湿膜是用光刻工艺在印制电路板上形成阻焊膜图形。此时图形的对准精度高，故适用于高密度印制电路板。另外，湿膜与环氧玻璃纤维板、锡铅层以及裸铜层有很好的粘合力，分辨率高而且价格适中。

③ 干膜阻焊膜图形的对准精度好、分辨率高、无流动性，不会污染焊盘，而且能覆盖

住通孔。但干膜也存在着不足之处，例如在贴压过程中容易在印制电路板面与膜之间留存气隙，高温下容易使膜层破裂，所以耐热冲击能力差。另外干膜厚度较厚，不宜涂覆在无源元件下方，否则在再流焊时元件易于产生直立现象，而且干膜的价格要比其他阻焊膜贵。

（2）阻焊膜的使用原则。

① 应与印制电路板制造工艺相适应。假若在印制电路板的布线表面覆盖锡铅层，再在锡铅层上涂阻焊膜，那么在高温下锡铅会熔化而使阻焊膜漂浮，冷却后阻焊膜易形成橘皮状皱纹，并易于破裂。这不但影响印制电路板的外观，而且阻焊膜一旦破裂，焊剂会渗入到阻焊膜下方，影响电性能。因此要求将阻焊膜直接覆盖在裸铜布线上。

② 留有间隙。若采用丝网漏印的液体阻焊膜，设计时要在焊盘四周留有 0.25mm 的间隙，以防止阻焊膜粘污焊盘影响焊接质量。

③ 无源元器件下方不采用阻焊膜。片式电阻、电容下方应尽量不要采用阻焊膜（尤其是干膜）。否则当片式元器件一端的焊焊锡膏先熔化时，就会以厚的阻焊膜的边缘为支点而使元件直立，产生翘板现象。

④ 有引线器件下方可设置阻焊膜。有引线的器件如 SOIC、PLCC、QFP，只要器件的引线直立部分距离电路板面不小于 0.05mm，则可以在器件下方涂阻焊膜。

在器件 SOIC、PLCC 和 QFP 的焊盘之间如果没有布线通过，则可以采用长条窗口式设计。即在焊盘间没有阻焊膜，直接裸露环氧玻璃层板。

2. 焊盘涂覆层

为保护焊盘并使之有良好的可焊性和较长的有效期（6 个月），需要在焊盘表面加涂覆层。焊盘涂覆层通常采用以下几种工艺。

（1）Sn/Pb 合金热风整平工艺。Sn/Pb 合金热风整平工艺是传统的焊盘保护方法，其做法是：PCB 铜板制作好后，浸入熔融的 Sn/Pb 合金中，再慢慢提起并在热风作用下使焊盘孔壁涂覆 Sn/Pb 合金层，力求光滑、平整。此工艺具有可焊性好、PCB 有效期长的优点。但由于细间距 QFP 器件的出现，对焊盘平整度提出更高的要求，故热风整平工艺对于 SMB 来说操作难度较大。

（2）镀金工艺。镀金工艺具有表面平整、耐磨、耐氧化、接触电阻小的优点，适用于 FQFP 的焊盘保护，但焊盘可焊性不及 Sn/Pb 合金热风整平工艺好。镀层厚度 $\leqslant 1\mu m$（$0.1 \sim 0.3\mu m$），薄的镀金层能在焊接时迅速溶于焊料中，同时，焊料与镀金层下面的镍层形成锡镍共价化合物，使焊点更牢固。少量的金溶于锡中不会引起焊点变脆，金层只起保护镍层不被氧化的作用。用于印制插头或印制接触点，金层厚度 $\geqslant 1.3\mu m$，镍层厚度为 $5 \sim 7\mu m$，金能与焊料中的锡形成金锡间共价化合物（$AuSn_4$），在焊点的焊料中金的含量超过 3% 会使焊点变脆，所以应严格控制金层的厚度。镀金工艺又分为全板镀金与化学镀金。

全板镀金是在 PCB 图形制造好后，先全板镀镍，再全板镀金，清洁后即可。该工艺成熟，镀金层薄（$<0.1\mu m$），又称为水金工艺，但全板镀金费用较高。

化学镀金是焊盘、通孔等局部镀金，即在 SMB 制造好后涂覆阻焊层，仅裸露需要镀金的部位，通过化学还原反应在焊盘孔壁上沉积一层镍，然后再沉积一层金，故用金量低，价格相对较低，但有时出现阻焊层的性能不能适应化学镀金过程中所使用的溶剂及药品的问题，故习惯上仍使用全板镀金工艺。镀金工艺适用于各种 SMB 的制造。

（3）有机耐热预焊剂（OSP）。有机耐热预焊剂又称有机保护焊剂，是20世纪90年代中期出现的代替镀金工艺的一种SMB涂敷层。它具有良好的耐热保护，使SMB能承受二次焊接的要求，此外制造中具有三废少、成本低和工艺流程简单的优点。缺点是焊点不够饱满，焊接效果在外观上不及上述两种工艺，该工艺大量适用于视听产品。

3.4 印制电路板的制造

印制电路板有刚性、挠性和刚挠性结合的单面、双面和多层印制电路板等类型。其生产过程复杂，涉及的工艺范围从计算机辅助设计（CAD）到简单及复杂的机械加工，生产过程中有普通的化学反应还有光化学、电化学和热化学等反应；而且在生产过程中发生的工艺问题常常具有很大的随机性。由于其生产过程是一种非连续的流水线形式，任何一个环节出现问题都会造成全线停产或大量报废的后果。印制电路板如果报废则无法再回收利用，其制造质量直接影响到整个电子产品的质量和成本。因此，在SMT技术中，SMB的质量对整个SMT产品的质量和成本将起到关键的作用。

3.4.1 单面印制电路板的制造

单面印制电路板是指仅一面有导电图形的印制电路板，一般用酚醛树脂纸基覆铜板制作。其典型制造工艺流程如下所述。

单面覆铜板→下料（刷洗、干燥）→钻孔或冲孔→网印线路抗蚀刻图形或使用干膜→固化、检查修板→蚀刻铜→去抗蚀印料、干燥→刷洗、干燥→网印阻焊图形（常用绿油）、UV固化→网印字符标记图形、UV固化→冲孔及外形加工→电气开、短路测试→刷洗、干燥→预涂助焊防氧化剂（干燥）或喷锡热风整平→检验包装→成品出厂。

单面印制板制造的关键工艺简述如下所述。

1. 制备照相底版

制备照相底版是印制电路板生产中的关键步骤，其质量直接影响到最终产品的质量。现在一般都用计算机辅助设计直接在光绘仪上绘制出照相底版。

一块单面印制电路板一般要有3种照相底图。

① 导电图形底图。

② 阻焊图形底图。

③ 标记字符底图。

制备照相底版首先由光绘仪完成对银盐底片的曝光，随后在暗室中冲洗加工，最终得到照相底版。制备照相底版的另一种工艺技术是使用金属膜胶片直接成像制得照相底版，由于这种胶片对日光不敏感，不需暗室冲洗，因而尺寸稳定性很高，最小线宽为0.05mm，精度误差$<2\mu m$。

2. 丝网印刷

丝网印刷是制作单面印制板的关键工艺。它使用专门的印料，在覆铜箔板上分别网印出线路图形、阻焊图形及字符标记图形，所使用的丝网印刷设备从最简单的手工操作的网印框架到高精度、上下料全自动化的网印生产线，有不同的档次、不同的规格，一般是根据工厂的自动化程度和生产量进行选择。

3. 蚀刻

蚀刻是用化学或电化学方法去除基材上无用导电材料形成印制图形的工艺。用作单面板蚀刻的蚀刻液必须能蚀刻铜箔而不损伤和破坏网印油墨。由于网印油墨通常能溶于碱性溶液，因此蚀刻时不能使用碱性蚀刻液。早期的蚀刻液大多使用三氯化铁，因为它价格便宜、蚀刻速率快、工艺稳定、操作简单。但由于再生和回收困难，冲洗稀释后易产生黄褐色沉淀，污染严重，因此已被酸性氯化铜蚀刻液所替代。

在自动化大生产条件下，蚀刻操作广泛使用传送带式自动喷淋蚀刻机。它可上下两面同时蚀刻，并有自动分析补加装置，使蚀刻液自动连续再生，保持蚀刻速率的恒定。

4. 机械加工

单面印制电路板的机械加工包括覆铜箔板的下料、孔加工和外形加工。其加工方式有剪、冲、钻和铣。

5. 预涂助焊剂

单面板制造的最后一道主要工序是预涂助焊剂。在存放中，单面板的铜导线表面受空气和湿气的影响，很容易氧化变色，使可焊性变差。为了保护洁净的铜表面不受大气的氧化腐蚀，使成品板在规定的储存期内保持优良的可焊性，故必须对单面板的铜表面涂覆保护性的助焊剂。它除了有助焊性，还具有防护性，但要求锡焊后易清洗去除。

3.4.2 双面印制电路板的制造

双面印制电路板是指两面都有导电图形的印制电路板，它通常采用环氧玻璃布覆铜箔板制造。主要用在性能要求较高的通信电子设备、高级仪器仪表及电子计算机等设备中。制造双面镀覆孔印制板的典型工艺是裸铜覆阻焊膜工艺（SMOBC），其工艺过程如下所述。

双面覆铜板→下料→叠板→数控钻导通孔→检验、去毛刺刷洗→化学镀（导通孔金属化）→（全板电镀薄铜）→检验刷洗→网印负性电路图形、固化（干膜或湿膜、曝光、显影）→检验、修板→电路图形电镀→电镀锡（抗蚀镍/金）→去印料（感光膜）→蚀刻铜→（退锡）→清洁刷洗→用热固化绿油网印阻焊图形（贴感光干膜或湿膜、曝光、显影、热固化，常用感光热固化绿油）→清洗、干燥→网印标记字符图形、固化→（喷锡或有机保焊膜）→外形加工→清洗、干燥→电气通断检测→检验包装→成品出厂。

双面印制电路板制造的关键工艺简述如下所述。

1. 数控钻孔

由于表面组装技术的发展，印制电路板上的镀覆孔不再插装电子元器件，仅作导通用。而为了提高组装密度，孔变得越来越小，故加工时常采用新一代的可以钻微小孔径的数控钻床。这种数控钻床的钻速为（11～15）万 r/min，可钻 $\phi0.1 \sim \phi0.5$mm 的孔。钻头断了会自动停机并报警，自动更换钻头和测量钻头直径，自动控制钻头与盖板间恒定的距离和钻孔深度，因而不但可以钻通孔，也可钻盲孔。

2. 镀覆孔工艺

镀覆孔（PTH）习惯上也称为金属化孔。它是将整个孔壁镀覆金属，使双面印制电路板的两面或多层印制电路板的内外层间的导电图形实现电气连通。金属化孔是双面板及多层板生产过程中最关键的环节，它关系到多层板内在质量的好坏。镀覆孔工艺传统上采用化学镀铜使孔壁沉积一薄层铜，再电镀铜加厚到规定的厚度。现在已研究出一些新的镀覆孔工艺，如不用化学镀铜的直接电镀工艺等。

3. 成像

丝网印刷法成像也可用于制作双面板，它成本低，适合于大批量生产，但难于制作0.2mm以下的精细导线和细间距的双面板。除了使用网印法外，在20世纪50～60年代广泛使用的是聚乙烯醇/重铬酸盐型液体光致抗蚀剂。1968年美国杜邦公司推出干膜光致抗蚀剂（简称为干膜）后，在20世纪70～80年代，干膜成像工艺就成为双面板成像的主导工艺。近年来，由于新型液态光致抗蚀剂的发展，它比干膜的分辨率高，且液态光致抗蚀剂的涂覆设备已能实现连续大规模生产，成本又较干膜便宜，因此液态光致抗蚀剂又有重新大量使用的趋势。

干膜成像的工艺流程为：贴膜前处理→贴膜→曝光→显影→修板→蚀刻或电镀→去膜。

前处理用磨料尼龙辊刷板机或浮石粉刷板机进行刷板，经前处理的板材用贴膜机进行双面连续贴膜。贴膜的主要工艺参数为：温度、压力和速度。

经电镀或蚀刻后，干膜需除去。去膜一般使用4%～5%氢氧化钠溶液，在40℃～60℃温度下在喷淋式去膜机中进行。去膜后用水彻底清洗后，进入下道工序。

4. 电镀锡铅合金

用图形电镀蚀刻法生产双面板时，电镀锡铅合金有两个作用：一是作为蚀刻时的抗蚀保护层，二是作为成品板的可焊性镀层。作为可焊性镀层对镀层中锡铅比例以及合金的组织结构状态都有要求。但在SMOBC工艺中，锡铅电镀层仅作为蚀刻保护层。在这种情况下，对锡铅比例的要求是不高的，所以锡含量在58%～68%的范围内都可以满足要求。电镀锡铅合金必须严格控制镀液和工艺条件，锡铅合金镀层厚度在板面上应在8μm以上，孔壁不小于2.5μm。

5. 蚀刻

在用锡铅合金作抗蚀层的图形电镀蚀刻法制造双面板时，不能使用酸性氯化铜蚀刻液，也不能使用三氯化铁蚀刻液，因为它们也腐蚀锡铅合金。可以使用的蚀刻液有碱性氯化铜蚀刻液、硫酸双氧水蚀刻液、过硫酸铵蚀刻液等。其中使用最多的是碱性氯化铜蚀刻液。

在蚀刻工艺中，影响蚀刻质量的是“侧蚀”和镀层增宽现象。

（1）侧蚀。侧蚀是因蚀刻而产生的导线边缘凹进或挖空现象，侧蚀程度和蚀刻液、设备和工艺条件有关，侧蚀越小越好。采用薄铜箔可减小侧蚀值，有利于制造精细导线图形。

（2）镀层增宽。镀层增宽是由于电镀加厚使导线一侧宽度超过生产底版宽度的值。由于侧蚀和镀层增宽，使导线图形产生镀层突沿，如图3-29所示。镀层突沿量是镀层增宽和侧蚀之和，它不仅影响图形精度，而且极易断裂和掉落，造成电路短路。镀层突沿可以经热熔后消除。

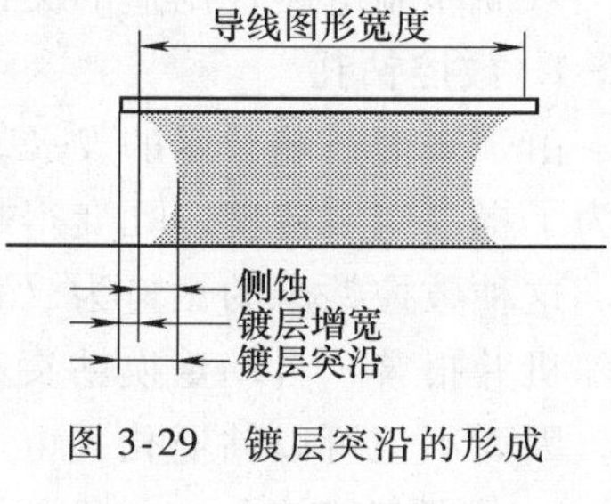

图3-29　镀层突沿的形成

蚀刻系数是蚀刻深度（导线厚度）与侧蚀量的比值。在制造细导线时，采用垂直喷射蚀刻方式，或添加侧向保护剂可提高蚀刻系数。

6. 镀金

金镀层有优良的导电性，接触电阻小且稳定，耐磨性优良，是印制电路板插头的最佳镀层材料。它还有优良的化学稳定性和可焊性，在表面组装印制电路板上，也用做抗蚀、可焊和保护镀层。由于金价格很贵，一般为节约成本，尽量镀得较薄，特别是全板镀金印制电路板，一般都采用闪镀金或化学镀金，俗称为镀“水金”，其厚度不到0.1μm，只有0.05μm左右。但插头部分的金镀层需较厚，按照不同的要求，厚度规定为0.5~2.5μm。如果铜上直接镀金，则由于金镀层薄，镀层有较多的针孔，在长期使用或存放过程中，通过针孔铜会被锈蚀；此外铜和金之间扩散生成金属化合物后容易使焊点变脆，造成焊接不可靠。因此镀金前均需用镀镍层打底。镀镍层厚度一般控制在5~7μm。插头镀镍镀金的工艺过程如下所述。

贴保护胶带→退锡铅→水洗→微蚀或刷洗→水洗→活化→水洗→镀镍→水洗→活化→水洗→镀金→水洗→干燥→去胶带→检验。

贴压敏性保护胶带是为了保护印制电路板不需镀镍、镀金部分的导体不被退除锡铅和镀上镍和金。

镀金溶液有碱性氰化物镀液、无氰亚硫酸盐镀液、柠檬酸盐镀液等。印制电路板插头镀金普遍使用的是柠檬酸盐微氰镀金液。

7. 热熔和热风整平

(1) 热熔。印制电路板的热熔过程为：把镀覆锡铅合金的印制电路板，加热到锡铅合金的熔点温度以上，使锡铅和基体金属铜形成金属化合物，同时使锡铅镀层变得致密、光亮和无针孔，并提高了镀层的抗腐蚀性和可焊性。热熔常用的是甘油热熔和红外热熔。

(2) 热风整平。热风整平也称为喷锡，是SMOBC工艺的主要工序。其过程为：已涂覆阻焊剂的印制电路板经过热风整平助熔剂后，再浸入熔融的焊料槽中，然后从两个风刀间通过，风刀间的热压缩空气把印制电路板板面和孔内的多余焊料吹掉，得到一个光亮、均匀、平滑的焊料涂覆层。热风整平的典型工艺流程如下所述。

裸铜板→镀金插头贴保护胶带→前处理→涂覆助熔剂→热风整平→清洗→去胶带→检验。

前处理包括去油、清洗、弱蚀、水洗和干燥等步骤，以得到一个无油污、无氧化层、洁净而微粗化的表面。

(3) 热风整平的主要工艺参数。热风整平的主要工艺参数有焊料温度，浸焊时间、风力和印制板的夹角、风刀的间隙、热空气的温度，压力和流速，预热时间和温度，印制电路板提升速度等。其焊料槽温度一般控制在230℃~235℃，风刀温度控制在176℃以上，浸焊时间控制在5~8s，涂覆层厚度控制在6~10μm。

3.4.3 多层印制电路板的制造

多层印制电路板是由交替的导电图形层及绝缘材料层压粘合而成的一种印制电路板。导电图形的层数在三层以上，层间电气互连是通过金属化孔实现的。如果用一块双面板作内层、两块单面板作外层或两块双面板作内层、两块单面板作外层，通过定位系统及绝缘粘结材料叠压在一起，并将导电图形按设计要求进行互连，就成为四层、六层印制电路板，也称为多层印制电路板。目前已有超过100层的实用多层印制电路板。

多层印制电路板一般用环氧玻璃布覆铜箔层压板制造，其制造工艺是在镀覆孔双面板的工艺基础上发展起来的。它的一般工艺流程都是先将内层板的图形蚀刻好，经黑化处理后，按预定的设计加入半固化片进行叠层，再在上下表面各放一张铜箔（也可用薄覆铜板，但成本较高)，送进压机经加热加压后，得到已制备好内层图形的一块“双面覆铜板”，然后按预先设计的定位系统，进行数控钻孔。钻孔后要对孔壁进行凹蚀处理和去钻污处理，然后就可按双面镀覆孔印制电路板的工艺进行下去。

对比一般多层板和双面板的生产工艺，它们有很大部分是相同的。主要的不同是多层板增加了几个特有的工艺步骤：内层成像和黑化、层压、凹蚀和去钻污。在大部分相同的工艺中，某些工艺参数、设备精度和复杂程度方面也有所不同。如多层板的内层金属化连接是多层板可靠性的决定性因素，对孔壁的质量要求比双层板要严，因此对钻孔的要求就更高了。一般，一只钻头在双面板上可钻3000个孔后再更换，而多层板只钻80~1000个孔就要更换。另外多层板每次钻孔的叠板数、钻孔时钻头的转速和进给量都和双面板有所不同。多层板成品和半成品的检验也比双面板要严格和复杂得多。多层板由于结构复杂，采用温度均匀的甘油热熔工艺，而不采用可能导致局部温升过高的红外热熔工艺等。

1. 薄覆铜箔板和半固化片

薄覆铜箔板和半固化片是制造多层板的专用材料。

一般把厚度小于0.8mm的覆铜箔板称为薄覆铜箔板，其标称厚度不包括铜箔厚度。而大于0.8mm的覆铜箔板的厚度则包括铜箔厚度在内。薄覆铜箔板和一般覆铜箔板的性能要求大都相同，只是在厚度、尺寸稳定性和树脂含量等几个指标上更严。

多层印制电路板制造工艺的原材料制备分A、B、C 3个阶段，如图3-30所示。

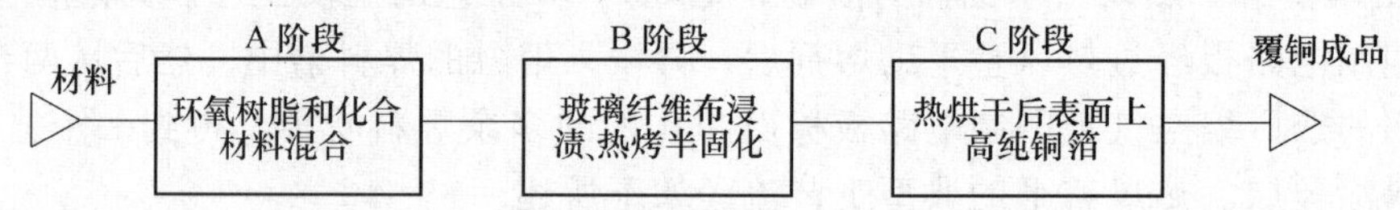

图3-30 多层板制造的原材料制备3阶段

用纤维增强材料浸渍热固性树脂后固化至B阶段的片状材料称为预浸材料。

半固化片是具有一定粘结性能的预浸材料或其他胶膜材料，也称为粘结片、B阶段粘结片等，用做多层印制电路板层间的粘结。

2. 多层印制电路板的两种制造工艺

多层印制电路板的制造工艺有多种方法，其中最主要的有两种：一种是把阻焊膜直接覆盖在有锡铅合金层的电路图形上，其工艺流程如图3-31所示。另一种是将阻焊膜覆盖在裸铜电路图形上（SMOBC），如图3-32所示，其中前面部分工序与图3-31相同。

3. 内层成像和黑化处理

由于集成电路的互连布线密度非常高，用单面、双面印制电路板都难以实现，而用多层印制电路板则可以把电源线、接地线以及部分互连线放置在内层板上，由电镀通孔完成各层间的相互连接。内层板的工艺流程如图3-33所示。

内层板成像用干膜成像。近年来液体感光胶成像因成本低、效率高而逐渐替代干膜成像。

为了使内层板上的铜和半固化片有足够的结合强度，必须对铜进行氧化处理。由于处理后大多生成黑色的氧化铜，所以也称为黑化处理。如果氧化后主要生成红棕色的氧化亚铜，则称作棕化处理，它常用作耐高温的聚酰亚胺多层板内层板的氧化处理。

图 3-31　在锡层上涂阻焊膜的多层板工艺流程

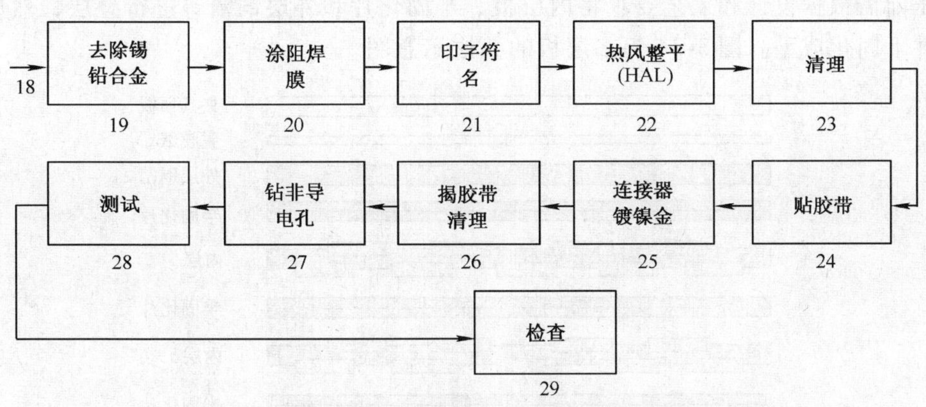

图 3-32　SMOBC 多层印制电路板工艺流程

常用的氧化处理液为碱性亚氯酸钠溶液，其主要成分为亚氯酸钠、氢氧化钠和磷酸三钠。

4. 定位

由于多层板的布线密度高，而且有内层电路，故层压时必须保证各层钻孔位置全部精确对准，一般定位方法有销钉定位和无销钉定位两种。

无销钉层压定位是现在较普遍采用的定位方法，特别是四层板的生产几乎都采用它。该

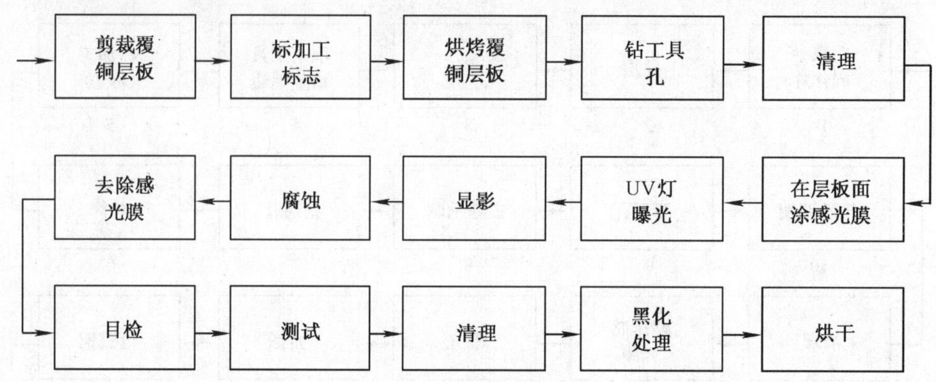

图 3-33　内层板工艺流程

方法中的层压模板不必有定位孔，工艺简单、设备投资少、材料利用率较高、成本低。

层压前用胶带将内层已打好的定位孔封住，下料时使铜箔留出定位孔，不被铜箔覆盖，半固化片比内层尺寸略小。层压后流到定位孔上方的胶很少，而且有胶带相隔，仅需用修板刀就可轻易挑掉，除去胶带，定位孔露出。这种方法操作简单，且能在没有 X-钻靶机的条件下保证定位精度。

如采用 X 光自动对位钻靶机，则可以进一步提高制作精度：利用在多层板各内层上预设的 2 ~3 个靶标，由 OPL 视觉系统把其中两个靶标的中心位置和设计的标准点自动比较，对各层偏差进行优化处理，找到最佳位置，再优化钻出定位孔。如果靶标之间超差，则会自动拒绝钻孔。

5. 层压

层压前需根据设计和工艺要求将内层板、半固化片和外层铜箔等进行叠层，然后在加温加压条件下固化成型。图 3-34 为多层板的叠层示意图。

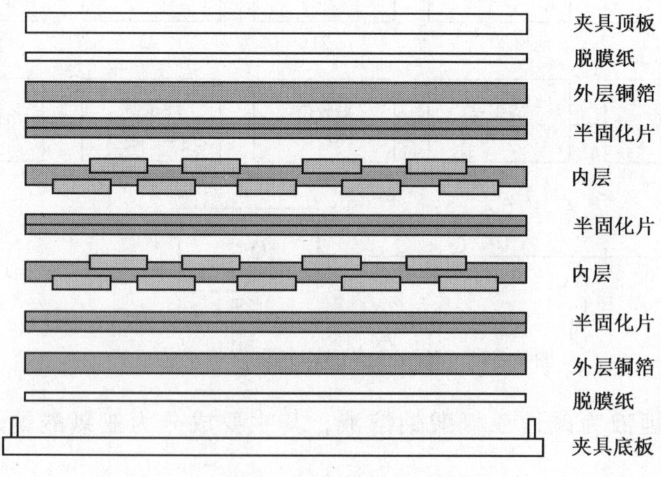

图 3-34　多层板叠层示意图

层压周期是影响层压质量的关键。一般，层压全过程包括预压、全压和保压冷却 3 个阶段。层压过程每个阶段的温度和压力在材料相同的情况下，根据机型不同而要求不同，初次使用前必须仔细阅读相应压机的技术文件。

① 入模预压。入模预压之前压机应先升温，以保证入模后立即开始层压。入模后施加的预压压力，大小一般由半固化片情况决定。当半固化片流动度降低时可适当加大预压压力。预压时间受半固化片的特性、层压温度、缓冲纸厚度、印制电路板层数和印制电路板的大小影响。当半固化片流动指标低于30%时，应缩短预压时间，甚至直接进行全压操作。由于预压周期与半固化片的特性关系密切，预压周期并非是一成不变的，必须通过试压后，在对层压好的多层板进行全面质检的基础上，对预压周期进行适当的调整，方可正式投入生产。

② 施全压及保温保压。预压结束后，在保持温度不变的前提下，转为全压操作。并按工艺参数要求进行保温保压。当半固化片流动度降低时，可适当加大全压压力。彻底完成排泡、填隙，保证厚度和最佳树脂含量。

③ 降温保全压（冷压）。全压及保温保压操作结束后，可采用以下方式进行冷压操作：停止压机加热，在保持压力不变的条件下，使层压板冷却至室温，将层压板转至冷压机，进行冷压操作。

6. 去钻污

多层板在化学镀铜前必须进行去钻污处理。去钻污的作用是去除高速钻孔过程中因高温而产生的环氧树脂污垢，保证化学镀铜后电路连接的高度可靠性。

在去除附在孔壁上的环氧钻污的同时，为了充分暴露内层铜环表面，而有控制地去除孔壁的环氧树脂和玻璃布到规定深度，这样的整个工艺就称为凹蚀。凹蚀示意图如图3-35所示。

去除环氧钻污一般有4种方法。

① 浓硫酸法。

② 铬酸法。

③ 碱性高锰酸钾法。

④ 等离子体法。

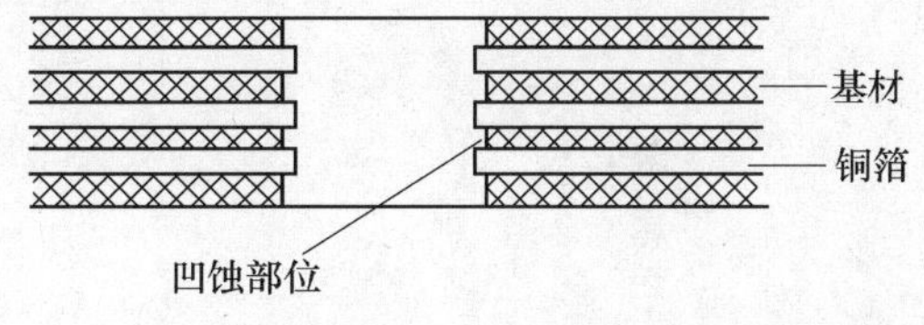

图3-35　凹蚀示意图

前3种均为湿法处理工艺，其中使用比较普遍的是碱性高锰酸钾法。这是由于硫酸和铬酸都是强氧化剂，操作时酸雾大，环境恶劣，三废处理费用大，尤其铬酸毒性较大，而且两种酸都易浸蚀内层铜箔上的氧化层，产生“粉红圈”现象（由于内层铜的黑氧化层被化学处理掉，而导致在环绕电镀孔的内层出现粉红色的环状区域）。另外，硫酸和铬酸的处理时间如过长，则会使玻璃纤维显露，树脂和玻璃纤维间产生毛细管通路，使以后的镀液侵入，造成绝缘破坏。因此它们逐渐被碱性高锰酸钾体系所替代。

等离子体去钻污是干法工艺，设备投资费用大，而且由于是分批间歇操作，故效率低，生产成本高。它不仅能腐蚀环氧树脂、聚酰亚胺，还能腐蚀玻璃布。因此只在非用不可的场合，如在高档的刚性、挠性和刚-挠性的聚酰亚胺多层板中应用。

3.4.4　PCB质量验收

PCB质量验收应包括设计、工艺、综合性认可，一般应先做试焊、封样再批量供货，具体包括以下方面。

（1）电气连接性能通常由PCB制造厂家自检，采用的测试仪器如下所述。

① 光板测试仪（通断仪），可以测量出连线的通与断，包括金属化孔在内的多层板的逻辑关系是否正确。

② 图形缺陷自动光学测试仪，可以检查出 PCB 的综合性能，包括线路、字符等。

（2）工艺性，包括外观、光洁度、平整、字符的清晰度、过孔的电阻率、电气性能、耐热和可焊性等综合性能。

3.5 思考与练习题

1. PCB 是指什么？SMB 与 PCB 有什么区别？
2. SMT 与 THT 所用印制电路板有什么不同？
3. 用于 PCB 基板的材料主要有哪些类型？各有什么特点？
4. 叙述与 SMB 基材质量相关的参数。
5. SMB 设计的基本原则有哪些？
6. 分别叙述 SMC 片式元件、SOT、BGA 的焊盘图形设计方法与规则。
7. 不同组装密度印制电路板的布线规则有什么不同？使用时应如何选择？
8. 单面印制电路板与双面印制板在材料、工艺、使用中有什么不同？
9. 叙述单面印制电路板的典型制造工艺流程。
10. 在多层印制电路板的制造中，关键工艺主要有几种？其工艺有何特点？
11. 叙述印制电路板制造中的热熔和热风整平工艺过程。

第4章　表面组装工艺材料

本章要点

- 贴装胶的化学组成、分类与使用
- 焊锡膏的化学组成、分类与使用
- 无铅焊料与无铅焊接技术
- 助焊剂的化学组成与分类
- 清洗剂的化学组成与分类
- 其他表面组装材料

在SMT的发展过程中，电子化工材料起着相当重要的作用。目前，与SMT相关的化工材料种类繁多，其中有用于PCB制造的各种基材、阻焊油墨、预涂焊剂和热风整平助熔剂等。而表面组装材料则是指SMT装联中所用的化工材料，即SMT工艺材料。它主要包括贴装胶及其他粘接剂、焊剂、防氧化剂、焊锡膏和清洗剂。

组装材料是进行表面组装工艺的基础。在不同的组装工序中应采用不同的组装材料。有时在同一组装工序中，由于后续工艺或组装方式不同，所用材料也有所不同。常用表面组装材料见表4-1。

表4-1　常用表面组装材料

工艺 组装工序	波峰焊	再流焊	手工焊
贴装	粘接剂	焊锡膏(粘接剂)	粘接剂(选用)
焊接	焊剂、棒状焊料	焊剂、焊锡膏、预成型焊料	焊剂、焊锡丝
清洗	各种溶剂		

4.1　贴装胶

SMT的工艺过程涉及多种粘接剂材料，如固定片式元器件的贴装胶、对线圈和部分元器件起定位作用的密封胶、临时粘接表面组装元器件的插件胶等，这些粘接剂主要是起粘接、定位或密封作用。此外，还有一些具有特殊性能的粘接剂，如导电胶，它能代替焊料在装联过程中起焊接作用。

在上述粘接剂中，对SMT工艺过程最重要的是贴装胶（贴片胶）。贴装胶主要与波峰焊工艺相配合，作用是在波峰焊前把表面组装元件暂时固定在PCB的相应焊盘图形上，以免波峰焊时引起元件偏移。

4.1.1　贴装胶的化学组成

表面组装贴装胶通常由基体树脂、固化剂和固化促进剂、增韧剂和填料组成。

（1）基体树脂。基体树脂是贴装胶的核心，一般用环氧树脂和丙烯酸酯类聚合物。近年来也用聚氨酯、聚酯、有机硅聚合物以及环氧树脂—丙烯酸酯类共聚物。

（2）固化剂和固化促进剂。常用的固化剂和固化促进剂为双氰胺、三氟化硼—胺络合物、咪唑类衍生物、酰胺、三嗪和三元酸酰肼等。

（3）增韧剂。由于单纯的基体树脂固化后较脆，为弥补这一缺陷，需在配方中加入增韧剂。常用的增韧剂有邻苯二甲酸二丁酯、邻苯二甲酸二辛酯、液体丁腈橡胶和聚硫橡胶等。

（4）填料。加入填料后可提高贴装胶的电绝缘性能和耐高温性能，还可使贴装胶获得合适的粘度和粘接强度等。常用的填料有硅微粉、碳酸钙、膨润土、白碳黑、硅藻土、钛白粉、铁红和碳黑等。

4.1.2　贴装胶的分类

1. 按基体材料分

按基体材料分，可分为环氧树脂和聚丙烯两大类。

环氧树脂是最老的和用途最广的热固型、高粘度的贴装胶，常用双组分。聚丙烯贴装胶则常用单组分，它不能在室温下固化，通常用短时间紫外线照射或用红外线辐射固化，固化温度约为150℃，固化时间约为数十秒到数分钟。

2. 按功能分

按功能分，有结构型、非结构型和密封型。

结构型具有高的机械强度，用来把两种材料永久地粘接在一起，并能在一定的荷重下使它们牢固地接合。非结构型用来暂时固定具有不大荷重的物体，如把 SMD 粘接在 PCB 上，以便进行波峰焊接。密封型用来粘接两种不受荷重的物体，用于缝隙填充、密封或封装等目的。前两种粘接剂在固化状态下是硬的，而密封型粘接剂通常是软的。

3. 按化学性质分

按化学性质分，有热固型、热塑型、弹性型和合成型。

① 热固型粘接剂固化之后再加热也不会软化，不能重新建立粘接连接。热固型又可分单组分和双组分两类。所谓单组分是指树脂和固化剂包装时已经混合。它使用方便，质量稳定，但要求存放在冷藏条件下，以免固化；双组分的树脂和固化剂分别包装，使用时才混合，保存条件不苛刻。但使用时的配比常常把握不准，影响性能。热固型可用于把 SMD 粘接在 PCB 上，主要有环氧树脂、腈基丙烯酸酯、聚丙烯和聚酯。

② 热塑型固化后可以重新软化，重新形成新的粘接剂，它是单组分系统。

③ 弹性粘接剂是具有较大延伸率的材料，可由合成或天然聚合物用溶剂配制而成，呈乳状，如尿烷、硅树脂和天然橡胶等。

④ 合成粘接剂由热固型、热塑型和弹性型粘接剂组合配制而成。它利用了每种材料的最有用的性能，如环氧—尼龙、环氧聚硫化物和乙烯基—酚醛塑料等。

4. 按使用方法分

按使用方法分，可分为针式转移式、压力注射式和丝网/模板印刷等工艺方式适用的贴装胶。

典型表面贴装胶的特性见表 4-2。

表 4-2 典型表面贴装胶的特性

性能 \ 型号	（日） TM Bond A 2450	（美） Ami con 930-12-4F	（国产） MG-1	（美） MR8153RA
颜色	红	黄	红	红
粘度/Pa·s	120±40	70~90	100~300	
电阻率/Ω·cm	$>1\times10^{13}$	1×10^{13}	$>1\times10^{13}$	1×10^{14}
触变指数	4±1	>3.5	>3	
剪切强度/MPa	>6	>6	10	8.5
固化	150℃ 20min	120℃ 10min	150℃ 20min	150℃ 2~3min
40℃储存期/天	>2		>5	
25℃储存期/天	>30		>30	60
冷藏储存期	<5℃ 6 个月	0℃ 3 个月	<5℃ 6 个月	5℃ 6 个月

4.1.3 表面组装对贴装胶的要求

为了确保表面组装的可靠性，贴装胶应符合以下要求。

(1) 常温使用寿命要长。

(2) 合适的粘度。贴装胶的粘度应能满足不同施胶方式、不同设备、不同施胶温度的需要。胶滴时不应拉丝；涂敷后能保持足够的高度，而不形成太大的胶底；涂敷后到固化前胶滴不应漫流，以免流到焊接部位，影响焊接质量。

(3) 快速固化。贴装胶应在尽可能低的温度下，以最快的速度固化。这样可以避免 PCB 翘曲和元器件的损伤，也可避免焊盘氧化。

(4) 粘接强度适当。贴装胶在焊前应能有效地固定片式元器件，检修时应便于更换不合格的元器件。贴装胶的剪切强度通常为 6~10MPa。

(5) 其他。在固化后和焊接中应无气析。应能与后续工艺中的化学制剂相容而不发生化学反应。不干扰电路功能。有颜色，便于检查。供 SMT 用贴装胶的典型颜色为红色或橙色。

4.1.4 贴装胶的使用

图 4-1 为 SMT 片式元器件装联过程示意图，图中表明了在印制电路板上点胶、贴片、固化、插件和波峰焊的全过程。

由于贴装胶需低温储存，从低温箱内取出后要在室温条件下平衡一段时间，搅匀后再使用。如发现结块或粘度有明显变化，说明贴装胶已失效。

点胶采用的方法如前所述，有针式转移法、注射法和丝网漏印法。

不同的点胶方式对贴装胶的粘度有不同的要求。在点胶后可采用手工贴片、半自动贴片

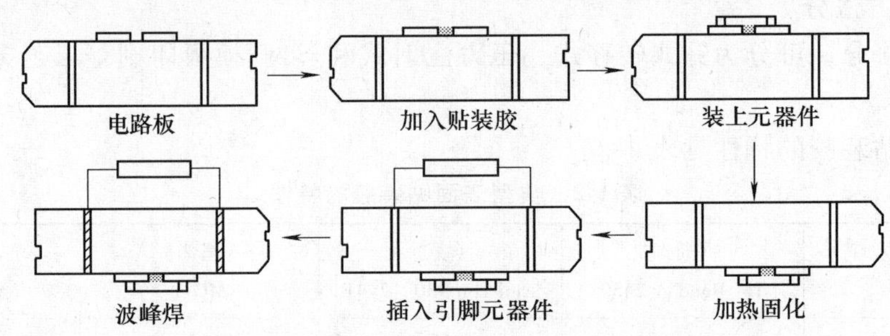

图 4-1　SMT 片式元器件装联过程示意图

或采用贴装机自动贴片，然后进行固化。

贴装胶在使用中应注意下列问题。

（1）贴装胶应在 5℃ 以下的电冰箱内低温密封保存。

（2）使用时从电冰箱取出后，应使其温度与室温平衡后再打开容器，以防止贴装胶结霜吸潮。

（3）使用后留在原包装容器中的贴装胶仍要低温密封保存。

（4）贴装胶用量应控制适当。用量过少会使粘接强度不够，波峰焊时易丢失元器件，用量过多会使贴装胶流到焊盘上，妨碍正常焊接，给维修工作带来不便。

4.2　焊锡膏

焊锡膏（Soldering Paste）又称为焊膏、锡膏，是由合金粉末、糊状焊剂和一些添加剂混合而成的，具有一定粘性和良好触变特性的浆料或膏状体。它是 SMT 工艺中不可缺少的焊接材料，广泛用于再流焊中。常温下，由于焊锡膏具有一定的粘性，可将电子元器件粘贴在 PCB 的焊盘上，在倾斜角度不是太大，也没有外力碰撞的情况下，一般元器件是不会移动的。当焊锡膏加热到一定温度时，焊锡膏中的合金粉末熔融再流动，液体焊料润湿元器件的焊端与 PCB 焊盘，在焊接温度下，随着溶剂和部分添加剂挥发，冷却后元器件的焊端与焊盘被焊料互联在一起，形成电气与机械相连接的焊点。

4.2.1　焊锡膏的化学组成

焊锡膏主要由合金焊料粉末和助焊剂组成，其中合金焊料粉末占总重量的 85% ~90%，助焊剂占 10% ~15%。表 4-3 列出了焊锡膏的组成和功能。

1. 合金焊料粉末

合金焊料粉末是焊锡膏的主要成分。常用的合金焊料粉末有锡—铅（Sn—Pb）、锡—铅—银（Sn—Pb—Ag）、锡—铅—铋（Sn—Pb—Bi）等，常用的合金成分为 $w_{Sn}=63\%$，$w_{Pb}=37\%$，以及 $w_{Sn}=62\%$，$w_{Pb}=36\%$，$w_{Ag}=2\%$。不同合金比例有不同的熔化温度，见表 4-4。以 Sn—Pb 合金焊料为例，图 4-2 表示了不同比例的锡、铅合金状态随温度变化的曲线。图 4-2 中的 T 点叫做共晶点，对应合金质量分别为 61.9% Sn/38.1% Pb，它的熔点只有 182℃。实际工程应用中，一般把 $w_{Sn}\approx60\%$、$w_{Pb}\approx40\%$ 的焊料称为共晶焊锡。

合金焊料粉末的形状、粒度和表面氧化程度对焊锡膏性能的影响很大。合金焊料粉末按形状分成无定形和球形两种。球形合金粉末的表面积小、氧化程度低、制成的焊锡膏具有良好的印制性能。合金焊料粉末的粒度一般为200～400目，粒度越小，粘度越大。粒度过大，会使焊锡膏粘接性能变差；粒度太细，由于表面积增大，会使表面含氧量增高，也不宜采用。

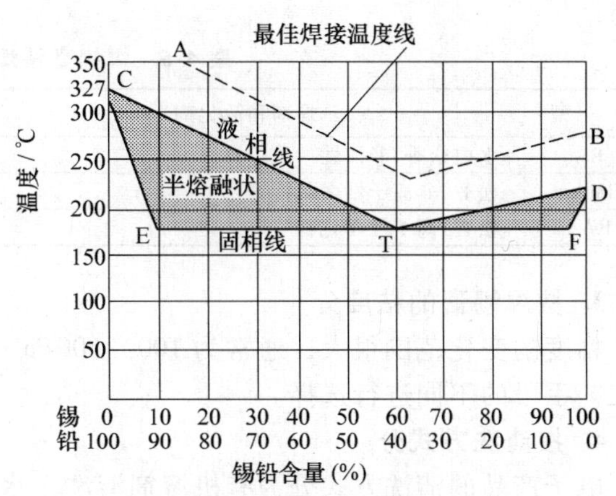

图4-2 锡铅合金状态图

2. 助焊剂

在焊锡膏中，糊状助焊剂是合金粉末的载体，其组成与通用助焊剂基本相同。为了改善印制效果和触变性，有时还需加入触变剂和溶剂。通过助焊剂中活性剂的作用，能清除被焊材料表面以及合金粉末本身的氧化膜，使焊料迅速扩散并附着在被焊金属表面。助焊剂的组成对焊锡膏的扩展性、润湿性、塌陷、粘度变化、清洗性质、焊珠飞溅及储存寿命均有较大影响。

表4-3 焊锡膏的组成和功能

组成		使用的主要材料	功能
合金焊料粉		Sn—Pb　　Sn—Pb—Ag等	元器件和电路的机械和电气连接
焊剂	焊剂	松香，合成树脂	净化金属表面，提高焊料润湿性
	粘接剂	松香，松香脂，聚丁烯	提供贴装元器件所需粘性
	活化剂	硬脂酸，盐酸，联氨，三乙醇胺	净化金属表面
	溶剂	甘油，乙二醇	调节焊锡膏特性
	触变剂		防止分散，防止塌边

表4-4 合金焊料熔化温度

合金焊料	熔点/℃	合金焊料	熔点/℃
Sn—Zn	204～371	Sn—Sb	249
Pb—Ag	310～366	Sn—Pb—In	99～216
Sn—Pb	177～327	Sn—Pb—Bi	38～149

4.2.2 焊锡膏的分类

1. 按合金焊料粉的熔点分

最常用的焊锡膏熔点为178℃～183℃，随着所用金属种类和组成的不同，焊锡膏的熔点可提高至250℃以上，也可降为150℃以下，可根据焊接所需温度的不同，选择不同熔点的焊锡膏。

2. 按焊剂的活性分

参照通用液体焊剂活性的分类原则，可分为无活性（R）、中等活性（RMA）和活性（RA）三个等级，见表4-5。使用时可以根据PCB和元器件的情况及清洗工艺要求进行选择。

表 4-5 焊锡膏按焊剂的活性分类

类 型	焊剂和活化剂	应 用 范 围
R	水白松香,非活性	航天,军事
RMA	松香,非离子性卤化物等	军事和其他高可靠性电路组件
RA	松香,离子性卤化物	消费类电子产品

3. 按焊锡膏的粘度分

粘度的变化范围很大，通常为 100 ~ 600Pa · s，最高可达 1000Pa · s 以上。使用时可根据工艺手段的不同进行选择。

4. 按清洗方式分

电子产品的清洗方式分为有机溶剂清洗、水清洗、半水清洗和免清洗等。这是根据焊接过程中所使用的焊剂、焊料成分来确定的。目前，有专门用于免清洗焊接的焊锡膏（如 SQ-1030 SOM）和水清洗焊接的焊锡膏（如 2062-506A-40-9.5），一般用于水清洗和免清洗的焊锡膏不含氯离子。从保护环境的角度考虑，水清洗、半水清洗和免清洗是电子产品工艺的发展方向。

4.2.3 表面组装对焊锡膏的要求

在表面组装的不同工艺或工序中，要求焊锡膏具有与之相应的性能，表 4-6 列出了实际应用中 SMT 工艺对焊锡膏特性和相关因素的具体要求。

表 4-6 焊锡膏要求的特性和相关因素的具体要求

组装要求的特性 \ 材料因素		焊料合金							焊剂								焊锡膏		
		组成	不纯物	粒度	颗粒形状	粒度分布	氧化状态	熔点	沸点	含量	成分	CI量	氯素含量	触变剂量	溶剂量	电导率	吸水量	粘度	比重
印制前	储存稳定性		△						○		○			△	△		○		
印制时再制前	印制脱模性			○	○	○				○	○			○				○	○
	触变性			○	△	○	△	△		○	○			○	△			○	△
	粘性								○	○	○			○	○		○	○	
再流时	润湿性	○	○				○	○				○	○	△			△	○	
	焊料球		△	○	○	○	○	△	○	△	○			△	○		○	○	
	焊剂飞溅		○					△	○					△	○		○		
	速干性							△	○	△	○			△	△				
再流后	洗净性								△	△	○	○	○	△	○			○	
	组件表面美观	△	○		△	△	○				○	○		△	△				
	非腐蚀性		△									○	○						
	绝缘电阻		△							△	○	△	△			△		△	
	接合强度 张力																		
	接合强度 蠕变性																		
	接合强度 弯曲弹性																		
	接合强度 热冲击性	○	○					○				○	○						

注：“○”表示关系大，“△”表示有关系。

SMT 工艺对焊锡膏特性和相关因素的具体要求如下。

(1) 焊锡膏应具有良好的保存稳定性，焊锡膏制备后，印刷前应能在常温或冷藏条件下保存 3 ~6 个月而性能不变。

(2) 印制时和再流加热前应具有的性能。

① 印制时应具有优良的脱模性。

② 印制时和印制后焊锡膏不易坍塌。

③ 焊锡膏应具有一定的粘度。

(3) 再流加热时应具有的性能。

① 应具有良好的润湿性能。

② 不形成或形成最少量的焊料球（锡珠）。

③ 焊料飞溅要少。

(4) 再流焊接后应具有的性能。

① 要求焊剂中固体含量越低越好，焊后易清洗干净。

② 焊接强度高。

4.2.4 焊锡膏的选用原则

根据焊锡膏的性能和使用要求，可参考以下几点选用。

(1) 焊锡膏的活性可根据印制电路板表面清洁程度来决定，一般采用 RMA 级，必要时采用 RA 级。

(2) 根据不同的涂覆方法选用不同粘度的焊锡膏，一般液体分配器用粘度为 100 ~200Pa · s,丝网印制用粘度为 100 ~300Pa · s，漏模钢板印制用粘度为 200 ~600Pa · s。

(3) 精细间距印制时选用球形、细粒度焊锡膏。

(4) 双面焊接时，第一面采用高熔点焊锡膏，第二面采用低熔点焊锡膏，保证两者相差 30℃ ~40℃，以防止第一面已焊元器件脱落。

(5) 当焊接热敏元器件时，应采用含铋的低熔点焊锡膏。

(6) 采用免洗工艺时，要用不含氯离子或其他强腐蚀性化合物的焊锡膏。

几种常用焊锡膏的性能见表 4-7。

表 4-7 几种常用焊锡膏的性能

牌号	合金组成（%）	熔点/℃	目数/形状	助焊剂含量(%)	氯离子含量(%)	粘度/Pa · s	用途
SQ-1025SZH-1	63Sn/37Pb	183	250/球形	10.0	0.2	400	0.65mm 片状器件用
SQ-2030SZH-1	62Sn/36Pb/2Ag	179	300/球形	10.2	0.2	450	0.5mm 片状器件用
SQ-1030SZ(Ex-3)	63Sn/37Pb	183	300/球形	10.5	0.2	600	高速贴片用
SQ-1030SOM	63Sn/37Pb	183	300/球形	9.0	0	350	免洗用
2062-506A-40-9.5	62Sn/36Pb/2Ag	178 ~183	325/球形	9.5	0	330	水清洗
RHG-70-220		220 ±5	250/无定形	15.0	0.2	320 ±100	高熔点用
RHG-55-165		135 ~166	325/无定形	15.0	0.2	180 ±100	低熔点用

4.2.5 焊锡膏的使用注意事项

（1）焊锡膏通常应该保存在5℃～10℃的低温环境下，可以储存在电冰箱的冷藏室内。即使如此，超过使用期限的焊锡膏也不得再使用于正式产品的生产。

（2）一般应该在使用前至少2h从电冰箱中取出焊锡膏，待焊锡膏达到室温后，才能打开焊锡膏容器的盖子，以免焊锡膏在升温过程中凝结水汽。假如有条件使用焊锡膏搅拌机，焊锡膏回到室温下只需要15min即可投入使用。

（3）观察焊锡膏，如果表面变硬或有助焊剂析出，必须进行特殊处理，否则不能使用；如果焊锡膏的表面完好，也要用不锈钢棒搅拌均匀以后再使用。如果焊锡膏的粘度大而不能顺利通过印制模板的网孔或定量滴涂分配器，则应该适当加入所使用焊锡膏的专用稀释剂，稀释并充分搅拌以后再用。

（4）使用时取出焊锡膏后，应及时盖好容器盖，避免助焊剂挥发。

（5）涂敷焊锡膏和贴装元器件时，操作者应该戴手套，避免污染电路板。

（6）把焊锡膏涂敷到印制电路板上的关键，是要保证焊锡膏能准确地涂覆到元器件的焊盘上。如果涂敷不准确，则必须擦洗掉焊锡膏再重新涂敷。擦洗免清洗焊锡膏不得使用酒精。

（7）印好焊锡膏的电路板要及时贴装元器件，尽可能在4h内完成再流焊。

（8）免清洗焊锡膏原则上不允许回收使用，如果印制涂敷的间隔超过1h，必须把焊锡膏从模板上取下来并存放到当天使用的单独容器里，不要将回收的锡膏放回原容器。

4.2.6 无铅焊料

1. 铅及其化合物带来的污染

铅及其化合物是对人体有害的、多亲和性的重金属毒物，它主要损伤神经系统、造血系统和消化系统，对儿童的身体发育、神经行为和语言能力发展产生负面影响，是引发多种重症疾病的因素。并且，铅对水、土壤和空气都能产生污染。

由于在电子产品制造中采用铅锡合金作为印制电路板和电子元器件引线的表面镀层和焊接材料，电子产品增长所带来的铅污染也在增长。

2. 无铅焊接工艺的提出

日本是最早开展无铅焊接研究并首先研制出无铅焊料的国家，各大公司已经把无铅焊接技术应用在电子产品的实际生产中。日本立法规定有铅焊接的终止期为2003年年底，从2004年开始不允许含铅电子产品进口。

1999年7月29日，美国环境保护署修改有害化学物质排放的基准值，对于铅及其化合物类有害物质，基准值由原来的10000磅减少至10磅。2000年1月，美国正式向工业界推荐标准化无铅焊料。

2003年2月13日，欧盟WEEE和ROHS指令正式生效，规定自2006年7月1日起在欧洲市场上销售的电子产品必须是无铅产品；同时各成员国必须在2004年8月13日之前完成相应的立法。

2003年3月，中国原信息产业部经济运行司拟定《电子信息产品生产污染防治管理办法》，规定电子信息产品制造者应该保证，从2003年7月1日起实行有毒有害物质的减量化生产措施；自2006年7月1日起投放市场的国家重点监管目录内的电子信息产品不能含有铅、镉、汞、六价铬、聚合溴化联苯或聚合溴化联苯乙醚等。

事实上，电子产品无铅焊接需要解决焊料和焊接两个基本问题，所涉及的是一个范围极其广大的技术领域，焊接设备、焊接材料、助焊剂、焊接工艺和电子元器件都将随之改变。

3. 无铅焊料的研究与推广

目前，国际上对无铅焊料的成分并没有统一的标准要求。无铅焊料通常是以锡为主体，添加其他金属。应该指出，这些焊料中并不是一点铅都没有，只是规定铅的含量必须少于0.1%。

（1）对无铅焊料的理想化技术要求如下所述。

① 无毒性。无铅合金焊料应该无毒或毒性极低，现在和将来都不会成为新的污染源。

② 性能好。导电率、导热率、润湿性、机械强度和抗老化性等性能，至少应该相当于当前使用的Sn—Pb共晶焊料，并且应该容易检验焊接质量，容易修理有缺陷的焊点。

③ 兼容性好。与现有的焊接设备和工艺兼容，尽可能在不需要更换设备和不需要改变工艺的条件下使用无铅焊料进行焊接。例如，无铅焊料的共晶点应该比较低，接近当前使用的铅锡共晶焊料，最好在180℃～220℃。这样的要求可使焊接设备和元器件相应改变得少一些，有利于减少技术改造成本。

④ 材料成本低。所选用的材料能保证充分供应且价格便宜（目前无铅焊料的售价是铅锡共晶焊料的2～3倍）。

（2）最有可能替代铅锡焊料的无毒合金是以锡（Sn）为主，添加银（Ag）、锌（Zn）、铜（Cu）、锑（Sb）、铋（Bi）和铟（h）等金属元素，通过合金化来改善焊料的性能，提高可焊性。

应该说，到目前为止，尽管有很多品种的无铅焊料正在加紧研制，一些品种已经进入实用阶段，但至今还没有哪种无铅焊料在各方面的性质上都优于并可以完全取代Sn—Pb共晶焊料。研究正沿着如下3个方向展开。

① 主要重视安全性和可靠性。在Sn里添加Ag或Cu，焊接在高温度区域实现。

② 主要追求焊接温度接近Sn—Pb共晶焊料，在Sn里添加Zn。

③ 重点追求低熔点焊接温度。以上述两个研究方向为基础，在Sn—Ag—Cu合金里添加微量金属Bi可以适当降低焊接温度，在Sn—Zn合金里加大Bi的添加量，可以制成低温焊料。

（3）研究表明，以下列3种合金为主，适量添加其他金属元素的合金有可能成为无铅焊料的选择方案，它们各自的特点和性能如下所述。

① Sn—Ag系焊料。这种焊料的机械性能、拉伸强度、蠕变特性及耐热老化性能比Sn—Pb共晶焊料优越，延展性稍差。主要缺点是熔点温度偏高，润湿性差，成本高。

现在已经投入使用最多的无铅焊料就是这种合金，配比为Sn96.3—Ag3.2—Cu0.5（美国推荐的配比是Sn95.5—Ag4.0—Cu0.5，日本推荐的配比是Sn96.2—Ag3.2—Cu0.6），其熔点为217～218℃，市场价格是Sn—Pb共晶焊料的3倍以上。

② Sn—Zn系焊料。这种焊料的机械性能、拉伸强度比Sn—Pb共晶焊料好，可以拉成焊料线材使用；蠕变特性好，变形速度慢，拉伸变形至断裂的时间长；主要缺点是Zn极容

易氧化，润湿性和稳定性差，具有腐蚀性。

③ Sn—Bi 系焊料。这种焊料是在 Sn—Ag 系的基础上，添加适量的 Bi 组成。优点是熔点低，与 Sn—Pb 共晶焊料的熔点相近；蠕变特性好，增大了拉伸强度；缺点是延展性差，质地硬且脆，可加工性差，不能拉成焊料线材。在 Sn—Zn 系的基础上，添加多量的 Bi，可制成低温焊料。

4. 无铅焊料存在的缺陷

现在，无铅焊料已经在国内众多电子制造企业开始试用或推行，但它目前仍然存在一些缺陷，仅就一般手工焊接来说，主要表现在以下两点。

① 扩展能力差。无铅焊料在焊接时，润湿、扩展的面积只有 Sn—Pb 共晶焊料的 1/3 左右。

② 熔点高。无铅焊料的熔点一般比 Sn—Pb 共晶焊料的熔点大约高 34℃ ~44℃，对电烙铁设定的工作温度也比较高。这就使烙铁头更容易氧化，使用寿命变短。

因此，使用无铅焊料进行手工焊接必须注意以下两点。

- 选用热量稳定、均匀的电烙铁。在使用无铅焊料进行焊接作业时，出于对元器件耐热性以及安全作业的考虑，一般应当选择烙铁头温度在 350℃ ~370℃以下的电烙铁。
- 控制烙铁头的温度非常重要。要根据使用的焊料，选择最合适的烙铁头，设定焊接温度并随时调整。

5. 无铅焊料引发的新课题

随着无铅焊料的研制，焊料的成分和性能发生了变化，与焊接过程相关的新课题也在探讨研究之中。

(1) 元器件问题。因为多数无铅焊料的熔点都比较高，焊接过程的温度比采用 Sn—Pb 焊料高，这就要求元器件以及各种结构性材料能够耐受更高的加工温度。

目前还有很多元器件的焊端或引线表面采用 Sn—Pb 镀层，推广无铅焊接的同时，这些镀层也必须采用无铅材料。

(2) 印制电路板问题。要求印制电路板的板材能够承受更高的焊接温度，焊接以后不产生变形或铜箔脱落。

焊盘表面镀层也必须无铅化，与无铅焊料兼容，并且制造成本低。

(3) 助焊剂问题。目前所用的助焊剂不能帮助无铅焊料提高润湿性，必须研制润湿性更好的新型助焊剂，其温度特性应该与无铅焊料的预热温度和焊接温度相匹配，而且满足环境保护的要求。

(4) 焊接设备问题。要适应更高的焊接温度，再流焊设备要改变温区设置，预热区必须加长或更换新的加热元器件；波峰焊设备的焊料槽、焊料波喷嘴和传输导轨的爪钩材料要能够承受高温腐蚀。

由于焊料成分不同使熔点及性能不同，焊接温度和设备的控制变得比铅锡焊料更复杂。在焊接高密度、窄间距 SMT 电路板时，有必要采用新的抑制焊料氧化技术或采用惰性气体保护焊接技术。

采用 N_2 气体保护焊接，有利于价格昂贵的无铅焊料减少氧化，但 N_2 气体的产生、保管、防泄漏、回收问题都需要解决。

当前国内各焊接设备制造厂商纷纷研制、生产无铅波峰焊设备，目前已经形成一定的规模和水平。无铅焊接设备的售价往往是普通焊接设备的 2.5 ~4 倍以上，购置新设备带来的成本压力导致无铅焊接在电子产品制造企业推进缓慢。

（5）工艺流程中的问题。在 SMT 工艺流程中，无铅焊料的涂敷印刷、元器件的贴片、焊接、助焊剂残渣的清洗以及焊接质量的检验都是新的课题。

（6）废料回收问题。从无铅焊料的残渣中回收 Bi、Cu 和 Ag 金属，也是一个有待开发与研究的新课题。

4.3 助焊剂

助焊剂简称为焊剂，是 SMT 焊接过程中不可缺少的辅料。在波峰焊中，助焊剂和合金焊料分开使用，而在再流焊中，助焊剂则作为焊锡膏的重要组成部分。助焊剂对保证焊接质量起着关键的作用。

焊接效果的好坏，除了与焊接工艺、元器件和印制板的质量有关外，助焊剂的选择也是十分重要的。性能良好的助焊剂应具有以下作用。

① 除去焊接表面的氧化物。

② 防止焊接时焊料和焊接表面的再氧化。

③ 降低焊料的表面张力。

④ 有利于热量传递到焊接区。

4.3.1 助焊剂的化学组成

传统的助焊剂通常以松香为基体。松香具有弱酸性和热熔流动性，并具有良好的绝缘性、耐湿性、无腐蚀性、无毒性和长期稳定性，是性能优良的助焊材料。

目前在 SMT 中采用的大多是以松香为基体的活性助焊剂。由于松香随着品种、产地和生产工艺的不同，其化学组成和性能有较大的差异，因此，对松香优选是保证助焊剂质量的关键。通用的助焊剂还包括以下成分：活性剂、成膜物质、添加剂和溶剂等。

1. 活性剂

活性剂是为提高助焊能力而加入的活性物质，它对焊剂净化焊料和被焊件表面起主要作用。活性剂的活性是指它与焊料和被焊件表面氧化物等起化学反应的能力，也反映了清洁金属表面和增强润湿性的能力。润湿性强则焊剂的扩展性高，可焊性就好。在焊剂中，活性剂的添加量较少，其质量分数通常为 1% ~5%，但在焊接时起很大的作用。若为含氯的化合物，其氯含量应控制在 0.2% 以下。

活性剂分为无机活性剂和有机活性剂两种。无机活性剂，如氯化锌、氯化铵等，助焊性好，但作用时间长，腐蚀性大，不宜在电子装联中使用；有机活性剂，如有机酸及有机卤化物，作用柔和，时间短，腐蚀性小，电气绝缘性好，适宜在电子产品装联中使用。

2. 成膜物质

加入成膜物质，能在焊接后形成一层紧密的有机膜，保护了焊点和基板，具有防腐蚀性和优良的电气绝缘性。常用的成膜物质有松香、酚醛树脂、丙烯酸树脂、氯乙烯树脂、聚氨酯等。一般加入量在 10% ~20%，加入过多会影响扩展率，使助焊作用下降。在普通家用电器或要求不高的电器装联中，使用成膜物质，装联后的电器部件可不清洗以降低成本，然而在精密电子装联中焊后仍要清洗。

3. 添加剂

添加剂是为适应工艺和工艺环境而加入的具有特殊物理和化学性能的物质。常用的添加剂有以下几种。

（1）调节剂。调节剂是为调节助焊剂的酸性而加入的材料，如三乙醇胺可调节助焊剂的酸度，在无机助焊剂中加入盐酸可抑制氧化锌生成。

（2）消光剂。消光剂能使焊点消光，以便在操作和检验时克服眼睛疲劳和视力衰退。一般加入无机卤化物、无机盐、有机酸及其金属盐类，如氧化锌、氯化锡、滑石、硬脂酸、硬脂酸铜和钙等。一般加入量约为5%。

（3）缓蚀剂。加入缓蚀剂能保护印制板和元器件引线，具有防潮、防霉、防腐蚀性能，又能保持优良的可焊性。用做缓蚀剂的物质大多是以含氮化合物为主体的有机物。

（4）光亮剂。如果要使焊点光亮，则可加入甘油、三乙醇胺等，一般加入量约1%。

（5）阻燃剂。为保证使用安全，提高抗燃性可加入阻燃剂，如2,3—二溴丙醇等。

4. 溶剂

由于使用的助焊剂大多是液态的，为此，必须将助焊剂的固体成分溶解在一定的溶剂里，使之成为均相溶剂。一般多采用异丙醇和乙醇作为溶剂。用做助焊剂的溶剂应符合以下条件。

（1）对助焊剂中各种固体成分均具有良好的溶解性。

（2）常温下挥发程度适中，在焊接温度下迅速挥发。

（3）气味小，无毒性或毒性低。

4.3.2 助焊剂的分类

1. 按助焊剂活性分类

助焊剂在波峰焊中，与Sn—Pb焊锡分开使用。而在再流焊中，助焊剂则作为焊锡膏的重要组成部分。现在广泛采用的助焊剂可以分成两大类：酸系和树脂系。由于酸系焊剂腐蚀性强，所以在表面组装的焊接中，通常采用树脂系焊剂。

助焊剂按其活性特性可分为4类，见表4-8。

表4-8 按活性分类

类　型	标　识	用　　途
低活性	R	用于较高级别的电子产品，可实现免清洗
中等活性	RMA	民用电子产品
高活性	RA	可焊性差的元器件
特别活性	RSA	元器件的可焊性差或有镍铁合金

2. 按化学成分分类

（1）松香系列焊剂。松香是最普通的助焊剂，其主要成分是松香酸及其同素异形体、有机多脂酸和碳氢化萜。在室温下松香是硬的。最纯的松香叫水白松香，简称为WW，它是最弱的非活性焊剂。在焊接工艺中，水白松香能去除足够的金属氧化物，而使焊料获得优良的润湿性能。为了改善水白松香的活性，可添加诸如烷基胺氢卤化物（联胺卤化物）等活化剂，而形成不同类型的松香系列焊剂。

松香系中的 RMA 型通常以液体形式用于波峰焊接和以焊剂形式用于焊锡膏。RA 型广泛用于工业和消费类电子产品的制造，如收音机、电视机和电话机等产品。RSA 型焊剂，由于其腐蚀性和难清洗，所以一般不能用于任何类型的电路组件上。

（2）合成焊剂。合成焊剂的主要成分是合成树脂，可根据用途不同配成不同类型。主要用于波峰焊中。采用合成树脂和松香焊剂组成的合成焊剂可以解决双波峰焊工艺中的焊料擦洗问题。否则，采用双波峰焊时，由于焊接时第一个波峰会洗掉焊料，将导致第二个波峰时由于焊料不足而出现焊料拉尖和断路。

（3）有机焊剂。有机焊剂又称为有机酸焊剂，类似于极活性的松香焊剂，可溶于水。这类焊剂属腐蚀性焊剂，并且焊后必须从组件上去除，所以在 SMT 的应用方面没有前途。但它们已广泛用于普通组件的焊接工艺中。

3. 按残留物的溶解性能分类

若按残留物的溶解性能，可将助焊剂分为 3 类。

（1）有机溶剂清洗型：无活性（R）类、中等活性（RMA）类、活性（RA）类。

（2）水清洗型（WS）：有机盐类、无机盐类、有机酸类。

（3）免洗型（LS）。免清洗助焊剂只含有极少量的固体成分，不挥发含量只有 1/20 ~ 1/5，卤素含量低于 0.01% ~0.03%，一般是以合成树脂为基础的助焊剂。

其中，作为替代 CFC 清洗剂的有效途径是用水清洗助焊剂，水清洗助焊剂已在波峰焊工艺中使用，但焊后清洗液体的排放问题尚未完全解决。目前正在研制适用于 SMT 再流焊的水溶性焊剂配剂的焊锡膏。

4.3.3 对助焊剂性能的要求

为充分发挥助焊剂的作用，对助焊剂的性能提出了以下要求。

（1）具有去除表面氧化物、防止再氧化物降低表面张力等特性，这是助焊剂必须具备的基本性能。

（2）熔点比焊料低，在焊料熔化之前，助焊剂要先熔化以充分发挥助焊作用。

（3）润湿扩散速度比熔化焊料快，通常要求扩展率在 90% 以上。

（4）粘度和密度比焊料小，粘度大会使润湿扩散困难，密度大就不能覆盖焊料表面。

（5）焊接时不产生焊珠飞溅，也不产生毒气和强烈的刺激性臭味。

（6）焊后残渣易于去除，并具有不腐蚀、不吸湿和不导电等特性。

（7）焊接后不沾手，焊后不易拉尖。在常温下储存稳定。

4.3.4 助焊剂的选用

助焊剂的选择一般考虑以下几点：助焊效果好、无腐蚀、高绝缘、耐湿、无毒和长期稳定，但还应根据不同的焊接对象来选用不同的焊剂。

（1）不同的焊接方式需用不同状态的助焊剂，波峰焊应用液态助焊剂，再流焊应用糊状助焊剂。

（2）当焊接对象可焊性好时，不必采用活性强的助焊剂；当焊接对象可焊性差时，必须采用活性较强的助焊剂。在 SMT 中最常用的是中等活性的助焊剂。

（3）根据清洗方式不同选用不同类型的助焊剂。选用有机溶剂清洗，需和有机类或树脂类助焊剂相匹配；选用去离子水清洗，必须用水洗助焊剂；选用免洗方式，只能用固含量在0.5%～3%的免洗助焊剂。表4-9列出了几种典型助焊剂的特性。

表4-9 几种典型助焊剂的特性

项目 \ 牌号 / 产地	MH820V 日本	F-SW32 德国	α-809 美国	LDB-1 北京	WS-10B 海门	CSF-4 成都
固含量(%)	22	13	25	24	25～28	38
密度/(g/cm³)	0.840	0.827	0.860	0.835	0.840	0.874
扩展率(%)	96	—	—	91	≥90	93±3
氯含量(%)	0.12	0.01	0.15	—	≤0.15	—
绝缘电阻/Ω	1×10^{11}	1×10^{11}	1×10^{11}	2.6×10^{15}	$\geq4\times10^{12}$	$>1\times10^{11}$
水溶性电阻率/Ω·cm	—	—	2.2×10^{4}	1×10^{4}	$\geq5\times10^{4}$	1×10^{4}
腐蚀性	合格	合格	合格	合格	合格	合格

4.4 清洗剂

焊接和清洗是对电路组件的高可靠性具有深远影响的相互依赖的组装工艺。在SMT中，由于所用元器件体积小、贴装密度高、间距小，当助焊剂残留物或者其他杂质存留在印制板表面或空隙时，会因离子污染或电路侵蚀而使印制导线断路，必须及时清洗，才能提高可靠性，使产品性能符合要求。

4.4.1 清洗剂的化学组成

从清洗剂的特点考虑，选择CFC—113和甲基氯仿作为清洗剂的主体材料比较适宜。但由于纯CFC—113和甲基氯仿在室温尤其在高温条件下能和活泼金属反应，影响了使用和储存稳定性。

为改善清洗效果，常常在CFC—113和甲基氯仿清洗剂中加入低级醇，如甲醇、乙醇等。但醇的加入会引起一些副作用，一方面CFC—113和甲基氯仿易于同醇反应，在有金属共存时更加显著，另一方面低级醇中带入的水分还会引起水解反应，由此产生的HCl具有强腐蚀性。

因此，在CFC—113和甲基氯仿中加入各类稳定剂显得十分重要。在CFC—113清洗剂中常用的稳定剂有乙醇酯、丙烯酸酯、硝基烷烃、缩水甘油、炔醇、N—甲基吗啉和环氧烷类化合物。

4.4.2 清洗剂的分类与特点

早期采用的清洗剂有乙醇、丙酮和三氯乙烯等。现在广泛应用的是以CFC—113（三氟三氯乙烷）和甲基氯仿为主体的两大类清洗剂，但它们对大气臭氧层有破坏作用。现已开发出CFC的替代产品，如半水清洗工艺中使用的半水洗溶剂Bioact EC-7、EC-7R等被认为是最有希望的替代材料，而另一种替代材料 HCFC（含氢氟氯），如 Allied 公司生产的牌号为 9434、2010、2004 的 HCFC 清洗剂都具有一定毒性。

一般说来，一种性能良好的清洗剂应当具有以下特点。

（1）脱脂效率高，对油脂、松香及其他树脂有较强的溶解能力。

（2）表面张力小，具有较好的润湿性。

（3）对金属材料不腐蚀，对高分子材料不溶解、不溶胀，不会损害元器件和标记。

（4）易挥发，在室温下即能从印制电路板上除去。

（5）不燃、不爆、低毒性，利于安全操作，也不会对人体造成危害。

（6）残留量低，清洗剂本身不污染印制电路板。

（7）稳定性好，在清洗过程中不会发生化学或物理作用，并具有储存稳定性。

4.5 其他材料

4.5.1 阻焊剂

阻焊剂是为适应现代化电器设备安装和元器件连接的需要而发展起来的防焊涂料，它能保护不需焊接的部位，以避免波峰焊时出现焊锡搭线造成的短路和焊锡的浪费。

在 PCB 上应用的阻焊剂种类很多，通常可分为热固化、紫外光固化和感光干膜 3 大类。前两类都属于印料类阻焊剂，即先经过丝网漏印然后再固化，而感光干膜是将干膜移到 PCB 上再经过紫外线照射显影后制成。

热固化型阻焊剂使用方便、稳定性较好，其主要缺点是效率低、耗能。感光干膜精度很高，但需要专用的设备才能应用于生产。目前紫外光固化型阻焊剂发展较快，它克服了热固化型阻焊剂的缺点，在高度自动化的生产线中广泛应用。

在阻焊剂中采用的基体树脂有环氧丙烯酸酪、丙烯酸聚氨酯、聚酪丙烯酸酯和有机硅丙烯酸酯等。

4.5.2 防氧化剂

防氧化剂是为防止焊接时焊料氧化产生浮渣而加入的辅料。它不仅具有防氧化作用，而且还能将焊接时生成的浮渣还原成焊锡。防氧化剂对节约焊锡、保证焊接质量起着重要的作用，因而普遍应用在波峰焊中。

常用的防氧化剂有两类，一类是低分子量聚苯醚和聚苯醚羧酸混合物，这类防氧化剂耐热性好，使用寿命长，但由于制备困难，价格高，难于使用；另一类是由油类（如矿物油、动物油、植物油和蜡等）和还原剂（不饱和羧酸、天然树脂及合成树脂）组成的防氧化剂，并需加入适量的热稳定剂和防蚀剂等，这类防氧化剂价格低、还原能力强，被广泛采用。

4.5.3 插件胶

插件胶是指固定插装元器件用的胶粘剂，又称临时性粘接剂。对该材料要求具有电绝缘性能，耐高温，室温下呈固态，加热时（70℃ ~ 80℃）熔化，且具有适当的粘接强度并兼有助焊性。改性丁基胶、热熔胶以及松香树脂的无机胶粘剂都可作为插件胶使用。

4.6 思考与练习题

1. 表面组装材料主要包括哪些内容?
2. 贴装胶的作用是什么？它主要与什么焊接方法相配合?
3. 贴装胶通常由哪几部分组成？一般分成哪几类?
4. 焊锡膏主要起什么作用？其主要成分是什么?
5. 简述焊锡膏的选用原则。
6. 对无铅焊料的理想化技术要求是什么？目前使用的无铅焊料有哪些类型？在无铅焊料的推广和使用中还存在哪些问题?
7. 简述助焊剂的作用和化学组成。
8. 清洗剂主要有哪几类？清洗方式主要有哪几种?

第 5 章　表面组装涂敷与贴装技术

本章要点

- 表面组装的焊锡膏涂敷及设备
- 表面组装的贴装胶涂敷
- 表面组装的元器件贴装技术
- 表面组装的元器件贴装设备

SMT 印制电路板组装如果采用再流焊技术，则在焊接前需要进行焊锡膏涂敷及贴片工序，所用的典型设备有焊锡膏印刷机、贴片机和再流焊炉。本章重点介绍表面组装的焊锡膏涂敷、元器件贴装工艺及所用设备，再流焊工艺和设备将在第 6 章介绍。

5.1　表面组装涂敷技术

5.1.1　再流焊工艺焊料供给方法

在再流焊工艺中，将焊料施放在焊接部位的主要方法有焊锡膏法、预敷焊料法和预形成焊料法。

（1）焊锡膏法。将焊锡膏涂敷到 PCB 焊盘图形上，是再流焊工艺中最常用的方法。其目的是将适量的焊锡膏均匀地施加在 PCB 的焊盘上，以保证贴片元器件与 PCB 相对应的焊盘在再流焊接时达到良好的电器连接，并具有足够的机械强度。焊锡膏涂敷方式有两种：注射滴涂法和印刷涂敷法。注射滴涂法主要应用在新产品的研制或小批量产品的生产中，可以手工操作，速度慢、精度低但灵活性高，省去了制造模板的成本，图 5-1 所示是一种手动焊锡膏滴涂设备。印刷涂敷法又分直接印刷法（也称为模板漏印法或漏板印刷法）和非接触印刷法（也称为丝网印刷法）两种类型，直接印刷法是目前高档设备广泛应用的方法。

（2）预敷焊料法。预敷焊料法也是再流焊工艺中经常使用的施放焊料的方法。在某些应用场合，可以采用电镀法和熔融法，把焊料预敷在元器件电极部位的细微引线上或是 PCB 的焊盘上。在窄间距器件的组装中，采用电镀法预敷焊料是比较合适的，但电镀法的焊料镀层厚度不够稳定，需要在电镀焊料后再进行一次熔融。经过这样的处理，可以获得稳定的焊料层。

（3）预形成焊料法。预形成焊料是将焊料预先制成各种形状，如片状、棒状和微小球状等，焊料中可含有助焊剂。这种形式的焊料主要用于半导体芯片中的键合部分以及扁平封装器件的焊接工艺中。

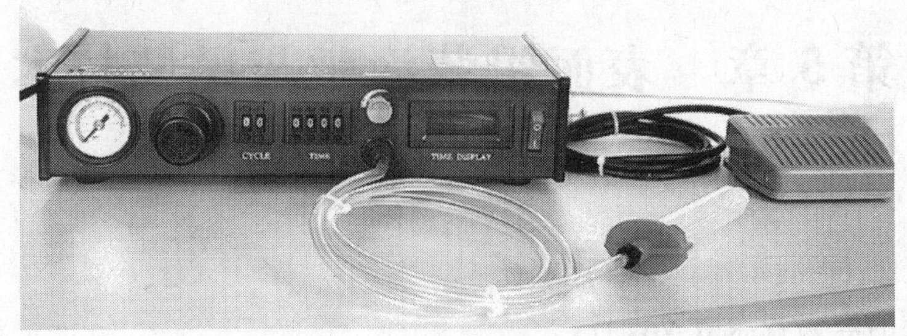

图 5-1　手动焊锡膏滴涂设备

5.1.2　焊锡膏印刷机及其结构

1. 焊锡膏印刷机的分类与结构

焊锡膏印刷机是用来印刷焊锡膏或贴片胶的，其功能是将焊锡膏或贴片胶正确地漏印到 PCB 相应的位置上。

焊锡膏印刷机大致分为 3 个档次：手动、半自动和全自动。半自动和全自动印刷机可以根据具体情况配置各种功能，以便提高印刷精度，例如，可配制视觉识别功能、调整电路板传送速度功能、工作台或刮刀 45°角旋转功能（适用于窄间距元器件），以及二维、三维检测功能等。图 5-2 和图 5-3 分别是半自动焊锡膏印刷机和全自动焊锡膏印刷机的照片。

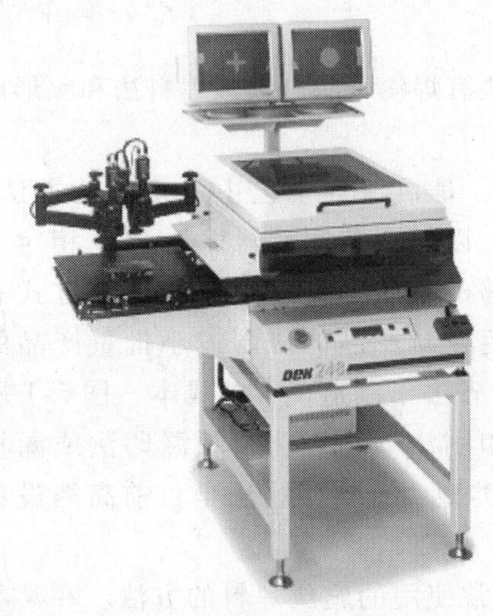

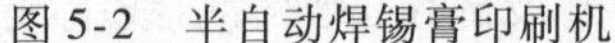

图 5-2　半自动焊锡膏印刷机

图 5-3　全自动焊锡膏印刷机

印刷过程中 PCB 放进和取出的方式有两种，一种是将整个刮刀机构连同模板抬起，将 PCB 放进和取出，PCB 定位精度取决于转动轴的精度（一般不太高），多见于手动印刷机与半自动印刷机；另一种是刮刀机构与模板不动，PCB 平进平出，模板与 PCB 垂直分离，故定位精度高，多见于全自动印刷机。

手动印刷机的各种参数与动作均需人工调节与控制，通常仅被小批量生产或难度不高的产品使用。半自动印刷除了 PCB 装夹过程是人工放置以外，其余动作机器可连续完成，但第一块 PCB 与模板的窗口位置是通过人工来对中的。通常 PCB 通过印刷机台面上的定位销来实现定位对中，因此 PCB 板面上应设有高精度的工艺孔，以供装夹用。

全自动印刷机通常装有光学对中系统，通过对 PCB 和模板上对中标志（Mark/FIDUCIAL）的识别，可以自动实现模板窗口与 PCB 焊盘的自动对中，印刷机重复精度达 ±0.01mm。在配有 PCB 自动装载系统后，能实现全自动运行。但印刷机的多种工艺参数，如刮刀速度、刮刀压力、丝网或模板与 PCB 之间的间隙仍需人工设定。

无论是哪一种印刷机，都由以下几部分组成。

① 夹持 PCB 基板的工作台，包括工作台面、真空夹持或板边夹持机构和工作台传输控制机构。

② 印刷头系统，包括刮刀、刮刀固定机构、印刷头的传输控制系统等。

③ 丝网或模板及其固定机构。

④ 为保证印刷精度而配置的其他选件，包括视觉对中系统，干、湿和真空吸擦板系统以及二维、三维测量系统等。

2. 印刷机的主要技术指标

① 最大印刷面积：根据最大的 PCB 尺寸确定。

② 印刷精度：根据印制板组装密度和元器件引脚间距的最小尺寸确定，一般要求达到 ±0.025mm。

③ 重复精度：一般为 ±10μm。

④ 印刷速度：根据产量要求确定。

5.1.3 焊锡膏印刷过程

印刷焊锡膏的工艺流程如下所述。

印刷前的准备→调整印刷机工作参数→印刷焊锡膏→印刷质量检验→清理与结束。

1. 印刷前准备工作

检查印刷工作电压与气压；熟悉产品的工艺要求；检查焊锡膏的制造日期是否在 6 个月之内，以及品牌规格是否符合当前生产要求；阅读 PCB 产品合格证，如 PCB 制造日期大于 6 个月应对 PCB 进行烘干处理（在 125℃ 温度下烘干 4h），通常在前一天进行；若采用模板印刷，焊锡膏粘度应为 900～1400Pa·s（最佳为 900Pa·s），从冰箱中取出后应在常温下恢复至少 2h，并充分搅拌均匀待用；新启用的焊锡膏应在罐盖上记下开启日期和使用者姓名；检查模板是否与当前生产的 PCB 一致，窗口是否堵塞，外观是否良好。

2. 调整印刷机工作参数

接通电源、气源后，印刷进入开通状态（初始化）。对新生产的 PCB 来说，首先要输入 PCB 长、宽、厚以及定位识别标志（Mark）的相关参数，Mark 可以纠正 PCB 的加工误差。制作 Mark 图像时，要求图像清晰，边缘光滑，对比度强，同时还应输入印刷机各工作参数：印刷行程、刮刀压力、刮刀运行速度、PCB 高度、模板分离速度、模板清洗次数与方法等相关参数。相关参数设定好后，即可放入模板，使模板窗口位置与 PCB 焊盘图形位置保持在一定范围之内（机器能自动识别），同时安装刮刀，进行试运行，此时应调节 PCB 与模板之间的间隙，通常应保持在“零距离”。正常后，即可放入充分量的焊锡膏进行印刷，并再次调节相关参数。全面调节后即可存盘保留相关参数与 PCB 代号，不同机器的上述安装次序有所不同，自动化程度高的机器安装方便，一次就可以成功。

3. 印刷焊锡膏

正式印刷焊锡膏时应注意下列事项：焊锡膏的初次使用量不宜过多，一般按 PCB 尺寸来估计，参考量如下：A5 幅面约 200g，B5 幅面约 300g，A4 幅面约 350g，在使用过程中，应注意补充新焊锡膏，保持焊锡膏在印刷时能滚动前进。注意印刷焊锡膏时的环境质量：无风、洁净、温度 23±3℃，相对湿度<70%。

4. 印刷质量检验

对于模板印刷质量的检测，目前采用的方法主要有目测法、二维检测/三维检测（自动光学检测，Automated Optical Inspection，AOI）。在检测焊锡膏印刷质量时，应根据元器件类型采用不同的检测工具和方法。当印刷复杂 PCB（如计算机主板）时，最好采用基于视觉传感器与计算机视觉研究基础上的视觉检测系统，并最好是在线测试，可靠性可以达到 100%，视觉检测系统是一门新兴的检测技术；不仅能够监控印刷质量，还能收集工艺控制所需的真实数据。

检验标准的原则：有细间距（0.5mm）QFP 时，通常应全部检查。当无细间距 QFP 时，可以抽检，抽检标准见表 5-1。

表 5-1 印刷焊锡膏抽检标准

批量范围/块	取样数/块	不合格品的允许数量/块
1~500	13	0
501~3200	50	1
3201~10000	80	2
10001~35000	120	3

检验标准：按照企业制定的企业标准或 ST/T 10670—1995 以及 IPC 标准检验。

不合格品的处理：发现有印刷质量时，应停机检查，分析产生的原因，采取措施加以改进，凡 QFP 焊盘不合格者应用无水醇清洗干净后重新印刷。

5. 结束

当一个产品完工或结束一天工作时，必须将模板、刮刀全部清洗干净，若窗口堵塞，千万勿用坚硬金属针划捅，避免破坏窗口形状。焊锡膏放入另一容器中保存，根据情况决定是否重新使用。模板清洗后应用压缩空气吹干净，并妥善保存在工具架上，刮刀也应放入规定的地方并保证刮刀头不受损。

工作结束应让机器退回关机状态，并关闭电源与气源，同时应填写工作日志表并进行机器保养工作。

5.1.4 焊锡膏印刷方法

1. 印刷涂敷法的丝网及模板

在印刷涂敷法中，直接印刷法和非接触印刷法的原理都与油墨印刷类似，主要区别在于印刷焊料的介质，即用不同的介质材料来加工印刷图形：无刮动间隙的印刷是直接（接触式）印刷，采用刚性材料加工而成的金属漏印模板；有刮动间隙的印刷是非接触式印刷，采用柔性材料丝网或金属掩膜。

高档 SMT 印刷机一般使用不锈钢薄板制作的漏印模板，这种模板的精度高，但加工困难，因此制作费用高，适合于大批量生产的高密度 SMT 电子产品；手动操作的简易 SMT 印刷机可以使用薄铜板制作的漏印模板，这种模板容易加工，制作费用低廉，适合于小批量生产的电子产品，但长期使用后模板容易变形而影响印刷精度。非接触式丝网印刷法是传统的方法，制作丝网的费用低廉，但印刷焊锡膏的图形精度不高，适用于大批量生产的一般 SMT 电路板。

金属模板的结构如图 5-4 所示，常见模板的外框是由铸铝框架或由铝方管焊接而成的。

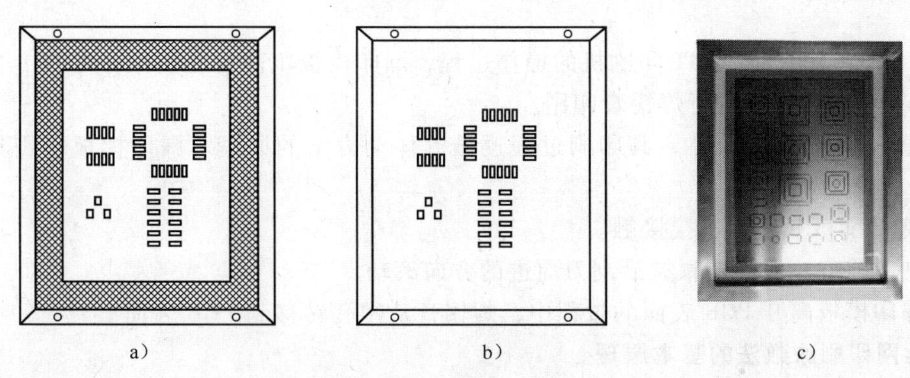

图 5-4 金属模板的结构

a）“刚—柔—刚”模板结构示意图 b）全金属模板 c）实物照片

2. 漏印模板印刷法的基本原理

漏印模板印刷法的基本原理如图 5-5 所示。

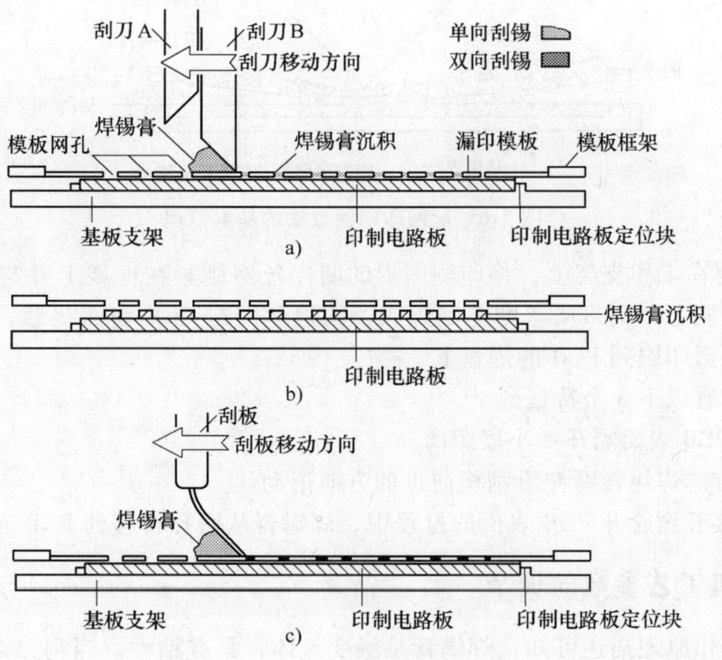

图 5-5 漏印模板印刷法的基本原理

将 PCB 放在基板支架上，由真空泵或机械方式固定，将已加工有印刷图形的漏印模板在金属模板框架上绷紧，模板与 PCB 表面接触，镂空图形网孔与 PCB 上的焊盘对准，把焊锡膏放在漏印模板上，刮刀（也称为刮板）从模板的一端向另一端推进，同时压刮焊锡膏通过模板上的镂空图形网孔印刷（沉淀）到 PCB 的焊盘上。假如刮刀单向刮锡，沉积在焊盘上的焊锡膏可能会不够饱满；而刮刀双向刮锡，焊锡膏图形就比较饱满。高档的 SMT 印刷机一般有 A、B 两个刮刀：当刮刀从右向左移动时，刮刀 A 上升，刮刀 B 下降，B 压刮焊锡膏；当刮刀从左向右移动时，刮刀 B 上升，刮刀 A 下降，A 压刮焊锡膏，如图 5-5a 所示。两次刮锡后，PCB 与模板脱离（PCB 下降或模板上升），完成焊锡膏印刷过程，如图 5-5b 所示。

图 5-5c 描述了简易 SMT 印刷机的操作过程，漏印模板用薄铜板制作，将 PCB 准确定位以后，手持不锈钢刮板进行焊锡膏印刷。

焊锡膏是一种膏状流体，其印刷过程遵循流体动力学的原理。漏印模板印刷具有以下特征。

① 模板和 PCB 表面直接接触。

② 刮刀前方的焊锡膏颗粒沿刮刀前进的方向滚动。

③ 漏印模板离开 PCB 表面的过程中，焊锡膏从网孔转移到 PCB 表面上。

3. 丝网印刷涂敷法的基本原理

将乳剂涂敷到丝网上，只留出印刷图形的开口网目，就制成了非接触式印刷涂敷法所用的丝网。丝网印刷涂敷法的基本原理如图 5-6 所示。

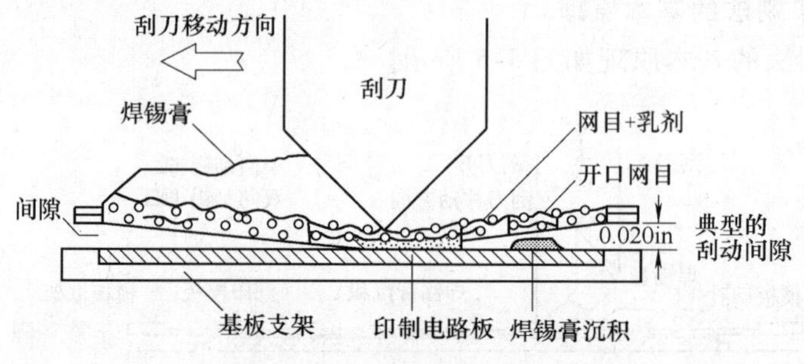

图 5-6　丝网印刷涂敷法的基本原理

将 PCB 固定在工作支架上，将印刷图形的漏印丝网绷紧在框架上并与 PCB 对准，将焊锡膏放在漏印丝网上，刮刀从丝网上刮过去，压迫丝网与 PCB 表面接触，同时压刮焊锡膏通过丝网上的图形印刷到 PCB 的焊盘上。

丝网印刷具有以下 3 个特征。

① 丝网和 PCB 表面隔开一小段距离。

② 刮刀前方的焊锡膏颗粒沿刮板前进的方向滚动。

③ 丝网从接触到脱开 PCB 表面的过程中，焊锡膏从网孔转移到 PCB 表面上。

5.1.5　印刷机工艺参数的调节

由前面的工作原理描述可知，焊锡膏是触变流体，具有粘性。当刮刀以一定速度和角度向前移动时，对焊锡膏产生一定的压力，推动焊锡膏在刮板前滚动，产生将焊锡膏注入网孔或漏孔所需的压力。焊锡膏的粘性摩擦力使焊锡膏在刮板与网板交接处产生切变，切变力使焊锡膏的粘性下降，有利于焊锡膏顺利地注入网孔或漏孔。刮刀速度、刮刀压力、刮刀与网板的角度以及焊锡膏的粘度之间都存在一定的制约关系，因此，只有正确地控制这些参数，才能保证焊锡膏的印刷质量。

1. 刮刀的夹角

刮刀的夹角影响到刮刀对焊锡膏垂直方向力的大小，夹角越小，其垂直方向的分力 F_y 越大，通过改变刮刀角度可以改变所产生的压力。刮刀角度如果大于80°，则焊锡膏只能保持原状前进而不滚动，此时垂直方向的分力 F_y 几乎没有，焊锡膏便不会压入印刷模板窗开口。刮刀角度的最佳设定应在45°~60°进行，此时焊锡膏有良好的滚动性。

2. 刮刀的速度

刮刀速度快，焊锡膏所受的力也大。但提高刮刀速度，焊锡膏压入的时间将变短，如果刮刀速度过快，焊锡膏不能滚动而仅在印刷模板上滑动。考虑到焊锡膏压入窗口的实际情况，最大的印刷速度应保证 FQFP 焊盘焊锡膏印刷纵横方向均匀、饱满，通常当刮刀速度控制在20~40mm/s时，印刷效果较好。因为焊锡膏流进窗口需要时间，这一点在印刷细间距 QFP 图形时尤为明显。当刮刀沿 QFP 焊盘一侧运行时，垂直于刮刀的焊盘上焊锡膏图形比另一侧要饱满，故有的印刷机具有刮刀旋转45°的功能，以保证细间距 QFP 印刷时四面焊锡膏量均匀。

3. 刮刀的压力

刮刀的压力即通常所说的印刷压力，印刷压力的改变对印制质量影响重大。印刷压力不足会引起焊锡膏刮不干净且导致 PCB 上焊锡膏量不足，如果印刷压力过大则会导致模板背后的渗漏，同时也会引起丝网或模板不必要的磨损。理想的刮刀速度与压力应该以正好把焊锡膏从钢板表面刮干净为准。

4. 刮刀宽度

如果刮刀相对于 PCB 过宽，那么就需要更大的压力，并需要更多的焊锡膏参与其工作，因而会造成焊锡膏的浪费。一般刮刀的宽度为 PCB 长度（印刷方向）加上50mm左右最佳，并要保证刮刀头落在金属模板上。

5. 印刷间隙

通常保持 PCB 与模板零距离（早期也要求控制在0~0.5mm，但有 FQFP 时应为零距离），部分印刷机器还要求 PCB 平面稍高于模板的平面，调节后的模板被微微向上撑起，但撑起的高度不应过大，否则会引起模板损坏，从刮刀运行动作上看，刮刀在模板上运行自如，即要求刮刀所到之处焊锡膏全部刮走，不留多余的焊锡膏，同时刮刀不应在模板上留下划痕。

6. 分离速度

焊锡膏印刷后，钢板离开 PCB 的瞬时速度是关系到印刷质量的参数，其调节能力也是体现印刷机质量好坏的参数，在精密印刷中尤其重要。早期印刷机采用恒速分离，先进的印刷机其钢板离开焊锡膏图形时有一个微小的停留过程，以保证获取最佳的印刷图形。

7. 刮刀形状与制作材料

刮刀头的制作材料、形状一直是印刷焊锡膏中的热门话题。刮刀形状与制作材料有很多，如图5-7所示。刮刀按制作形状可分为菱形和拖尾刮刀两种，从制作材料上可分为聚胺

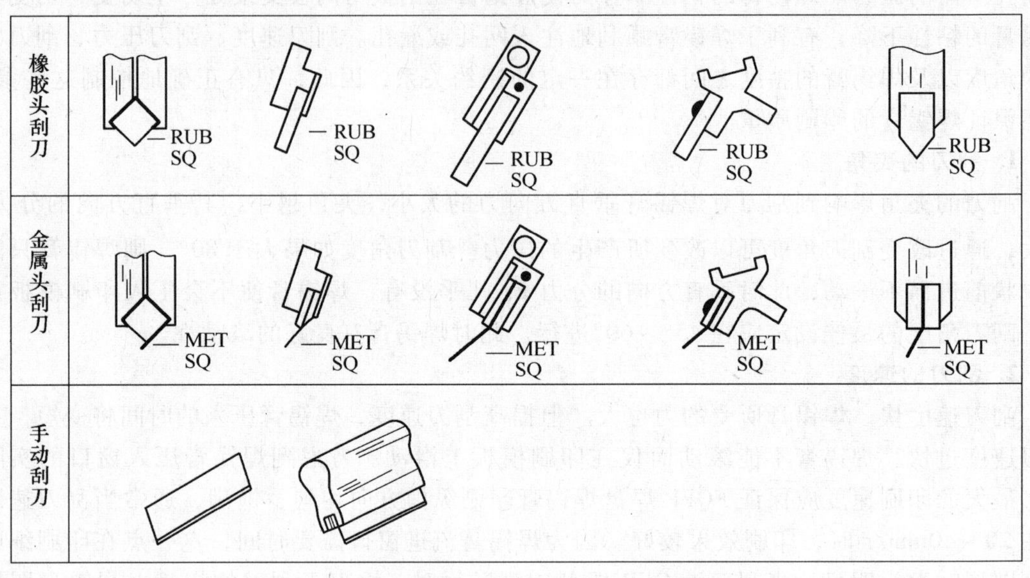

图 5-7 各种不同形状的刮刀

酯橡胶和金属刮刀两类。

（1）菱形刮刀。它是由一块方形聚胺酯材料（10mm×10mm）及支架组成的，方形聚胺酯夹在支架中间，前后成45°。这类刮刀可双向刮印焊锡膏，在每个行程末端刮刀可跳过焊锡膏边缘，所以只需一把刮刀就可以完成双向刮印，典型设备有 MPM 公司生产的 SP-200 型印刷机。但是这种结构的刮刀头焊锡膏量难以控制，并易弄脏刮刀头，给清洗增加工作量。此外，采用菱形刮刀印刷时，应将 PCB 边缘垫平整，防止刮刀将模板边缘压坏。

（2）拖尾刮刀。这种类型的刮刀最为常用，它由矩形聚胺酯与固定支架组成，聚胺酯固定在支架上，每个行程方向各需一把刮刀，整个工作需要两把刮刀。刮刀由微型汽缸控制上下，这样不需要跳过焊锡膏就可以先后推动焊锡膏运行，因此刮刀接触焊锡膏部位相对较少。

采用聚胺酯制作刮刀时，有不同硬度可供选择。丝网印刷模板一般选用硬度为 75 邵氏硬度单位（shore），金属模板应选用硬度为 85 邵氏硬度单位。

（3）金属刮刀。用聚胺酯制作的刮刀，当刮刀头压力太大或焊锡膏材料较软时易嵌入金属模板的孔中（特别是大窗口孔），将孔中的焊锡膏挤出，造成印刷图形凹陷，印刷效果不良。采用高硬度橡胶刮刀，虽然改善了切割性，但填充焊锡膏的效果仍较差。为此人们采用将金属片嵌在橡胶刮刀的前沿、金属片在支架上凸出 40mm 左右的刮刀，称为金属刮刀，并用来代替橡胶刮刀。美国 TRANSITION AUTOMATION 公司的 PERMAIEX 牌金属刮刀最为有名，它是用高硬度合金制造的，非常耐疲劳、耐磨、耐弯折，并在刀刃涂覆上 TEFLON 润滑膜，当刃口在模板上运行时，焊锡膏能被轻松地推进窗口中，消除了焊料凹陷和高低起伏现象。

采用金属刮刀具有下列优点：从较大、较深的窗口到超细间距的窗口印刷均具有优异的一致性；刮刀寿命长，无须修正，模板不易损坏；印刷时没有焊料的凹陷和高低起伏现象，大大减少甚至完全消除了焊料的桥接和渗漏。

5.2 贴片工艺和贴片机

在 PCB 上印好焊锡膏或贴片胶以后，用贴片机（贴装机）或人工的方式，将 SMC/SMD 准确地贴放到 PCB 表面相应位置上的过程，叫做贴片（贴装）工序。目前在国内的电子产品制造企业里，主要采用自动贴片机进行自动贴片。在维修或小批量的试制生产中，也可以采用手工方式贴片。

常见的贴片机以日本和欧美的品牌为主，主要有 FUJI、SIEMENS、UNIVERSAL、PANASONIC、YAMAHA、CASIO 和 SONY 等。根据贴装速度的快慢，可以分为高速机（通常贴装速度在 5Chips/s 以上）与中速机。一般高速贴片机主要用于贴装各种 SMC 元件和较小的 SMD 器件（最大约 25mm×30mm）；而多功能贴片机（又称为泛用贴片机）能够贴装大尺寸（最大 60mm×60mm）的 SMD 器件和连接器（最大长度可达 150mm）等异形元器件。

5.2.1 对贴片质量的要求

要保证贴片质量，应该考虑 3 个要素：贴装元器件的正确性、贴装位置的准确性和贴装压力（贴片高度）的适度性。

1. 贴片工序对贴装元器件的要求

（1）元器件的类型、型号、标称值和极性等特征标记，都应该符合产品装配图和明细表的要求。

（2）被贴装元器件的焊端或引脚至少要有厚度的 1/2 浸入焊锡膏，一般元器件贴片时，焊锡膏挤出量应小于 0.2mm；窄间距元器件的焊锡膏挤出量应小于 0.1mm。

（3）元器件的焊端或引脚都应该尽量和焊盘图形对齐、居中。再流焊时，熔融的焊料使元器件具有自定位效应，允许元器件的贴装位置有一定的偏差。

2. 元器件贴装偏差及贴片压力（贴装高度）

（1）矩形元器件允许的贴装偏差范围。如图 5-8 所示，图 5-8a 的元器件贴装优良，元器件的焊端居中位于焊盘上。图 5-8b 表示元件在贴装时发生横向移位（规定元器件的长度方向为“纵向”），合格的标准是：焊端宽度的 3/4 以上在焊盘上，即 $D_1 \geqslant$ 焊端宽度的 75%，否则为不合格。图 5-8c 表示元器件在贴装时发生纵向移位，合格的标准是：焊端与焊盘必须交叠，即 $D_2 > 0$，否则为不合格。图 5-8d 表示元器件在贴装时发生旋转偏移，合格的标准是：$D_3 \geqslant$ 焊端宽度的 75%，否则为不合格。图 5-8e 表示元器件在贴装时与焊锡膏图形的关系，合格的标准是：元件焊端必须接触焊锡膏图形，否则为不合格。

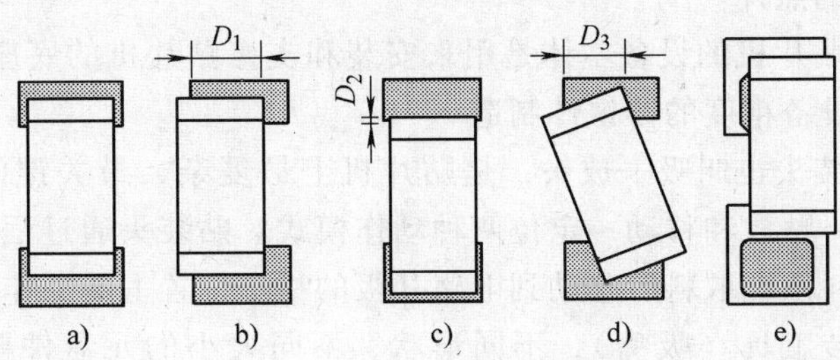

图 5-8 矩形元器件贴装偏差

（2）小外形晶体管（SOT）允许的贴装偏差范围。允许有旋转偏差，但引脚必须全部在焊盘上。

（3）小外形集成电路（SOIC）允许的贴装偏差范围。允许有平移或旋转偏差，但必须保证引脚宽度的3/4在焊盘上，如图5-9所示。

（4）四边扁平封装器件和超小型器件（QFP，包括PLCC器件）允许的贴装偏差范围要保证引脚宽度的3/4在焊盘上，允许有旋转偏差，但必须保证引脚长度的3/4在焊盘上。

（5）BGA器件允许的贴装偏差范围。焊球中心与焊盘中心的最大偏移量小于焊球半径，如图5-10所示。

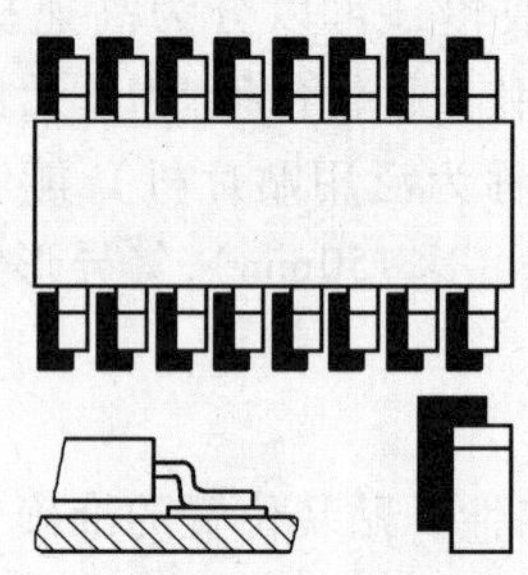

图5-9　SOIC集成电路贴装偏差

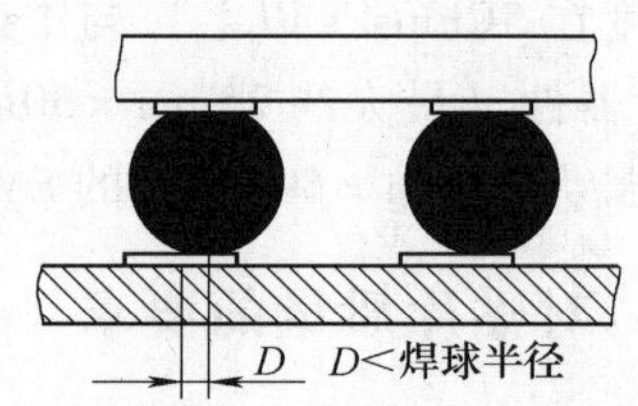

图5-10　BGA集成电路贴装偏差

（6）元器件贴片压力（贴装高度）。元器件贴片压力要合适，如果压力过小，元器件焊端或引脚就会浮放在焊锡膏表面，焊锡膏就不能粘住元器件，在印制电路板传送和焊接过程中，未粘住的元器件可能移动位置。

如果元器件贴装压力过大，则焊锡膏挤出量过大，容易造成焊锡膏外溢，使焊接时产生桥接，同时也会造成器件的滑动偏移，严重时会损坏器件。

5.2.2　自动贴片机的结构与技术指标

自动贴片机相当于机器人的机械手，能按照事先编制好的程序把元器件从包装中取出来，并贴放到印制电路板相应的位置上。国外生产贴片机的厂家很多，有多种规格型号的设备，但它们的基本结构都相同。

1. 自动贴片机的主要结构

贴片机的基本结构包括设备本体、元器件供给系统、印制电路板传送与定位装置、贴装头及其驱动定位装置、贴片工具（吸嘴）、计算机控制系统等。为适应高密度超大规模集成电路的贴装，贴片机还具有光学检测与视觉对中系统，保证芯片能够高精度地准确定位。图5-11是全自动贴片机的照片。

（1）设备本体。贴片机的设备本体是用来安装和支撑贴片机的底座，一般采用质量大、振动小、有利于保证设备精度的铸铁件制造。

（2）贴装头。贴装头也叫吸—放头，是贴片机上最复杂、最关键的部分。它相当于机械手，可以完成拾取→贴放和移动→定位两种动作模式。贴装头通过程序控制，完成三维的往复运动，实现从供料系统取料后移动到电路基板的指定位置上的操作。贴装头的端部有一个用真空泵控制的贴装工具（吸嘴），不同形状、不同大小的元器件要采用不同的吸嘴拾放：一般元器件采用真空吸嘴，异形元件（例如没有吸取平面的连接器等）用机械爪结构拾放。当换向阀门打开时，吸嘴的负压把 SMT 元器件从供料系统（散装料仓、管状料斗、盘状纸带或托盘包装）中吸上来；当换向阀门关闭时，吸盘把元器件释放到电路基板上。贴装头通过上述两种动作模式的组合，完成拾取—贴放元器件的动作。

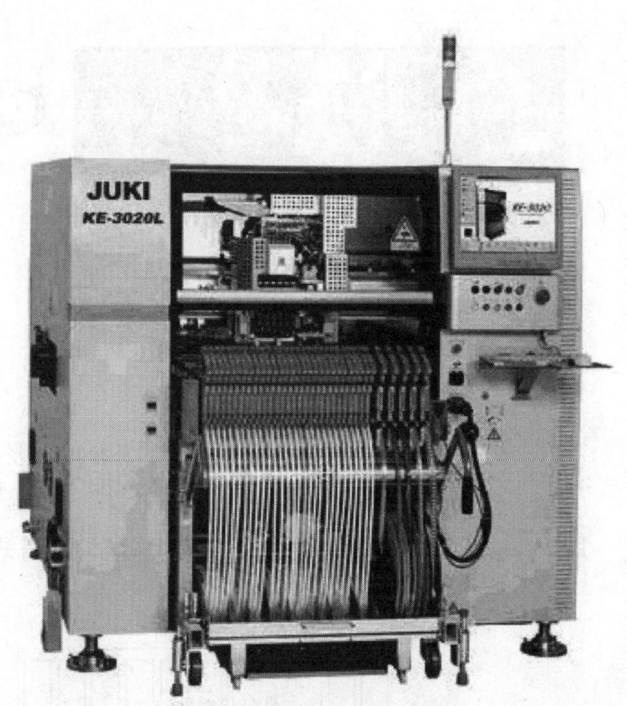

图 5-11　全自动贴片机

贴装头的种类分为单头和多头两大类，多头贴装头又分为固定式和旋转式，旋转式包括水平旋转/转塔式和垂直旋转/转盘式两种。图 5-12 所示是垂直旋转/转盘式贴装头，旋转头上安装有 12 个吸嘴，工作时每个吸嘴均吸取元件，吸嘴中都装有真空传感器与压力传感器。这类贴装头多见于西门子公司的贴装机中，通常贴装机内装有两组或四组贴装头，其中一组在贴片，另一组在吸取元件，然后交换功能以达到高速贴片的目的。如西门子的 HS-50 贴片机贴片速度为每小时 5 万个，而该公司 2005 年推出的 SIPIACES-X 系列贴片机的贴片速度已达到每小时 8 万个。

图 5-13 是水平旋转/转塔式贴装头。转塔的概念是将多个贴装头组装成一个整体，贴装头有的在一个圆环内呈环形分布，也有的呈星形放射状分布，工作时这一贴装头组合在水平方向顺时针旋转，故此称为转塔。

转塔式贴片机的转塔一般有 12 ~ 24 个贴装头，每个头上有 5 ~ 6 个吸嘴，可以吸放多种大小不同的元器件。贴片头固定安装在转塔上，只能做水平方向旋转。旋转头各位置的功能做了明确的分工，贴片头在 1 号位从供料器上吸取元器件，然后在运动过程中完成校正、测试、直至 7 号位完成贴片工序。由于贴片头是固定旋转的，不能移动，元器件的供给只能靠供料器在水平方向的运动来完成，贴放位置则由 PCB 工作台的 *X-Y* 高速运动来实现。在贴片头的旋转过程中，供料器以及 PCB 也在同步运行。由于拾取元器件和贴片动作同时进行，使得贴片速度大幅度提高。

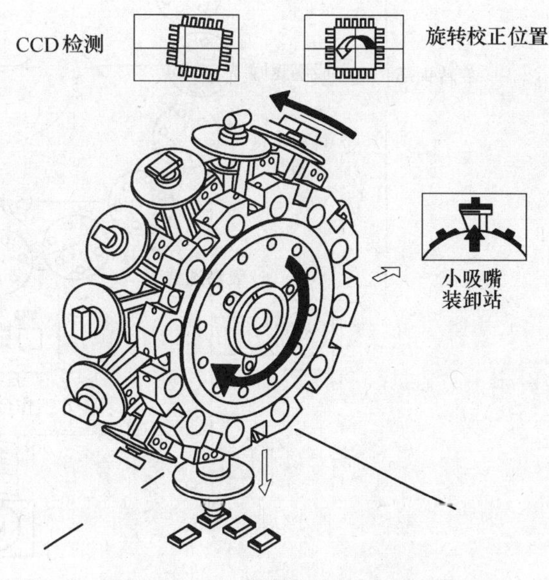

图 5-12　垂直旋转/转盘式贴装头

a）　　　　b）

图 5-13　水平旋转/转塔式贴装头

a）实物照片　b）结构图

图 5-14 所示是松下公司 MSR 型水平旋转/转塔式贴片机的工作示意图，它由料架、X-Y

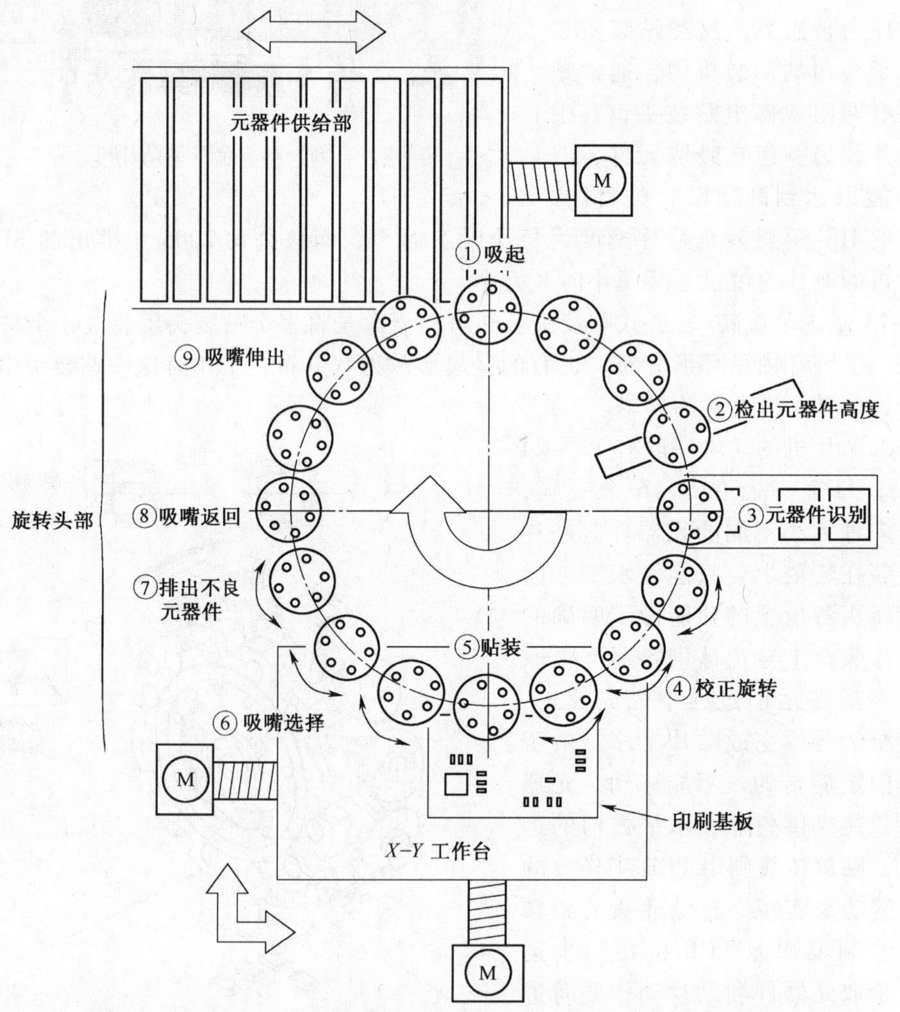

图 5-14　MSR 型水平旋转/转塔式贴片机的工作示意图

工作台、具有16个贴片头的旋转头组成。每个贴片头各有6种吸嘴，可分别吸取不同尺寸的元器件，贴片速度为4.5万片/小时。工作时，16个贴片头仅做圆周运动，贴片机工作时贴片头在位号①处吸取元器件，所吸取的元器件由仅做Y方向来回运动的料架提供，当贴片头吸取元器件后，在位号②处检测被吸起元器件高度Δt，接着在位号③处，根据②位检测出元器件的高度进行自动调焦，并通过CCD识别检测元器件的状态ΔX、ΔY和$\Delta\theta$，在运动过程中于④位校正转动—修正$\Delta\theta$，当贴片头运行到位⑤时，X-Y工作台控制系统根据检测出的ΔX、ΔY和Δt，进行位置校正，并在瞬时间内完成贴片过程，然后贴片头继续运行，完成不良元器件的排除（在③位判别不合格的元器件将不贴装）和更换吸嘴，并为吸取第2元器件做准备，此时料架将第2种元器件的feeder送到①号位。通常一个贴片周期仅为0.08s，在这时间内，X-Y工作完成定位，料架完成送料的准备过程。

贴装头的X—Y定位系统一般用直流伺服电动机驱动并通过机械丝杠传输力矩。如果采用磁尺和光栅定位，其精度高于丝杠定位，但丝杠定位比较容易维护修理。

（3）供料系统。适合于表面组装元器件的供料装置有编带、管状、托盘和散装等几种形式。供料系统的工作状态根据元器件的包装形式和贴片机的类型而确定。贴装前，将各种类型的供料装置分别安装到相应的供料器支架上。随着贴装进程，装载着多种不同元器件的散装料仓水平旋转，把即将贴装的那种元器件转到料仓门的下方，便于贴装头拾取；纸带包装元器件的盘装编带随编带架垂直旋转；管状送料器定位料斗在水平面上二维移动，为贴装头提供新的待取元器件。

（4）电路板定位系统。电路板定位系统可以简化为一个固定了电路板的X—Y二维平面移动的工作台。在计算机控制系统的操纵下，电路板随工作台沿传送轨道移动到工作区域内，并被精确定位，使贴装头能把元器件准确地释放到一定的位置上。精确定位的核心是“对中”，有机械对中、激光对中、激光加视觉混合对中以及全视觉对中方式。

（5）计算机控制系统。计算机控制系统是指挥贴片机进行准确有序操作的核心，目前大多数贴片机的计算机控制系统采用Windows界面。可以通过高级语言软件或硬件开关，在线或离线编制计算机程序并自动进行优化，控制贴片机的自动工作步骤。每个片状元器件的精确位置，都要编程输入计算机。具有视觉检测系统的贴片机，也是通过计算机实现对电路板上贴片位置的图形识别。

2. 贴片机的主要技术指标

衡量贴片机的3个重要指标是精度、速度和适应性。

（1）精度。精度是贴片机的主要技术指标之一。不同厂家制造的贴片机，使用不同的精度体系。精度与贴片机的对中方式有关，其中以全视觉对中的精度最高。一般来说，贴片的精度体系应该包含3个项目：贴片精度、分辨率和重复精度，三者之间有一定的相关度。

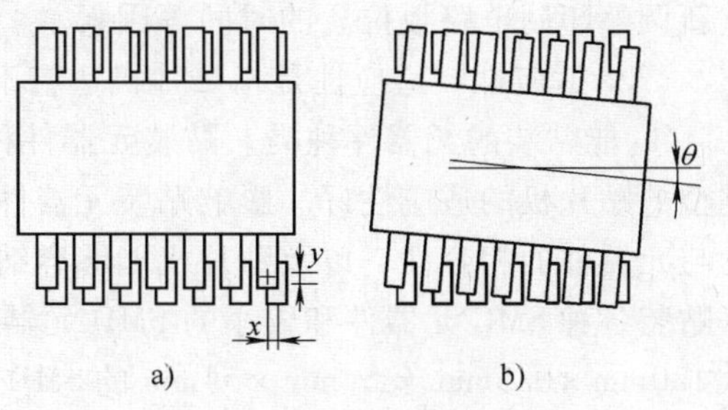

图5-15　贴片机的贴装精度
a）平移误差　b）旋转误差

① 贴片精度是指元器件贴装后相对于PCB上标准位置的偏移量大小，被定义为“元器件焊端距离指定位置的综合误差的最大值”。贴片精度由两种误差组成，即平移误差和旋转误差，如图5-15所示。平移误差产生的主要

原因是 $X—Y$ 定位系统不够精确；旋转误差产生的主要原因是元器件对中机构不够精确和贴装工具存在旋转误差。定量地说，贴装 SMC 要求精度达到 ±0.01mm，贴装高密度、窄间距的 SMD 要求精度至少达到 ±0.06mm。

② 分辨率用来衡量贴片机分辨空间连续点的能力，它指贴片机能够分辨的最近两点之间的距离。贴片机的分辨率取决于两个因素：一是定位驱动装置中的电动机的分辨率，二是传动轴驱动机构上的旋转位置或线性位置检测装置的分辨率。贴片机的分辨率用来度量贴片机运行时的最小增量，是衡量机器本身精度的重要指标。例如，丝杠的每个步进长度为 0.01mm，那么该贴片机的分辨率为 0.01mm。但是，实际贴片精度包括所有误差的总和。因此，描述贴片机性能时很少使用分辨率，一般在比较不同贴片机的性能时才使用它。

③ 重复精度用来衡量贴装头重复返回标定点的能力。通常采用双向重复精度的概念，它定义为"在一系列试验中，从两个方向接近任一给定点时离开平均值的偏差"，如图 5-16 所示。

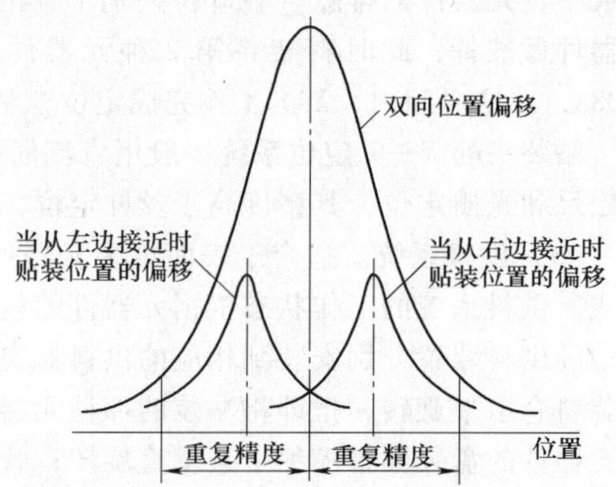

图 5-16　贴片机的重复精度

(2) 贴片速度。有许多因素会影响贴片机的贴片速度，例如 PCB 的设计质量、元器件供料器的数量和位置等。一般高速机的贴片速度高于 5 片 (Chips)/秒，目前最高的贴片速度已经达到 20 片/秒以上；高精度、多功能贴片机一般都是中速机，贴片速度为 2～3 片/秒左右。贴片机的速度主要用以下几个指标来衡量。

① 贴装周期：指完成一个贴装过程所用的时间，它包括拾取元器件、元器件定位、检测、贴放和返回到拾取元器件的位置这一过程所用的时间。

② 贴装率：指在一小时内完成的贴片周期。测算时，先测出贴片机在 50mm × 250mm 的印制电路板上贴装均匀分布的 150 只片状元器件的时间，然后计算出贴装一只元器件的平均时间，最后计算出一小时贴装的元器件数量，即贴装率。目前高速贴片机的贴装率可达每小时数万片。

③ 生产量：理论上每班的生产量可以根据贴装率来计算，但由于实际的生产量会受到许多因素的影响，与理论值有较大的差距。影响生产量的因素有生产时停机、更换供料器或重新调整印制电路板位置的时间等因素。

(3) 适应性。适应性是指贴片机适应不同贴装要求的能力，包括以下内容。

① 能贴装的元器件种类。贴装元器件种类广泛的贴片机，比仅能贴装 SMC 或少量 SMD 类型的贴片机的适应性好。影响贴装元器件类型的主要因素是贴片精度、贴装工具、定位机构与元器件的相容性，以及贴片机能够容纳供料器的数目和种类。一般，高速贴片机主要可以贴装各种 SMC 元器件和较小的 SMD 元器件（最大约 25mm × 30mm）；多功能机可以贴装从 1.0mm × 0.5mm 至 54mm × 54mm 的 SMD 元器件（目前可贴装的元器件尺寸已经达到最小为 0.6mm × 0.3mm，最大 60mm × 60mm），还可以贴装连接器等异形元器件，连接器的最大长度为 150mm 以上。

② 贴片机能够容纳供料器的数目和种类。贴片机上供料器的容纳量通常用能装到贴片机上的8mm编带供料器的最多数目来衡量。一般高速贴片机的供料器位置大于120个，多功能贴片机的供料器位置在60~120个。由于并不是所有元器件都能包装在8mm编带中，所以贴片机的实际容量将随着元器件的类型而变化。

③ 贴装面积。由贴片机传送轨道以及贴装头的运动范围决定。一般可贴装的电路板尺寸，最小为50mm×50mm，最大应大于250mm×300mm。

④ 贴片机的调整。当贴片机从组装一种类型的电路板转换到组装另一种类型的电路板时，需要进行贴片机的再编程、供料器的更换、电路板传送机构和定位工作台的调整、贴装头的调整和更换等工作。高档贴片机一般采用计算机编程方式进行调整，低档贴片机多采用人工方式进行调整。

5.2.3 贴片机的工作方式和类型

按照贴装元器件的工作方式分类，贴片机分为4种类型：流水作业式、顺序式、同时式和顺序—同时式。它们在组装速度、精度和灵活性方面各有特色，要根据产品的品种、批量和生产规模进行选择。目前国内电子产品制造企业里，使用最多的是顺序式贴片机。

(1) 流水作业式贴片机。所谓流水作业式贴片机，是指由多个贴装头组合而成的流水线式的机型，每个贴装头负责贴装一种或在印制电路板上某一部位的元器件，如图5-17a所示。这种机型适用于元器件数量较少的小型电路。

(2) 顺序式贴片机。顺序式贴片机如图5-17b所示，是由单个贴装头顺序地拾取各种片状元器件，固定在工作台上的印制电路板由计算机进行控制，在X—Y方向上移动，使板上贴装元器件的位置恰位于贴装头的下面。

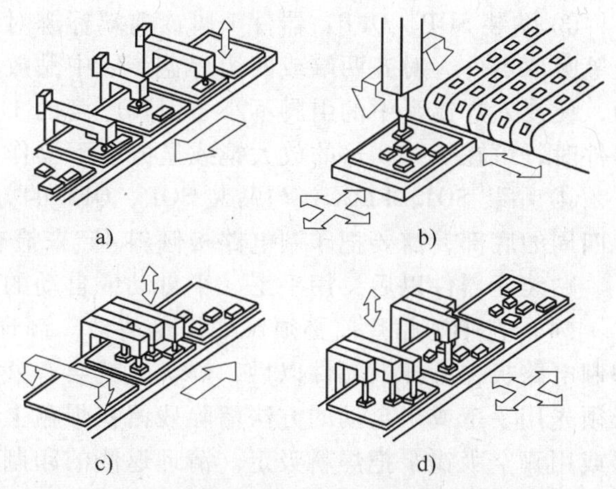

图5-17 片状元器件贴片机的类型

(3) 同时式贴片机。同时式贴片机也叫多贴装头贴片机，是指它有多个贴装头，分别从供料系统中拾取不同的元器件，同时把它们贴放到电路基板的不同位置上，如图5-17c所示。

(4) 顺序—同时式贴片机。顺序—同时式贴片机是顺序式和同时式两种机型功能的组合。片状元器件的放置位置，可以通过印制电路板在X—Y方向上的移动或贴装头在X—Y方向上的移动来实现，也可以通过两者同时移动实施控制，如图5-17d所示。

在选购贴片机时，必须考虑其贴片速度、贴片精度、重复精度、送料方式和送料容量等指标，使它既符合当前产品的要求，又能适应近期发展的需要。如果对贴片机性能有比较深入的了解，就能够在购买设备时获得更高的性能价格比。例如，要求贴装一般的片状阻容元件和小型平面集成电路，则可以选购一台多贴装头的贴片机，速度快但精度要求不高；如果还要贴装引脚密度更高的PLCC/QFP器件，就应该选购一台具有视觉识别系统的贴装精度更高的泛用贴片机和一台用来贴装片状阻容元件的普通贴片机，配合起来使用。供料系统可以根据使用的片状元器件的种类来选定，尽量采用盘状纸带式包装，以便提高贴片机的工作效率。

5.3 手工贴装SMT元器件

手工贴装SMT元器件俗称为手工贴片。除了因为条件限制需要手工贴片焊接以外，在具备自动生产设备的企业里，假如元器件是散装的或有引脚变形的情况，也可以进行手工贴片，作为机器贴装的补充手段。

(1) 手工贴片之前需要先在电路板的焊接部位涂抹助焊剂和焊锡膏。可以用刷子把助焊剂直接刷涂到焊盘上，同时采用简易印刷工装手工印刷焊锡膏或手动滴涂焊锡膏。

(2) 采用手工贴片工具贴放SMT元器件。手工贴片的工具有不锈钢镊子、吸笔、3～5倍台式放大镜或5～20倍立体显微镜、防静电工作台和防静电腕带。

(3) 手工贴片的操作方法。

① 贴装SMC片状元件：用镊子夹持元件，把元件焊端对齐两端焊盘，居中贴放在焊锡膏上，用镊子轻轻按压，使焊端浸入焊锡膏。

② 贴装SOT：用镊子夹持SOT元件体，对准方向，对齐焊盘，居中贴放在焊锡膏上，确认后用镊子轻轻按压元件体，使浸入焊锡膏中的引脚不小于引脚厚度的1/2。

③ 贴装SOP、QFP：器件1脚或前端标志对准印制电路板上的定位标志，用镊子夹持或吸笔吸取器件，对齐两端或四边焊盘，居中贴放在焊锡膏上，用镊子轻轻按压器件封装的顶面，使浸入焊锡膏中的引脚不小于引脚厚度的1/2。贴装引脚间距为0.65mm以下的窄间距器件时，可在3～20倍的放大镜或显微镜下操作。

④ 贴装SOJ、PLCC：与贴装SOP、QFP的方法相同，只是由于SOJ、PLCC的引脚在器件四周的底部，需要把印制电路板倾斜45°来检查芯片是否对中、引脚是否与焊盘对齐。

贴装元器件以后，用手工、半自动或自动的方法进行焊接。

(4) 在手工贴片前必须保证焊盘清洁。新印制电路板上的焊盘都比较干净，但返修的印制电路板在拆掉旧元件以后，焊盘上就会有残留的焊料。贴换元器件到返修位置上之前，必须先用手工或半自动的方法清除残留在焊盘上的焊料，如使用电烙铁、吸锡线、手动吸锡器或用真空吸锡泵把焊料吸走。清理返修的印制电路板时要特别小心，在组装密度越来越大的情况下，操作比较困难并且容易损坏其他元器件及印制电路板。

5.4 SMT贴片胶涂敷工艺

SMT技术需要在焊接前把元器件贴装到印制电路板上。如果采用再流焊工艺流程进行焊接，依靠焊锡膏就能够把元器件粘贴在印制电路板上然后传递到焊接工序。但对于采用波峰焊工艺焊接双面混合装配、双面分别装配的印制电路板来说，由于元器件在焊接过程中位于印制电路板的下方，所以在贴片时必须用粘接剂将其固定。

本节介绍贴片胶的涂敷方法、涂敷贴片胶的技术要求以及使用贴片胶的注意事项。

5.4.1 贴片胶的涂敷

1. 贴片胶的涂敷方法

把贴片胶涂敷到印制电路板上的工艺俗称为“点胶”。常用的方法有点滴法、注射法和印刷法。

（1）点滴法。这种方法是用针头从容器里蘸取一滴贴片胶，把它点涂到电路基板的焊盘之间或元器件的焊端之间。点滴法只能手工操作，效率很低，要求操作者非常细心，因为贴片胶的量不容易掌握，还要特别注意避免涂到元器件的焊盘上导致焊接不良。

（2）注射法。注射法既可以手工操作，又能够使用设备自动完成。手工注射贴片胶，是把贴片胶装入注射器，靠手的推力把一定量的贴片胶从针管中挤出来。有经验的操作者可以准确地掌握注射到印制电路板上的胶量，取得很好的效果。使用设备时，在贴片胶装入注射器后，应排空注射器中的空气，避免胶量大小不匀甚至空点。

大批量生产中使用的由计算机控制的点胶机工作原理示意图如图 5-18 所示。图 5-18a 是根据元器件在印制电路板上的位置，通过针管组成的注射器阵列，靠压缩空气把贴片胶从容器中挤出来，胶量由针管的大小、加压的时间和压力决定。图 5-18b 是把贴片胶直接涂到被贴装头吸住的元器件下面，再把元器件贴装到印制电路板指定的位置上。

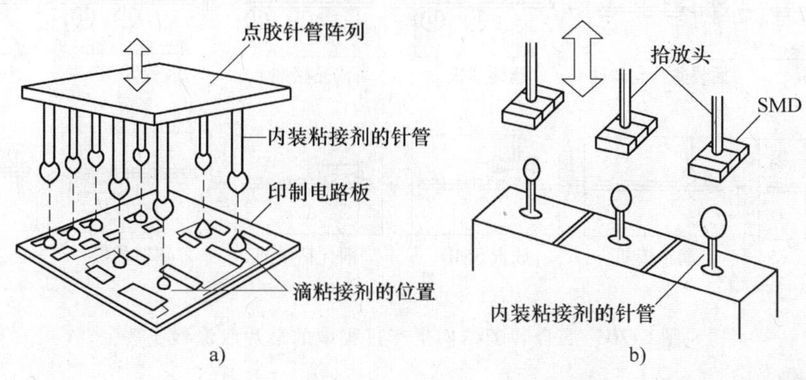

图 5-18　自动点胶机的工作原理示意图

点胶机的功能可以用 SMT 自动贴片机来实现：把贴片机的贴装头换成内装贴片胶的点胶针管，在计算机程序的控制下把贴片胶高速逐一点涂到印制电路板的焊盘上，图 5-19 是高速点胶机在工作时的照片。

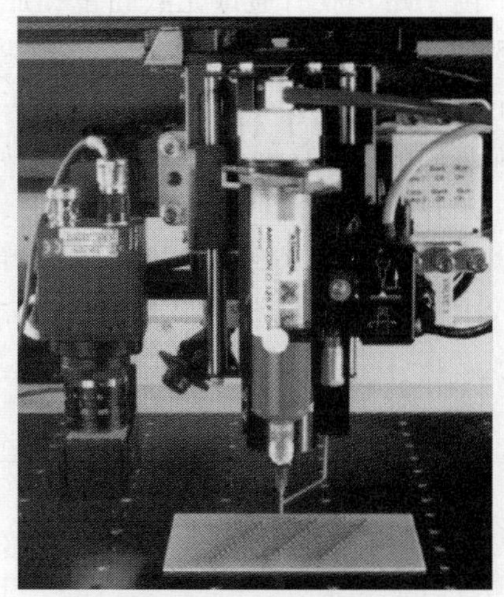

图 5-19　高速点胶机

（3）贴片胶印刷法。用漏印的方法把贴片胶印刷到电路基板上，这是一种成本低、效率高的方法，特别适用于元器件密度不太高、生产批量比较大的情况，和印刷焊锡膏一样，可以使用不锈钢薄板或薄铜板制作的模板或采用丝网来漏印贴片胶。

需要注意的关键是，印制电路板在印刷机上必须准确定位，保证贴片胶涂敷到指定的位置上，要特别注意避免贴片胶污染焊接面，影响焊接效果。

2. 贴片胶的固化

在涂敷贴片胶的位置贴装元器件以后，需要固化贴片胶，把元器件固定在电路板上。固化贴片胶可以采用多种方法，比较典型的方法有 3 种。

① 用电热烘箱或红外线辐射，对贴装了器件的电路板加热一定时间。

② 在粘接剂中混合添加一种硬化剂，使粘接了元器件的贴片胶在室温中固化，也可以通过提高环境温度加速固化。

③ 采用紫外线辐射固化贴片胶。

5.4.2 贴片胶的涂敷工序及技术要求

1. 装配流程中的贴片胶涂敷工序

在元器件混合装配结构的电路板生产中，涂敷贴片胶是重要的工序之一，它与前后工序的关系如图 5-20 所示，其中，图 5-20a 是先插装引线元器件，后贴装 SMT 元器件的方案；图 5-20b 是先贴装 SMT 元器件，后插装引线元器件的方案。在这两个方案中，后者更适合用于自动生产线进行大批量生产。

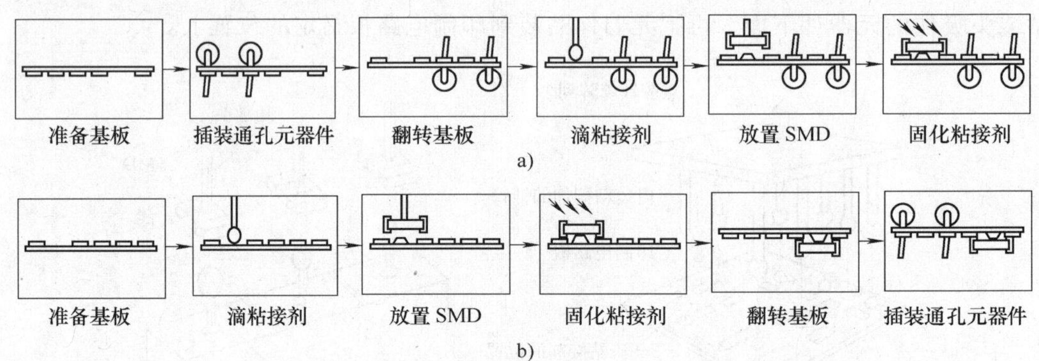

图 5-20 混合装配结构生产过程中的贴片胶涂敷工序

2. 涂敷贴片胶的技术要求

由于贴片胶有通过光照固化和加热固化两种不同类型，因此涂敷技术要求也不相同，如图 5-21 所示。图 5-21a 表示光固型贴片胶的涂敷位置，由图可见贴片胶至少应该从元器件的下面露出一半，才能被光照射而实现固化；图 5-21b 是热固型贴片胶的涂敷位置，因为采用加热固化的方法，所以贴片胶可以完全被元器件覆盖。

贴片胶滴的大小和胶量，要根据元器件的尺寸和重量来确定，以保证足够的粘结强度为准：小型元器件下面一般只点涂一滴贴片胶，体积大的元器件下面可以点涂多个胶滴或一个比较大的胶滴，如图 5-22 所示。胶滴的高度应该保证贴装元器件以后能接触到元器件的底

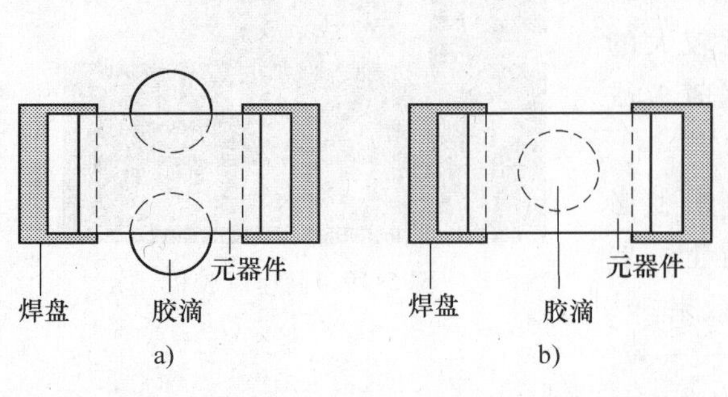

图 5-21 贴片胶的点涂位置

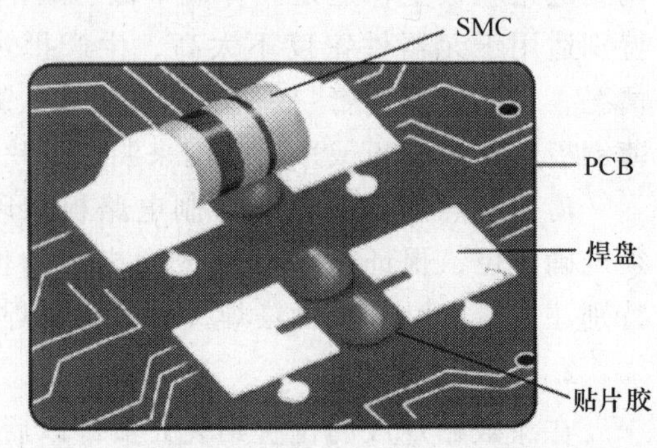

图 5-22 贴片胶滴的大小和胶量

部，胶滴也不能太大。要特别注意贴装元器件后不要把胶挤压到元器件的焊端和印制板的焊盘上，造成妨碍焊接的污染。

5.4.3 使用贴片胶的注意事项

（1）储存。购回的贴片胶应放于低温环境中（0℃）储存，并做好登记工作，注意生产日期和使用寿命（大批进货应检验合格再入库）。

（2）使用。使用时应注意贴片胶的型号和粘度，根据当前产品的要求，并在室温下恢复2~3h（大包装应有4h）方可投入使用，使用时注意跟踪首件产品，实际观察新换上的贴片胶各方面的性能。

需要分装的，应该用清洁的注射管灌装，灌装不超过2/3体积并进行脱气泡处理。不要将不同型号、不同厂家的胶互相混用，更换品种时，一切与胶接触的工具都应彻底清洗干净。

在使用时应注意胶点直径的检查，一般可在PCB的工艺边处设1~2个测试胶点，必要时可贴放0805元器件并观察固化前后胶点直径的变化，对使用的贴片胶品质真正做到心中有数。点好胶的PCB应及时贴片并固化，遇到特殊情况应暂停点胶，以防PCB上胶点吸收空气中水汽与尘埃，导致贴片质量的下降。

（3）清洗。在生产中，特别是更换胶种或长时间使用后都应清洗注射筒等工具，尤其是针嘴。通常应将针嘴等小型物品分类处理，金属针嘴应浸泡在广口瓶中，瓶内放专用清洗液（可由供应商提供）或丙酮、甲苯及其混合物并不断摇摆，均可达到良好的清洗效果。注射筒等也可浸泡后用毛刷并配合压缩空气、无纤维纸布清洗干净。无水乙醇对未固化的胶也有良好的清洗能力，且对环境无污染。

（4）返修。对需要返修的元器件（已固化）可用热风枪均匀地加热元器件，如已焊接好元器件还要增加温度使焊接点也能熔化，并及时用镊子取下元器件，大型的IC需要到维修站加热，去除元器件后仍应在热风枪配合下用小刀慢慢铲除残胶，操作时千万不要将PCB铜条破坏。需要时再重新点胶，用热风枪局部固化（应保证加热温度和时间）。返修是件很麻烦的工作，应小心处理。

5.4.4 点胶工艺中常见的缺陷与解决方法

1. 拉丝/拖尾

（1）拉丝/拖尾是点胶中常见的缺陷，产生的原因常见有胶嘴内径太小、点胶压力太高、胶嘴离PCB的间距太大、贴片胶过期或品质不好、贴片胶粘度太高、从电冰箱中取出后未能恢复到室温、点胶量太大等。

（2）解决方法：改换内径较大的胶嘴；降低点胶压力；调节“止动”高度；换胶，选择合适粘度的胶种；贴片胶从电冰箱中取出后应恢复到室温（约4h）再投入生产；调整点胶量。

2. 胶嘴堵塞

（1）故障现象是胶嘴出胶量偏少或没有胶点出来。产生原因一般是针孔内未完全清洗干净；贴片胶中混入杂质，有堵孔现象；不相溶的胶水相混合。

（2）解决方法：换清洁的针头；换质量好的贴片胶；贴片胶牌号不应搞错。

3. 空打

（1）现象是只有点胶动作，却无出胶量。产生原因是贴片胶混入气泡；胶嘴堵塞。

（2）解决方法：注射筒中的胶应进行脱气泡处理（特别是自己装的胶）；更换胶嘴。

4. 元器件移位

（1）现象是贴片胶固化后元器件移位，严重时元器件引脚不在焊盘上。产生原因是贴片胶出胶量不均匀，例如片式元器件两点胶水中一个多一个少；贴片时元器件移位或贴片胶初粘力低；点胶后 PCB 放置时间太长胶水半固化。

（2）解决方法：检查胶嘴是否有堵塞，排除出胶不均匀现象：调整贴片机工作状态；换胶水；点胶后 PCB 放置时间不应太长（短于 4h）。

5. 波峰焊时掉片

（1）现象是固化后元器件粘结强度不够，低于规定值，有时用手触摸会出现掉片。产生原因是因为固化工艺参数不到位，特别是温度不够，元器件尺寸过大，吸热量大；光固化灯老化；胶水量不够；元器件/PCB 有污染。

（2）解决办法：调整固化曲线，特别是提高固化温度，通常热固化胶的峰值固化温度为 150℃左右，达不到峰值温度易引起掉片。对光固胶来说，应观察光固化灯是否老化，灯管是否有发黑现象；胶水的数量和元器件/PCB 是否有污染都是应该考虑的问题。

6. 固化后元器件引脚上浮/移位

（1）这种故障的现象是固化后元器件引脚浮起来或移位，波峰焊后锡料会进入焊盘下，严重时会出现短路、开路，如图 5-23 所示。产生原因主要是贴片胶不均匀、贴片胶量过多或贴片时元器件偏移。

（2）解决办法：调整点胶工艺参数；控制点胶量；调整贴片工艺参数。

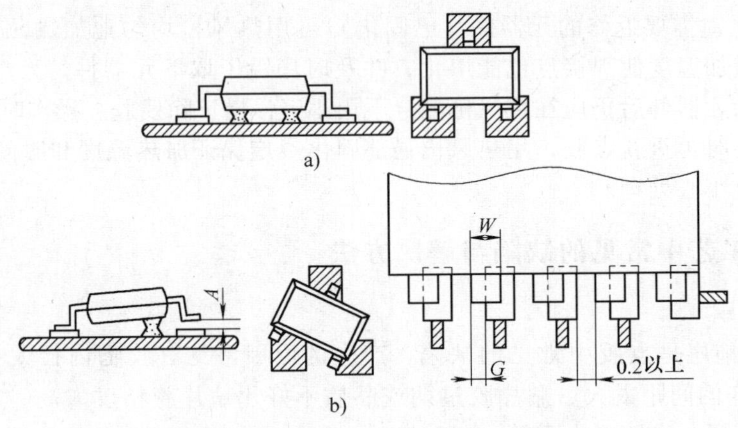

图 5-23　固化后元器件引脚上浮/移位

a）固化后正确的形态　b）引脚上浮/移位

5.5　焊锡膏印刷与贴片质量分析

5.5.1　焊锡膏印刷质量分析

由焊锡膏印刷不良导致的品质问题常见有以下几种。

① 焊锡膏不足（局部缺少甚至整体缺少）将导致焊接后元器件焊点锡量不足、元器件

开路、元器件偏位及元器件竖立。

② 焊锡膏粘连将导致焊接后电路短接、元器件偏位。

③ 焊锡膏印刷整体偏位将导致整板元器件焊接不良，如少锡、开路、偏位和竖件等。

④ 焊锡膏拉尖易引起焊接后短路。

1. 导致焊锡膏不足的主要因素

① 印刷机工作时，没有及时补充添加焊锡膏。

② 焊锡膏品质异常，其中混有硬块等异物。

③ 以前未用完的焊锡膏已经过期，被二次使用。

④ 印制电路板质量问题，焊盘上有不显眼的覆盖物，例如被印到焊盘上的阻焊剂（绿油）。

⑤ 印制电路板在印刷机内的固定夹持松动。

⑥ 焊锡膏漏印网板（或漏印模板，下同）薄厚不均匀。

⑦ 焊锡膏漏印网板或印制电路板上有污染物（如 PCB 包装物、网板擦拭纸和环境空气中漂浮的异物等）。

⑧ 焊锡膏刮刀损坏、网板损坏。

⑨ 焊锡膏刮刀的压力、角度、速度以及脱模速度等设备参数设置不合适。

⑩ 焊锡膏印刷完成后，因为人为因素不慎被碰掉。

2. 导致焊锡膏粘连的主要因素

① 印制电路板的设计缺陷，焊盘间距过小。

② 网板问题，镂孔位置不正。

③ 网板未擦拭洁净。

④ 网板问题使焊锡膏脱模不良。

⑤ 焊锡膏性能不良，粘度、坍塌不合格。

⑥ 印制电路板在印刷机内的固定夹持松动。

⑦ 焊锡膏刮刀的压力、角度、速度以及脱模速度等设备参数设置不合适。

⑧ 焊锡膏印刷完成后，因为人为因素被挤压粘连。

3. 导致焊锡膏印刷整体偏位的主要因素

① 印制电路板上的定位基准点不清晰。

② 印制电路板上的定位基准点与网板的基准点没有对正。

③ 印制电路板在印刷机内的固定夹持松动。定位顶针不到位。

④ 印刷机的光学定位系统故障。

⑤ 焊锡膏漏印网板开孔与印制电路板的设计文件不符合。

4. 导致印刷焊锡膏拉尖的主要因素

① 焊锡膏粘度等性能参数有问题。

② 印制电路板与漏印网板分离时的脱模参数设定有问题。

③ 漏印网板镂孔的孔壁有毛刺。

5.5.2 贴片质量分析

SMT 贴片常见的品质问题有漏件、侧件、翻件、偏位及损件等。

1. 导致贴片漏件的主要因素

① 元器件供料架（feeder）送料不到位。

② 元器件吸嘴的气路堵塞、吸嘴损坏、吸嘴高度不正确。

③ 设备的真空气路故障，发生堵塞。

④ 印制电路板进货不良，产生变形。

⑤ 印制电路板的焊盘上没有焊锡膏或焊锡膏过少。

⑥ 元器件质量问题，同一品种的厚度不一致。

⑦ 贴片机调用程序有错漏，或者编程时对元器件厚度参数的选择有误。

⑧ 人为因素不慎碰掉。

2. 导致 SMC 电阻器贴片时翻件、侧件的主要因素

① 元器件供料架（feeder）送料异常。

② 贴装头的吸嘴高度不对。

③ 贴装头抓料的高度不对。

④ 元器件编带的装料孔尺寸过大，元器件因振动翻转。

⑤ 散料放入编带时的方向弄反。

3. 导致元器件贴片偏位的主要因素

① 贴片机编程时，元器件的 $X—Y$ 轴坐标不正确。

② 贴片吸嘴原因，使吸料不稳。

4. 导致元器件贴片时损坏的主要因素

① 定位顶针过高，使印制电路板的位置过高，元器件在贴装时被挤压。

② 贴片机编程时，元器件的 Z 轴坐标不正确。

③ 贴装头的吸嘴弹簧被卡死。

5.6 思考与练习题

1. 焊锡膏印刷机按自动化程度分哪几种类型？它们的结构由哪几部分组成？
2. 说明贴片胶的涂敷方法和固化方法有哪几种。
3. 说明 SMT 装配过程中贴片胶涂敷工序在工艺流程中的位序。
4. 说明 SMT 装配过程中焊锡膏涂敷工序在工艺流程中的位序和工艺过程。
5. 衡量贴片机的 3 个重要指标是什么？
6. 请对贴片机的 4 种工作类型进行分析和对比。说明贴片机的主要结构。
7. 贴片机的适应性包含哪些内容？
8. 焊锡膏印刷中常出现的质量问题有哪些？分析导致这些质量问题的因素。
9. 请说明手工贴片元器件的操作方法。
10. 分析 SMT 贴片常见的质量问题，讨论对这些质量问题的解决方法。

第6章　表面组装焊接及清洗工艺

本章要点

- 表面组装焊接技术原理及特点
- 波峰焊与再流焊工艺
- 波峰焊设备与再流焊设备
- SMT 的手工焊接
- 焊接缺陷处理与返修工艺
- 清洗工艺及免清洗焊接

6.1　焊接原理与表面组装焊接特点

6.1.1　电子产品焊接工艺

任何复杂的电子产品都是由最基本的元器件组成。通过导线将电子元器件连接起来，就能够完成一定的电气连接，实现特定的电路功能。随着印制电路板的诞生，焊接便成了连接印制导线和元器件的主要方式，焊接技术从此在电子产品制造技术中占据一个重要的地位。以 SMT 为代表的新一代组装工艺，主要特征表现在装配焊接环节，由它引发的材料、设备和方法的改变，使电子产品的制造工艺发生了根本性革命。

焊接质量是否可靠，对整机性能指标的影响很大。一个焊点的虚焊可能会造成整机报废甚至因此发生事故。实际上，对于一个电子产品来说，通过查看它的装配结构和电路焊接质量，就可以立即判定它的性能优劣，也能够判断出生产企业的技术能力和工艺水平。

1. 现代焊接技术的分类

（1）加压焊。加压焊又分为加热与不加热两种方式。冷压焊、超声波焊等属于不加热方式；加热方式中，一种是加热到塑性，另一种是加热到局部熔化。

（2）熔焊。焊接过程中母材和焊料均熔化的焊接方式称为熔焊，如等离子焊、电子束焊和气焊等。

（3）钎焊。钎焊是指在焊接过程中母材不熔化，而焊料熔化的焊接方式。钎焊又分为软钎焊和硬钎焊。焊料熔点低于450℃为软钎焊，高于450℃则为硬钎焊。

软钎焊中最重要的一种方式是锡焊，常用的锡焊方式有手工烙铁焊、手工热风焊、浸焊、波峰焊和再流焊。

2. 锡焊原理

在电子产品制造过程中，应用最普遍、最有代表性的是锡焊。锡焊能够完成部件的机械连接，对两个金属部件起到结合、固定的作用；锡焊同时实现电气的连接，让两个金属部件电气导通，这种电气的连接是电子产品焊接作业的特征，是粘接剂所不能替代的。

除了含有大量铬、铝等元素的一些合金材料不宜采用锡焊焊接以外，其他金属材料大都可以采用锡焊焊接。锡焊方法简便，只需要使用简单的工具（如电烙铁）即可完成焊接、焊点整修、元器件拆换等工艺过程。此外，锡焊还具有成本低、容易实现自动化等优点，在电子工程技术里，它是使用最早、最广、占比例最大的焊接方法。

在电子产品生产企业里，既可以使用自动焊接设备（例如后面将要介绍的波峰焊与再流焊设备）一次完成大量的焊接，也可以由工人手持电烙铁进行简单的锡焊操作。

锡焊是将焊件和焊料共同加热到锡焊温度，在焊件不熔化的情况下，焊料熔化并润湿焊接面，形成焊件的连接。其主要特征有以下 3 点。

- 焊料熔点低于焊件。
- 焊接时将焊料与焊件共同加热到锡焊温度，焊料熔化而焊件不熔化。
- 焊接的形成依靠熔化状态的焊料润湿焊接面，由毛细作用使焊料进入焊件的间隙，依靠二者原子的扩散，形成一个合金层，从而实现焊件的结合。

（1）润湿（wetting）。焊接的物理基础是“润湿”。润湿是指液体在与固体的接触面上摊开，充分铺展接触。锡焊的过程，就是通过加热，让铅锡焊料在焊接面上熔化、流动、润湿，使铅锡原子渗透到铜母材（导线、焊盘）的表面内，并在两者的接触面上形成 Cu_6—Sn_5 的脆性合金层。

在焊接过程中，焊料和母材接触点处的界面与焊料熔化后焊料表面切线之间的夹角叫做润湿角，图 6-1 中的 θ。在图 6-1a 中，$\theta > 90°$，焊料与母材没有润湿，不能形成良好的焊点；在图 6-1b 中，$\theta < 90°$，焊料与母材润湿，能够形成良好的焊点。仔细观察焊点的润湿角，就能判断焊点的质量。

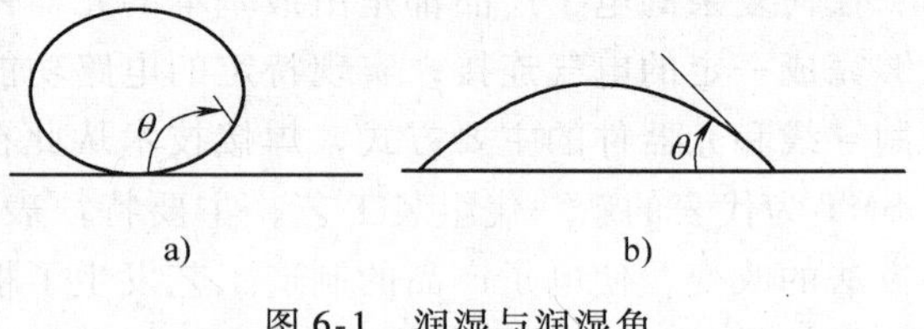

图 6-1　润湿与润湿角

显然，如果焊接面上有阻隔润湿的污垢或氧化层，不能生成两种金属材料的合金层，或者温度不够高使焊料没有充分熔化，都不能使焊料润湿。

（2）锡焊的条件。进行锡焊，必须具备以下条件。

① 焊件必须具有良好的可焊性。所谓可焊性是指在适当温度下，被焊金属材料与焊锡能形成良好结合的合金的性能。并不是所有的金属都具有好的可焊性，有些金属如铬、钼、钨等的可焊性就非常差；有些金属的可焊性比较好，如紫铜、黄铜等。在焊接时，由于高温使金属表面产生氧化膜，会影响材料的可焊性。为了提高可焊性，可以采用表面镀锡、镀银等措施来防止材料表面的氧化。

② 焊件表面必须保持清洁与干燥。为了使焊锡和焊件达到良好的结合，焊接表面一定要保持清洁与干燥。即使是可焊性良好的焊件，由于储存或被污染，都可能在焊件表面产生对润湿有害的氧化膜和油污，在焊接前务必把污垢和氧化膜清除干净，否则无法保证焊接质量。金属表面轻微的氧化，可以通过助焊剂作用来清除；氧化程度严重的金属表面，则必须采用机械或化学方法清除，例如进行刮除或酸洗等；当储存和加工环境湿度较大，或焊件表面有水迹时，就要对焊件进行烘干处理，否则会造成焊点润湿不良。

③ 要使用合适的助焊剂。助焊剂也叫焊剂，其作用是清除焊件表面的氧化膜。不同的焊接工艺，应该选择不同的助焊剂，如镍铬合金、不锈钢和铝等材料，没有专用的特殊助焊

剂是很难实施锡焊的。通常采用以松香为主的助焊剂。

④ 焊件要加热到适当的温度。焊接时，热能的作用是熔化焊锡和加热焊接对象，使锡、铅原子获得足够的能量渗透到被焊金属表面的晶格中而形成合金。焊接温度过低，对焊料原子渗透不利，无法形成合金，极易形成虚焊；焊接温度过高，会使焊料处于非共晶状态，加速助焊剂分解和挥发，使焊料品质下降，严重时还会导致 PCB 的焊盘脱落或被焊接的元器件损坏。

需要强调的是，不但焊锡要加热到熔化，而且应该同时将焊件加热到能够熔化焊锡的温度。

⑤ 合适的焊接时间。焊接时间是指在焊接全过程中，进行物理和化学变化所需要的时间。它包括被焊金属达到焊接温度的时间、焊锡的熔化时间、助焊剂发挥作用及生成金属合金的时间。当焊接温度确定后，就应根据被焊件的形状、性质、特点等来确定合适的焊接时间。焊接时间过长，容易损坏元器件或焊接部位；过短，则达不到焊接要求。对于电子元器件的焊接，除了特殊焊点以外，一般每个焊点加热焊接一次的时间不超过 2 s。

6.1.2 SMT 的焊接技术特点

焊接是表面组装技术中的主要工艺技术之一。在一块 SMA（表面组装组件）上少则有几十个，多则有成千上万个焊点，一个焊点不良就会导致整个产品失效。所以焊接质量是 SMA 可靠性的关键，它直接影响电子装备的性能可靠性和经济效益。焊接质量取决于所用的焊接方法、焊接材料、焊接工艺技术和焊接设备。

根据熔融焊料的供给方式，在 SMT 中采用的软钎焊技术主要有波峰焊和再流焊。一般情况下，波峰焊用于混合组装（既有 THT 元器件，也有 SMC/SMD）方式，再流焊用于全表面组装方式。波峰焊是通孔插装技术中使用的传统焊接工艺技术，根据波峰的形状不同有单波峰焊、双波峰焊等形式之分。根据提供热源的方式不同，再流焊有传导、对流、红外、激光和气相等方式。表 6-1 比较了在 SMT 中使用的各种软钎焊方法。

表 6-1 SMT 焊接方法及其特性

焊接方法		初始投资	操作费用	生产量	温度稳定性	适应性				
						温度曲线	双面装配	工装适应性	温度敏感元件	焊接误差率
再流焊接	传导	低	低	中高	好	极好	不能	差	影响小	很低
	对流	高	高	高	好	缓慢	不能	好	有损坏危险	很低
	红外	低	低	中	取决于吸收	尚可	能	好	要求屏蔽	注①
	激光	高	中	低	要求精确控制	要求试验	能	很好	极好	低
	气相	中	高	中高	极好	注②	能	很好	有损坏危险	中等
波峰焊接		高	高	高	好	难建立	注③	不好	有损坏危险	高

① 焊接时适当固定和夹紧 PCB 后，焊接误差率低。

② 改变温度停顿时容易，不停顿时改变温度困难。

③ 一面插装普通元件，SMC 装在另一面。

波峰焊与再流焊之间的基本区别在于热源与钎料的供给方式不同。在波峰焊中，钎料波峰有两个作用：一是供热，二是提供钎料。在再流焊中，热是由再流焊炉自身的加热机理决定的，焊锡膏由专用的设备以确定的量先行涂覆。波峰焊技术与再流焊技术是 PCB 上进行大批量焊接元器件的主要方式。就目前而言，再流焊技术与设备是 SMT 组装厂商组装 SMD/SMC 的主选技术与设备，但波峰焊仍不失为一种高效自动化、高产量、可在生产线上串联的焊接技术。因此，在今后相当长的一段时间内，波峰焊技术与再流焊技术仍然是电子组装的首选焊接技术。

由于 SMC/SMD 的微型化和 SMA 的高密度化，SMA 上元器件之间和元器件与 PCB 之间的间隔很小，因此，表面组装元器件的焊接与 THT 元器件的焊接相比，主要有以下几个特点。

（1）元器件本身受热冲击大。

（2）要求形成微细化的焊接连接。

（3）由于表面组装元器件的电极或引线的形状、结构和材料种类繁多（如图 6-2 所示），因此要求对各种类型的电极或引线都能进行焊接。

（4）要求表面组装元器件与 PCB 上焊盘图形的接合强度和可靠性高。

所以，SMT 与 THT 相比，对焊接技术提出了更高的要求。然而，这并不是说获得高可靠性的 SMA 是困难的，事实上，只要对 SMA 进行正确设计和执行严格的组装工艺，其中包括严格的焊接工艺，SMA 的可靠性甚至会比通孔插装组件的可靠性更高。关键在于根据不同情况正确选择焊接技术、方法和设备，严格控制焊接工艺。

除了波峰焊接和再流焊接技术之外，为了确保 SMA 的可靠性，对于一些热敏感性强的 SMD 常采用局部加热方式进行焊接。

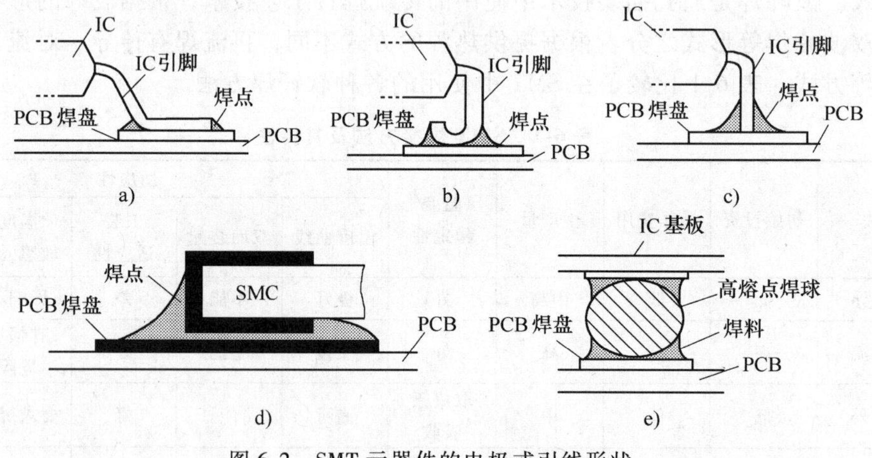

图 6-2　SMT 元器件的电极或引线形状

a）翼形引脚　b）J 形引脚　c）I 形引脚　d）无引脚焊点　e）BGA 引脚

6.2　表面组装的自动焊接技术

在工业化生产过程中，THT 工艺常用的自动焊接设备是浸焊机和波峰焊机，从焊接技术上说，这类焊接属于流动焊接，是熔融流动的液态焊料和焊件对象做相对运动，实现润湿而完成焊接。

再流焊接使用膏状焊料，通过模板漏印或点滴的方法涂敷在印制电路板的焊盘上，贴上元器件后经过加热，焊料熔化再次流动，润湿焊接对象，冷却后形成焊点。焊接 SMT 印制电路板，也可以使用波峰焊。采用波峰焊所用的贴片胶和采用再流焊所用的焊锡膏是 SMT 特有的工艺材料。SMT 焊接工艺的典型设备是再流焊炉以及焊锡膏印刷机、贴片机等组成的焊接流水线。

自动焊接还要用到助焊剂自动涂敷设备、清洗设备等其他辅助装置，SMT 自动焊接的一般工艺流程如下：PCB、SMC/SMD 准备→元器件安装→涂敷助焊剂→预热→焊接→冷却→清洗。

在自动生产线上的整个生产过程，都是通过传送装置连续进行的。在浸焊和波峰焊工艺中，涂敷助焊剂一般采用喷涂法或发泡法，即用气泵将助焊剂溶液雾化或泡沫化后均匀地喷涂或蘸敷在印制电路板上；预热（可以是热风加热，也可以用红外线加热），是在印制电路板进入焊锡槽前的加热工序，可以使助焊剂干燥并达到活化点；冷却一般采用风扇强迫降温。

6.2.1 浸焊

浸焊是最早应用在电子产品批量生产中的焊接方法，普通浸焊设备的焊锡槽如图 6-3a 所示，图 6-3b 是一种改进型的半自动浸焊机。

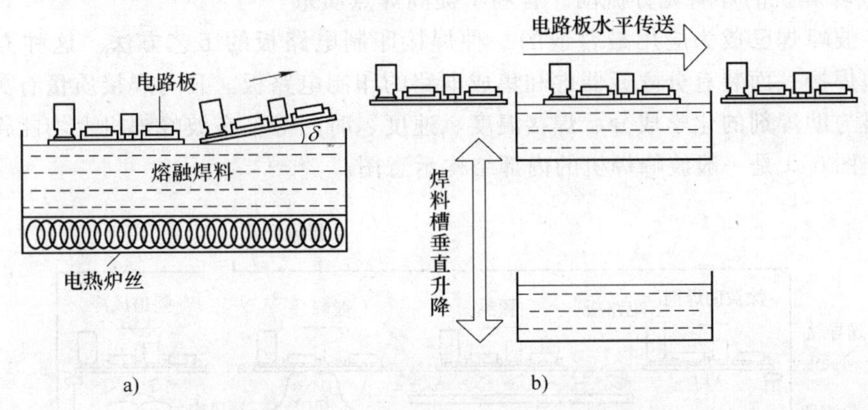

图 6-3 浸焊设备的工作原理示意图

a）普通浸焊设备 b）半自动浸焊机

浸焊设备的工作原理是让插好元器件的印制电路板水平接触熔融的铅锡焊料，使整块电路板上的全部元器件同时完成焊接。印制电路板上的导线以及不需要焊接的焊点和部位，要用特制的阻焊膜覆盖（或胶布贴住），防止不应该焊接的部位（如印制电路板的插头）挂上焊锡。

浸焊的优点是结构简单，由温度、时间与浸入深度 3 个因素控制焊料，只要使印制电路板设计、焊盘引脚可焊性和工艺参数控制几方面配合得当，就能保证焊接质量。

浸焊的缺点是在空气的作用下，焊料槽内的熔融焊料容易形成漂浮在表面的氧化残渣，不及时刮除残渣会严重影响焊点质量。另外，印制电路板在浸入焊料时，还会因为热冲击大而翘曲变形。因此，在 SMT 技术中，一般是不采用浸焊工艺的。

6.2.2 波峰焊

1. 波峰焊机结构及其工作原理

波峰焊机是在浸焊机的基础上发展起来的自动焊接设备，两者最主要的区别在于设备的焊锡槽。波峰焊是利用焊锡槽内的机械式或电磁式离心泵，将熔融焊料压向喷嘴，形成一股向上平稳喷涌的焊料波峰并源源不断地从喷嘴中溢出。装有元器件的印制电路板以平面直线匀速运动的方式通过焊料波峰，在焊接面上形成润湿焊点而完成焊接。图6-4是波峰焊机的焊锡槽示意图。

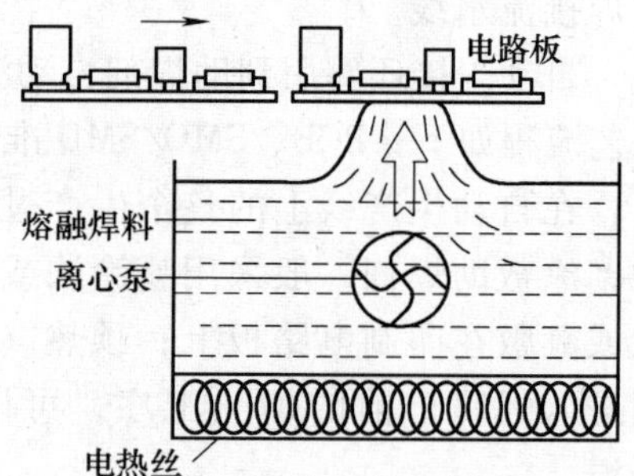

图6-4 波峰焊机的焊锡槽示意图

与浸焊机相比，波峰焊设备具有如下优点。

(1) 熔融焊料的表面漂浮一层抗氧化剂隔离空气，只有焊料波峰暴露在空气中，减少了氧化的机会，可以减少氧化渣带来的焊料浪费。

(2) 印制电路板接触高温焊料时间短，可以减轻印制电路板的翘曲变形。

(3) 浸焊机内的焊料相对静止，焊料中不同密度的金属会产生分层现象（下层富铅而上层富锡）。波峰焊机在焊料泵的作用下，整槽熔融焊料循环流动，使焊料成分均匀一致。

(4) 波峰焊机的焊料充分流动，有利于提高焊点质量。

现在，波峰焊已成为应用最普遍的一种焊接印制电路板的工艺方法。这种方法适宜成批、大量地焊接一面装有分立元器件和集成电路的印制电路板。凡与焊接质量有关的重要因素，如焊料与助焊剂的化学成分、焊接温度、速度、时间等，在波峰焊机上均能得到比较完善的控制。图6-5是一般波峰焊机的内部结构示意图。

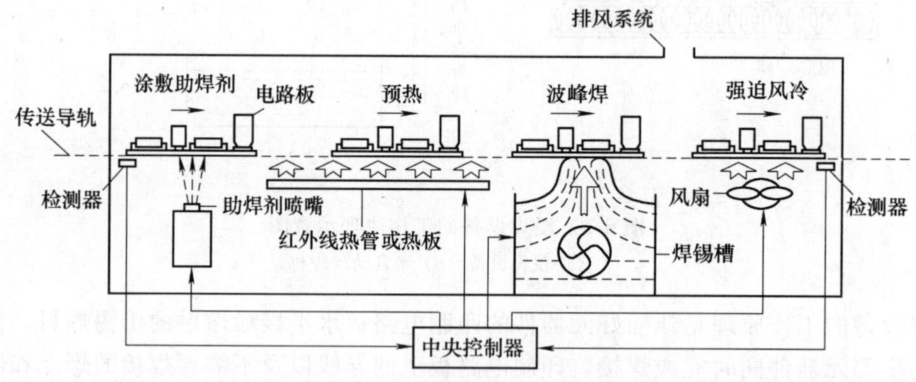

图6-5 波峰焊机的内部结构示意图

在波峰焊机内部，焊锡槽被加热使焊锡熔融，机械泵根据焊接要求工作，使液态焊锡从喷口涌出，形成特定形态的、连续不断的锡波；已经完成插件工序的电路板放在导轨上，以匀速直线运动的形式向前移动，顺序经过涂敷助焊剂和预热工序，进入焊锡槽上部，电路板的焊接面在通过焊锡波峰时进行焊接。然后，焊接面经冷却后完成焊接过程，被送出焊接区。冷却方式大都为强迫风冷，正确的冷却温度与时间，有利于改进焊点的外观与可靠性。

助焊剂喷嘴既可以实现连续喷涂，也可以被设置成检测到有印制电路板通过时才进行喷涂的经济模式；预热装置由热管组成，印制电路板在焊接前被预热，可以减小温差、避免热冲击。预热温度在90℃～120℃，预热时间必须控制得当，预热使助焊剂干燥（蒸发掉其中的水分）并处于活化状态。焊料熔液在焊锡槽内始终处于流动状态，使喷涌的焊料波峰表面无氧化层，由于印制电路板和波峰之间处于相对运动状态，所以助焊剂容易挥发，焊点内不会出现气泡。

为了获得良好的焊接质量，焊接前应做好充分的准备工作，如保证产品的可焊性处理（预镀锡）等；焊接后的清洗、检验、返修等步骤也应按规定进行操作。

图6-6是波峰焊机的外观照片。

图6-6　波峰焊机的外观照片

2. 波峰焊的工艺因素调整

在波峰焊机工作的过程中，焊料和助焊剂被不断消耗，需要经常对这些焊接材料进行检测，并根据检测结果进行必要的调整。

（1）焊料。波峰焊一般采用Sn63—Pb37的共晶焊料，熔点为183℃，Sn的质量分数应该保持在61.5%以上，并且Sn—Pb两者的质量分数比例误差不得超过±1%，主要金属杂质的质量分数最大值见表6-2。

表6-2　波峰焊焊料中主要金属杂质的质量分数最大值

金属杂质	铜 Cu	铝 Al	铁 Fe	铋 Bi	锌 Zn	锑 Sb	砷 As
质量分数最大值(‰)	0.8	0.05	0.2	1	0.02	0.2	0.5

应该根据设备的使用频率，定期检测焊料的Sn-Pb比例和主要金属杂质含量，如果不符合要求，应该更换焊料或采取其他措施。例如当Sn的质量分数低于标准时，可以添加纯Sn以保证质量分数比例。

焊料的温度与焊接时间、波峰的形状与强度决定焊接质量。焊接时，Sn-Pb焊料的温度一般设定为245℃左右，焊接时间在3s左右。

随着无铅焊料的应用以及高密度、高精度组装的要求，新型波峰焊设备需要在更高的温度下进行焊接，焊料槽部位也将实行氮气保护。

（2）助焊剂。波峰焊使用的助焊剂，要求表面张力小，扩展率大于85%；粘度小于熔融焊料，容易被置换且焊接后容易清洗。一般助焊剂的密度为0.82～0.84g/cm^3，可以用相应的溶剂来稀释调整。

假如采用免清洗助焊剂，要求密度小于0.8g/cm³，固体含量小于2.0%，不含卤化物，焊接后残留物少，不产生腐蚀作用，绝缘性好，绝缘电阻大于$1\times10^{11}\Omega$。

应该根据电子产品对清洁度和电性能的要求选择助焊剂的类型：卫星、飞机仪表、潜艇通信和微弱信号测量仪器等军用、航空航天产品或生命保障类医疗装置，必须采用免清洗助焊剂（若采用清洗型助焊剂，必须考虑清洗剂与助焊剂匹配）；通信设施、工业装置、办公设备和计算机等，可以采用免清洗助焊剂，或者用清洗型助焊剂，焊接后进行清洗；一般要求不高的消费类电子产品，可以采用中等活性的松香助焊剂，焊接后不必清洗，当然也可以使用免清洗助焊剂。

应该根据设备的使用频率，每天或每周定期检测助焊剂的密度，如果不符合要求，应更换助焊剂或添加新助焊剂以保证密度符合要求。

（3）焊料添加剂。在波峰焊的焊料中，还要根据需要添加或补充一些辅料：防氧化剂可以减少高温焊接时焊料的氧化，不仅可以节约焊料，还能提高焊接质量。防氧化剂由油类与还原剂组成。要求还原能力强，在焊接温度下不会碳化。锡渣减除剂能让熔融的铅锡焊料与锡渣分离，起到防止锡渣混入焊点、节省焊料的作用。

另外，波峰焊设备的传送系统，即传送链、传送带的速度也要依据助焊剂、焊料等因素与生产规模综合选定与调整。传送链、传送带的倾斜角度在设备制造时是根据焊料波形设计的，但有时也要随产品的改变而进行微量调整。

3. 几种波峰焊机

旧式的单波峰焊机在焊接时容易发生焊料堆积、焊点短路等现象，人工修补焊点的工作量较大。并且，在采用一般的波峰焊机焊接SMT电路板时，有两个技术难点。

- 气泡遮蔽效应：在焊接过程中，助焊剂或SMT元器件的粘接剂受热分解所产生的气泡不易排出，遮蔽在焊点上，可能造成焊料无法接触焊接面而形成漏焊。
- 阴影效应：印制电路板在焊料熔液的波峰上通过时，较高的SMT元器件对它后面或相邻的较矮的SMT元器件周围的死角产生阻挡，形成阴影区，使焊料无法在焊接面上漫流而导致漏焊或焊接不良。

为克服这些SMT焊接缺陷，已经研制出许多新型或改进型的波峰焊设备，有效地排除了原有波峰焊机的缺陷，创造出空心波、组合空心波、紊乱波等新的波峰形式。以下是目前常见的新型波峰焊机。

（1）斜坡式波峰焊机。这种波峰焊机的传送导轨以一定角度的斜坡方式安装。并且斜坡的角度可以调整，如图6-7a所示。这样可以增加电路电路板焊接面与焊锡波峰接触的长度。假如印制电路板以同样速度通过波峰，等效增加了焊点润湿的时间，不仅有利于焊点内的助焊剂挥发，避免形成夹气焊点，还能让多余的焊锡流下来。

（2）高波峰焊机。高波峰焊机适用于THT元器件“长脚插焊”工艺，它的焊锡槽及其锡波喷嘴如图6-7b所示。其特点是，焊料离心泵的功率比较大，从喷嘴中喷出的锡波高度比较高，并且其高度h可以调节，保证元器件的引脚从锡波里顺利通过。一般，在高波峰焊机的后面配置剪腿机（也称为切脚机），用来剪短元器件的引脚。

（3）电磁泵喷射波峰焊机。在电磁泵喷射空心波焊接设备中，通过调节磁场与电流值，可以方便地调节特制电磁泵的压差和流量，从而调整焊接效果。这种泵控制灵活，每焊接完成一块印制电路板后，自动停止喷射，减少了焊料与空气接触的氧化作用。这种焊接设备多用在焊接贴片/插装混合组装的印制电路板中，图 6-7c 是它的原理示意图。

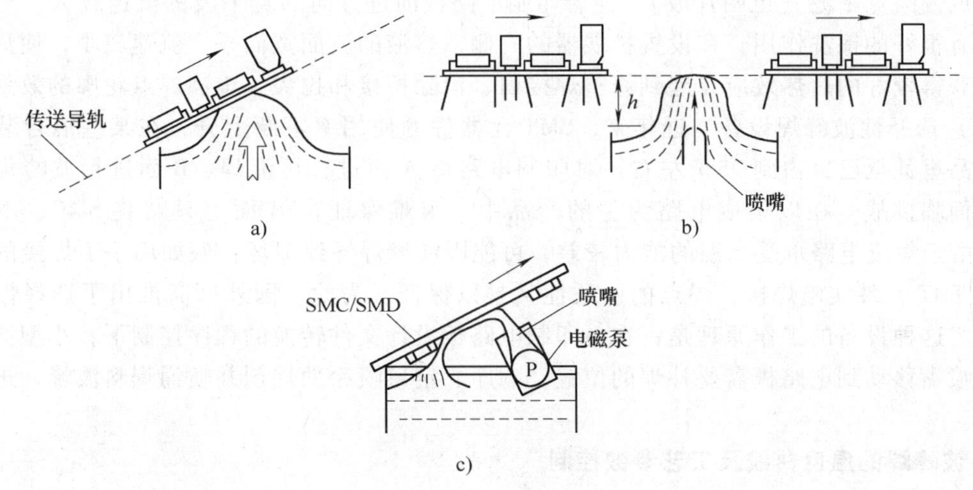

图 6-7　几种波峰焊机的特点
a）斜坡式波峰焊机　b）高波峰焊机　c）电磁泵喷射波峰焊机

（4）双波峰焊机。双波峰焊机是 SMT 时代发展起来的改进型波峰焊设备，特别适合焊接那些 THT + SMT 混合元器件的印制电路板。双波峰焊机的焊料波型如图 6-8 所示，使用这种设备焊接印制电路板时，THT 元器件要采用“短脚插焊”工艺。印制电路板的焊接面要经过两个熔融的铅锡焊料形成的波峰。这两个焊料波峰的形式不同，最常见的波形组合是“紊乱波” + “宽平波”及“空心波” + “宽平波”。焊料熔液的温度、波峰的高度和形状、印制电路板通过波峰的时间和速度这些工艺参数，都可以通过计算机伺服控制系统进行调整。

① 空心波。顾名思义，空心波的特点是在熔融铅锡焊料的喷嘴出口设置了指针形调节杆，让焊料熔液从喷嘴两边对称的窄缝中均匀地喷流出来，使两个波峰的中部形成一个空心的区域，并且两边焊料熔液喷流的方向相反。由于空心波产生的流体力学效应，它的波峰不会将元器件推离基板，相反使元器件贴向基板。空心波的波形结构，可以从不同方向消除元器件的阴影效应，有极强的填充死角、消除桥接的效果。它能够焊接 SMT 元器件和引线元器件混合装配的印制电路板，特别适合焊接极小的元器件，即使是在焊盘间距为 0.2 mm 的高密度 PCB 上，也不会产生桥接。空心波焊料熔液喷流形成的波柱薄、截面积小，使 PCB 基板与焊料熔液的接触面减小，不仅有利于助焊剂热分解气体的排放，克服了气体遮蔽效应，还减少了印制电路板吸收的热量，降低了元器件损坏的概率。

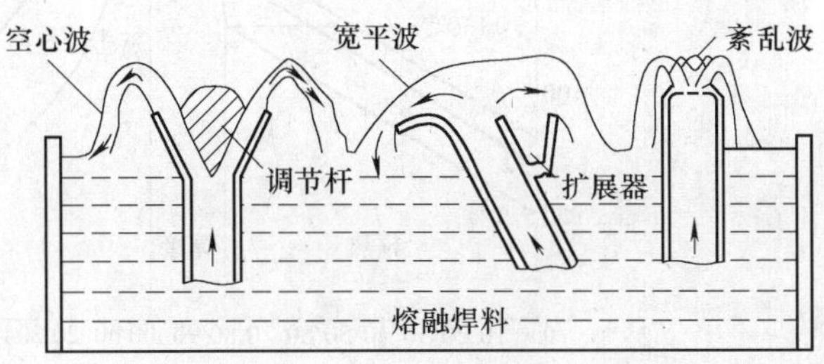

图 6-8　双波峰焊机的焊料波型

② 紊乱波。在双波峰焊接机中，用一块多孔的平板去替换空心波喷口的指针形调节杆，就可以获得由很多小的子波构成的紊乱波。看起来像平面涌泉似的紊乱波，也能很好地克服

一般波峰焊的遮蔽效应和阴影效应。

③ 宽平波。在焊料的喷嘴出口处安装了扩展器，熔融的铅锡熔液从倾斜的喷嘴喷流出来，形成偏向宽平波（也叫片波）。逆着印制电路板前进方向的宽平波的流速较大，对印制电路板有很好的擦洗作用；在设置扩展器的一侧，熔液的波面宽而平，流速较小，使焊接对象可以获得较好的后热效应，起到修整焊接面、消除桥接和拉尖、丰满焊点轮廓的效果。

（5）选择性波峰焊设备。近年来，SMT 元器件的使用率不断上升，在某些混合装配的电子产品里甚至已经占到95%左右。对印制电路板 A 面进行再流焊、B 面进行波峰焊的方案已经面临挑战。在以集成电路为主的产品中，很难保证在 B 面上只贴装 SMC、不贴装 SMD；由于集成电路承受高温的能力较差，可能因波峰焊导致损坏；假如用手工焊接的办法对少量 THT 元件实施焊接，焊点的一致性又难以保证。为此，国外厂商推出了选择性波峰焊设备。这种设备的工作原理是：在由印制电路板设计文件转换的程序控制下，小型波峰焊锡槽和喷嘴移动到电路板需要补焊的位置，顺序、定量喷涂助焊剂并喷涌焊料波峰，进行局部焊接。

4. 波峰焊的温度曲线及工艺参数控制

理想的双波峰焊的焊接温度曲线如图 6-9 所示。从图中可以看出，整个焊接过程被分为 3 个温度区域：预热、焊接、冷却。实际的焊接温度曲线可以通过对设备的控制系统编程进行调整。

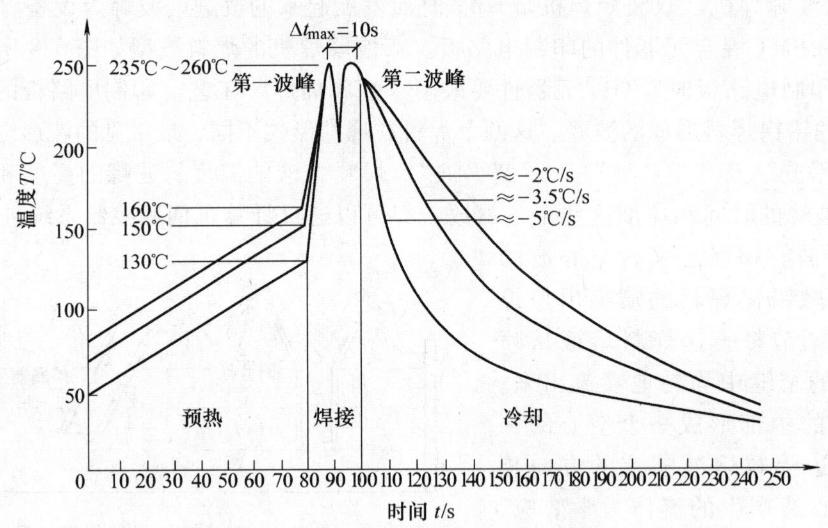

图 6-9　理想的双波峰焊的焊接温度曲线

在预热区内，印制电路板上喷涂的助焊剂中的水分和溶剂被挥发，可以减少焊接时产生气体。同时，松香和活化剂开始分解活化，去除焊接面上的氧化层和其他污染物，并且防止金属表面在高温下再次氧化。印制电路板和元器件被充分预热，可以有效地避免焊接时急剧升温产生的热应力损坏。印制电路板的预热温度及时间，要根据印制电路板的大小、厚度、元器件的尺寸和数量，以及贴装元器件的多少而确定。在 PCB 表面测量的预热温度应该在 90～130℃，多层板或贴片元器件较多时，预热温度取上限。预热时间由传送带的速度来控制。如果预热温度偏低或预热时间过短，助焊剂中的溶剂挥发不充分，焊接时就会产生气体引起气孔、锡珠等焊接缺陷；如预热温度偏高或预热时间过长，焊剂被提前分解，使焊剂失去活性，同样会引起毛刺、桥接等焊接缺陷。

为恰当控制预热温度和时间，达到最佳的预热温度，可以参考表6-3内的数据，也可以从波峰焊前涂覆在PCB底面的助焊剂是否有粘性来进行经验性判断。

表6-3 不同印制电路板在波峰焊时的预热温度

PCB类型	元器件种类	预热温度/℃
单面板	THC + SMD	90 ~ 100
双面板	THC	90 ~ 110
双面板	THC + SMD	100 ~ 110
多层板	THC	100 ~ 125
多层板	THC + SMD	110 ~ 130

焊接过程是被焊接金属表面、熔融焊料和空气等之间相互作用的复杂过程，同样必须控制好温度和时间。如果焊接温度偏低，液体焊料的粘性大，不能很好地在金属表面润湿和扩散，就容易产生拉尖、桥接、焊点表面粗糙等缺陷；如果焊接温度过高，则容易损坏元器件，还会由于助焊剂被碳化而失去活性、焊点氧化速度加快，致使焊点失去光泽、不饱满。因此，波峰表面温度一般应该在（250 ±5)℃的范围之内。

因为热量、温度是时间的函数，在一定温度下，焊点和元器件的受热量随时间而增加。波峰焊的焊接时间可以通过调整传送系统的速度来控制，传送带的速度要根据不同波峰焊机的长度、预热温度和焊接温度等因素统筹考虑，进行调整。以每个焊点接触波峰的时间来表示焊接时间，一般焊接时间约为2 ~4s。

合适的焊接温度和时间是形成良好焊点的首要条件。焊接温度和时间与预热温度、焊料波峰的温度、导轨的倾斜角度和传输速度都有关系。双波峰焊的第一波峰一般调整温度为235℃ ~240℃，时间在1s左右；第二波峰一般设置为240 ~260℃，时间在3s左右。综合调整控制工艺参数，对提高波峰焊质量非常重要。

6.2.3 再流焊

1. 再流焊工艺概述

再流焊也称为回流焊，是英文Re-flow Soldering的直译。再流焊工艺是通过重新熔化预先分配到印制电路板焊盘上的膏装软钎焊料，实现表面组装元器件焊端或引脚与印制电路板焊盘之间机械与电气连接的软钎焊工艺。

再流焊是伴随微型化电子产品的出现而发展起来的锡焊技术，主要应用于各类表面组装元器件的焊接。这种焊接技术的焊料是焊锡膏。预先在印制电路板的焊盘上涂敷适量和适当形式的焊锡膏，再把SMT元器件贴放到相应的位置；然后让贴装好元器件的印制电路板进入再流焊设备。传送系统带动印制电路板通过设备里各个设定的温度区域，焊锡膏经过干燥、预热、熔化、润湿和冷却，将元器件焊接到印制电路板上。再流焊的核心环节是利用外部热源加热，使焊料熔化而再次流动润湿，完成印制电路板的焊接过程。

由于再流焊工艺有“再流动”及“自定位效应”的特点，使再流焊工艺对贴装精度的要求比较宽松，容易实现焊接的高度自动化与高速度。同时也正因为再流动及自定位效应的特点，再流焊工艺对焊盘设计、元器件标准化、元器件端头与印制板电路质量、焊料质量以及工艺参数的设置有更严格的要求。

再流焊操作方法简单，效率高，质量好，一致性好，节省焊料（仅在元器件的引脚下有很薄的一层焊料），是一种适合自动化生产的电子产品装配技术。再流焊工艺目前已经成为 SMT 印制电路板组装技术的主流。

图 6-10 所示是采用再流焊技术的 SMT 工艺流程。

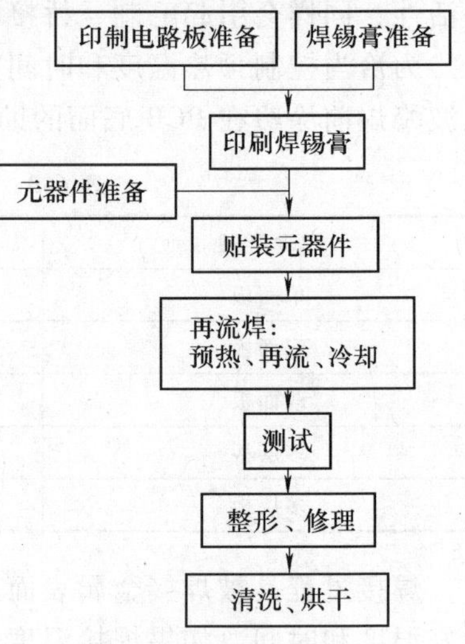

图 6-10　采用再流焊技术的 SMT 工艺流程

2. 再流焊工艺的特点

与波峰焊技术相比，再流焊工艺具有以下技术特点。

① 元器件不直接浸渍在熔融的焊料中，所以元器件受到的热冲击小（由于加热方式不同，有些情况下施加给元器件的热应力也会比较大）。

② 能在前导工序里控制焊料的施加量，减少了虚焊、桥接等焊接缺陷，所以焊接质量好，焊点的一致性好，可靠性高。

③ 假如前导工序在 PCB 上施放焊料的位置正确而贴放元器件的位置有一定偏离，在再流焊过程中，当元器件的全部焊端、引脚及其相应的焊盘同时润湿时，由于熔融焊料表面张力的作用，产生自定位效应，能够自动校正偏差，把元器件拉回到近似准确的位置。

④ 再流焊的焊料是商品化的焊锡膏，能够保证正确的组分，一般不会混入杂质。

⑤ 可以采用局部加热的热源，因此能在同一基板上采用不同的焊接方法进行焊接。

⑥ 工艺简单，返修的工作量很小。

3. 再流焊工艺的焊接温度曲线

控制与调整再流焊设备内焊接对象在加热过程中的时间—温度参数关系（常简称为焊接温度曲线），是决定再流焊效果与质量的关键。各类设备的演变与改善，其目的也是更加便于精确调整温度曲线。

再流焊的加热过程可以分成预热、焊接（再流）和冷却 3 个最基本的温度区域。主要有两种实现方法：一种是沿着传送系统的运行方向，让印制电路板顺序通过隧道式炉内的各个温度区域。另一种是把印制电路板停放在某一固定位置上，在控制系统的作用下，按照各个温度区域的梯度规律调节、控制温度的变化。温度曲线主要反映印制电路板组件的受热状态，再流焊的理想焊接温度曲线如图 6-11 所示。

典型的温度变化过程通常由 4 个温区组成，分别为预热区、保温区、再流区与冷却区。

① 预热区：焊接对象从室温逐步加热至 150℃左右的区域，缩小与再流焊过程的温差，焊锡膏中的溶剂被挥发。

② 保温区：温度维持在 150 ~ 160℃，焊锡膏中的活性剂开始作用，去除焊接对象表面的氧化层。

③ 再流区：温度逐步上升，超过焊锡膏熔点温度 30% ~ 40%（一般 Sn—Pb 焊锡的熔点为 183℃，比熔点高约 47℃ ~ 50℃），峰值温度达到 220℃ ~ 230℃的时间短于 10s，焊锡膏完全熔化并润湿元器件焊端与焊盘。这个范围一般被称为工艺窗口。

④ 冷却区：焊接对象迅速降温，形成焊点，完成焊接。

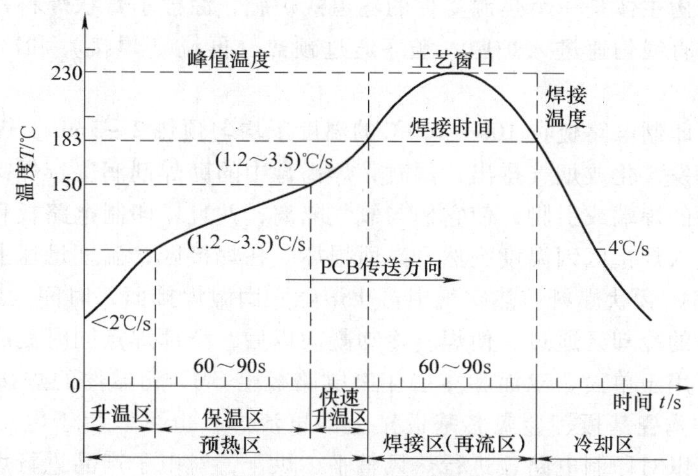

图 6-11　再流焊的理想焊接温度曲线

由于元器件的品种、大小与数量不同以及印制电路板尺寸等诸多因素的影响，要获得理想而一致的曲线并不容易，需要反复调整设备各温区的加热器，才能达到最佳温度曲线。

为调整最佳工艺参数而测定焊接温度曲线，是通过温度测试记录仪进行的，这种记录测量仪，一般由多个热电偶与记录仪组成。5～6 个热电偶分别固定在小元件、大器件、BGA 芯片内部和印制电路板边缘等位置，连接记录仪，一起随印制电路板进入炉膛，记录时间—温度参数。在炉子的出口处取出后，把参数送入计算机，用专用软件处理并描绘曲线。

4. 再流焊的工艺要求

再流焊的工艺要求有以下几点。

① 要设置合理的温度曲线。再流焊是 SMT 生产中的关键工序，假如温度曲线设置不当，会引起焊接不完全、虚焊、元件翘立（“立碑”现象）和锡珠飞溅等焊接缺陷，影响产品质量。

② SMT 印制电路板在设计时就要确定焊接方向，并应当按照设计方向进行焊接。一般，应该保证主要元器件的长轴方向与印制电路板的运行方向垂直。

③ 在焊接过程中，要严格防止传送带振动。

必须对第一块印制电路板的焊接效果进行判断，施行首件检查制。检查焊接是否完全、有无焊锡膏熔化不充分或虚焊和桥接的痕迹、焊点表面是否光亮、焊点形状是否向内凹陷、是否有锡珠飞溅和残留物等现象，还要检查 PCB 的表面颜色是否改变。在批量生产过程中，要定时检查焊接质量，及时对温度曲线进行修正。

5. 再流焊炉的主要结构和工作方式

再流焊炉主要由炉体、上下加热源、PCB 传送装置、空气循环装置、冷却装置、排风装置、温度控制装置以及计算机控制系统组成。

再流焊的核心环节是将预敷的焊料熔融、再流和润湿。再流焊对焊料加热有不同的方法，就热量的传导来说，主要有辐射和对流两种方式。按照加热区域，可以分为对 PCB 整体加热和局部加热两大类：整体加热的方法主要有红外线加热法、气相加热法、热风加热法和热板加热法；局部加热的方法主要有激光加热法、红外线聚焦加热法、热气流加热法和光束加热法。

再流焊炉的结构主体是一个热源受控的隧道式炉膛，涂敷了膏状焊料并贴装了元器件的电路板随传动机构直线匀速进入炉膛，顺序通过预热、再流（焊接）和冷却这3个基本温度区域。

在预热区内，印制电路板在100～160℃的温度下均匀预热2～3min，焊锡膏中的低沸点溶剂和抗氧化剂挥发，化成烟气排出；同时，焊锡膏中的助焊剂润湿，焊锡膏软化塌落，覆盖了焊盘和元器件的焊端或引脚，使它们与氧气隔离；并且，印制电路板和元器件得到充分预热，以免它们进入焊接区因温度突然升高而损坏。在焊接区，温度迅速上升，比焊料合金的熔点高20～50℃，膏状焊料在热空气中再次熔融，润湿焊接面，时间大约为30～90s。当焊接对象从炉膛内的冷却区通过，使焊料冷却凝固以后，全部焊点同时完成焊接。

再流焊设备可用于单面、双面和多层印制电路板上SMT元器件的焊接，以及在其他材料的电路基板（如陶瓷基板、金属芯基板）上的再流焊，也可以用于电子器件、组件和芯片的再流焊，还可以对印制电路板进行热风整平、烘干，对电子产品进行烘烤、加热或固化粘接剂。再流焊设备既能够单机操作，也可以联入电子装配生产线配套使用。

再流焊设备还可以用来焊接印制电路板的两面：先在印制电路板的A面漏印焊锡膏，粘贴SMT元器件后入炉完成焊接；然后在B面漏印焊锡膏，粘贴元器件后再次入炉焊接。这时，印制电路板的B面朝上，在正常的温度控制下完成焊接；A面朝下，受热温度较低，已经焊好的元器件不会从板上脱落下来。这种工作状态如图6-12所示。

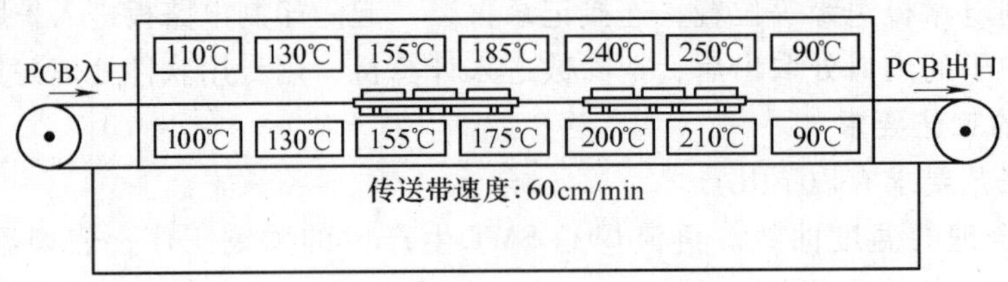

图6-12　再流焊时印制电路板两面的温度不同

6. 再流焊设备的种类与加热方法

经过多年的发展，再流焊设备的种类及加热方法取得了很大进展，目前主要有气相法、热板传导、红外辐射及热风对流等几种。近年来新开发的激光束逐点式再流焊机，可实现极其精密的焊接，但成本很高。

（1）气相再流焊。这是美国西屋公司于1974年首创的焊接方法，曾经在美国的SMT焊接中占有很高比例，其工作原理是：加热传热介质氟氯烷系溶剂，使之沸腾产生饱和蒸汽；在焊接设备内，介质的饱和蒸汽遇到温度低的待焊电路组件，转变成为相同温度下的液体，释放出汽化潜热，使膏状焊料熔融润湿，从而使印制电路板上的所有焊点同时完成焊接。这种焊接方法的介质液体需要较高的沸点（高于铅锡焊料的熔点），有良好的热稳定性，不自燃。美国3M公司配制的介质液体见表6-4。

表6-4　3M公司配制的介质液体

介质	FC-70（沸点215℃）	FC-71（沸点253℃）
用途	Sn/Pb焊料的再流焊	纯Sn焊料的再流焊
全称	$(C_5F_{11})_3N$ 全氟戊胺	

气相法的特点是整体加热，饱和蒸汽能到达设备里的每个角落，热传导均匀，可完成与产品形状无关的焊接。

气相再流焊能精确控制温度（取决于熔剂沸点），热转化效率高，焊接温度均匀、不会发生过热现象；并且蒸汽中含氧量低，焊接对象不会氧化；能获得高精度、高质量的焊点。

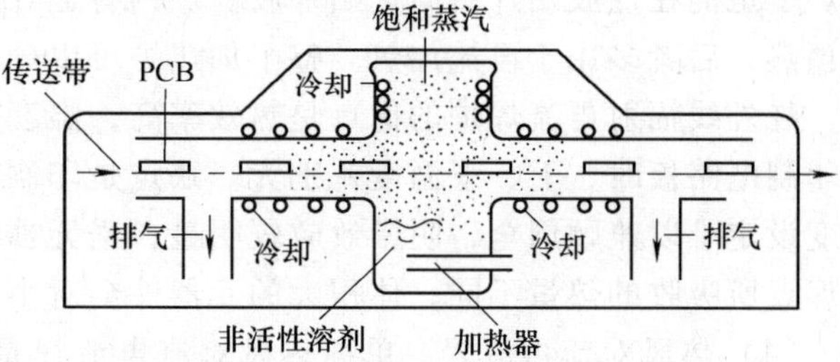

图 6-13　气相再流焊的工作原理示意图

气相再流焊的缺点是介质液体及设备的价格高，介质液体是典型的臭氧层损耗物质，在工作时会产生少量有毒的全氟异丁烯（PFIB）气体，因此在应用上受到极大限制。图 6-13 是气相再流焊设备的工作原理示意图。溶剂在加热器作用下沸腾产生饱和蒸汽，图中，印制电路板从左向右进入炉膛受热进行焊接。炉子上方与左右都有冷凝管，将蒸汽限制在炉膛内。

（2）热板传导再流焊。利用热板传导来加热的焊接方法称为热板再流焊。热板再流焊的工作原理见图 6-14。

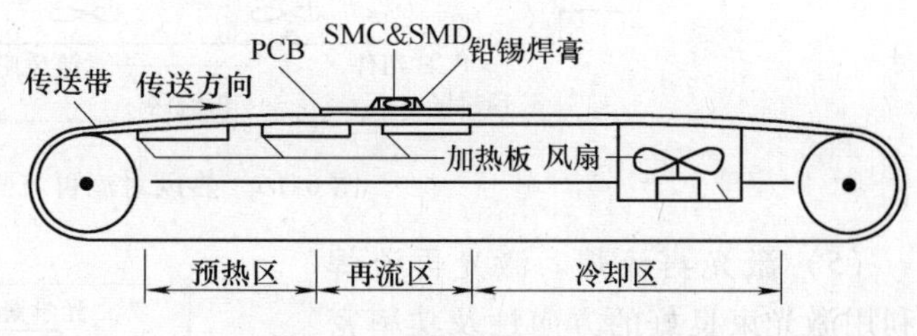

图 6-14　热板再流焊的工作原理

热板传导再流焊的发热器件为板型，放置在薄薄的传送带下，传送带由导热性能良好的聚四氟乙烯材料制成。待焊印制电路板放在传送带上，热量先传送到印制电路板上，再传至焊锡膏与表面组装元器件，焊锡膏熔化以后，再通过风冷降温，完成印制电路板焊接。这种再流焊的热板表面温度不能大于300℃，早期用于导热性好的高纯度氧化铝基板、陶瓷基板等厚膜电路单面焊接，随后也用于焊接初级 SMT 产品的单面印制电路板。其优点是结构简单，操作方便；缺点是热效率低，温度不均匀，印制电路板若导热不良或稍厚就无法适应，对普通覆铜箔印制电路板的焊接效果不好，故很快被取代。

（3）红外线辐射再流焊。这种加热方法的主要工作原理是：在设备内部，通电的陶瓷发热板（或为石英发热管）辐射出远红外线，印制电路板通过数个温区，接受辐射转化为热能，达到再流焊所需的温度，焊料润湿完成焊接，然后冷却。红外线辐射加热法是最早、最广泛使用的 SMT 焊接方法之一。其原理示意如图 6-15 所示。

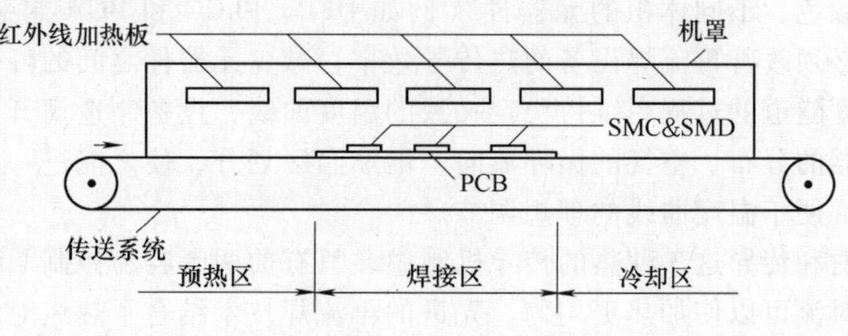

图 6-15　红外线辐射再流焊的原理示意图

红外线再流焊炉设备成本低，适用于低组装密度产品的批量生产，调节温度范围较宽的炉子也能在点胶贴片后固化贴片胶。炉内有远红外线与近红外线两种热源，一般前者多用于预热，后者多用于再流加热。整个加热炉可以分成几段温区，分别控制温度。

红外线辐射再流焊炉的优点是热效率高，温度变化梯度大，温度曲线容易控制，焊接双面印制电路板时，上、下温度差别大。缺点是印制电路板同一面上的元器件受热不够均匀，温度设定难以兼顾周全，阴影效应较明显；当元器件的封装、颜色深浅和材质差异不同时，各焊点所吸收的热量不同；体积大的元器件会对小元器件造成阴影使之受热不足。

（4）热风对流再流焊。单纯热风对流再流焊是利用加热器与风扇，使炉膛内的空气不断加热并强制循环流动，焊接对象在炉内受到炽热气体的加热而实现焊接，其工作原理见图6-16。这种再流焊设备的加热温度均匀但不够稳定，焊接对象容易氧化，印制电路板上、下的温差以及沿炉长方向的温度梯度不容易控制，一般不单独使用。

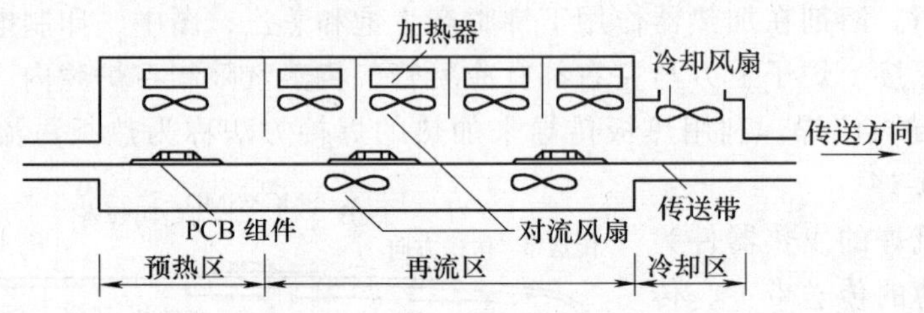

图 6-16　热风对流再流焊

（5）激光再流焊。激光再流焊是利用激光束良好的方向性及功率密度高的特点，通过光学系统将 CO_2 或 YAG 激光束聚集在很小的区域内，在很短的时间内使焊接对象形成一个局部加热区，图 6-17 是激光加热再流焊的工作原理示意图。

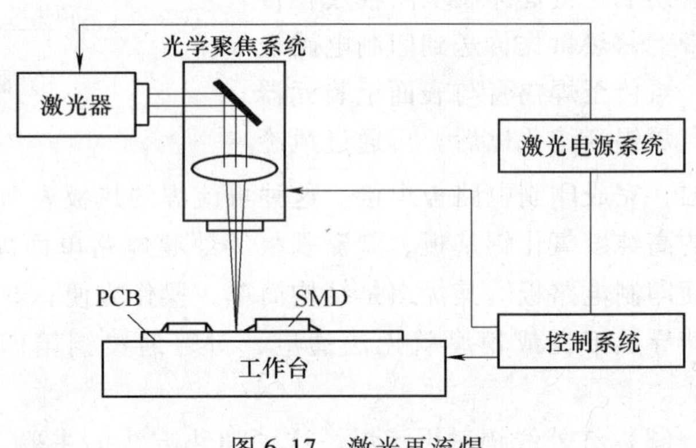

图 6-17　激光再流焊

激光再流焊的加热具有高度局部化的特点，不产生热应力，热冲击小，热敏元器件不易损坏，但是设备投资大，维护成本高。

7. 新一代再流焊设备及工艺

（1）红外线热风再流焊机。20 世纪 90 年代后，元器件进一步小型化，SMT 的应用不断扩大。为使不同颜色、不同体积的元器件（例如 QFP、PLCC 和 BGA 封装的集成电路）能同时完成焊接，必须改善再流焊设备的热传导效率，减少元器件之间的峰值温度差别，在印制电路板通过温度隧道的过程中维持稳定一致的温度曲线，设备制造商开发了新一代再流焊设备，改进加热器的分布、空气的循环流向，增加温区划分，使之能进一步精确控制炉内各部位的温度分布，便于温度曲线的理想调节。

在对流、辐射和传导这 3 种热的传导机制中，只有前两者容易控制。红外线辐射加热的效率高，而强制对流可以使加热更均匀。先进的再流焊技术结合了热风对流与红外线辐射两者的优点，用波长稳定的红外线（波长约为 8μm）发生器作为主要热源，利用对流的均衡加热特性以减少元器件与印制电路板之间的温度差别。

改进型的红外线热风再流焊是按一定热量比例和空间分布，同时混合红外线辐射和热风循环对流加热的方式，也叫热风对流红外线辐射再流焊。目前多数大批量 SMT 生产中的再流焊炉都是采用这种大容量循环强制对流加热的工作方式。

在炉体内，热空气不停流动，均匀加热，有极高的热传递效率，并不依靠红外线直接辐射加温。这种方法的特点是，各温区独立调节热量，减小热风对流，还可以在印制电路板下面采取制冷措施，从而保证加热温度均匀稳定，印制电路板表面和元器件之间的温差小，温度曲线容易控制。红外热风再流焊设备的生产能力高，操作成本低。

现在，随着温度控制技术的进步，高档的强制对流热风再流焊设备的温度隧道更多地细分了不同的温度区域，例如，把预热区细分为升温区、保温区和快速升温区等。在国内设备条件好的企业里，已经能够见到 7～10 个温区的再流焊设备。当然，再流焊炉的强制对流加热方式和加热器形式，也在不断改进，使传导对流热量对印制电路板的加热效率更高，加热更均匀。图 6-18 是红外线热风再流焊机的照片。

图 6-18　红外线热风再流焊机的照片

（2）充氮气的再流焊炉。为适用无铅环保工艺，一些高性能的再流焊设备带有加充氮气和快速冷却的装置。采用氮气保护，可以使用活性较低的焊锡膏，这对于减少焊接残留物和实现免清洗是重要的；氮气可以加大焊料的表面张力，使选择超细间距器件的余地更大；在氮气环境中，印制电路板上的焊盘与线路的可焊性得到较好的保护。

8. 其他再流焊形式

（1）通孔再流焊工艺。通孔再流焊（也称为插入式或带引针式再流焊）工艺在一些生产线上也得到应用，它可以省去波峰焊工序，尤其在焊接 SMT 与 THT 混装的印制电路板时会用到它。这样做的好处是可以利用现有的再流焊设备来焊接通孔式的接插件。通孔式接插件与表面贴装式的接插件相比，焊点的机械强度往往更好。同时，在较大面积的印制电路板上，由于平整度问题，表贴式接插件的引脚不容易都焊接很牢固。通孔再流焊在严格的工艺控制下，能够保证焊接质量，不足是焊锡膏用量大，随之造成的助焊剂残留物也会增多；另外，有些通孔接插件难以承受再流焊的高温。

（2）简易红外线再流焊机。图 6-19 是简易红外线热风再流焊机的照片，图示为放入待焊的印制电路板。它是内部只有一个温区的小加热炉，能够焊接的电路板最大面积为 400mm × 400mm（小型设备的有效焊接面积会小一些）。炉内的加热器和风扇受单片机控制，温度随时间变化，印制电路板在炉内处于静止状态，连续经

图 6-19　简易红外线热风再流焊机

历预热、再流和冷却的温度过程，完成焊接。这种简易设备的价格比隧道炉膛式红外线热风再流焊设备的价格低很多，适用于生产批量不大的小型企业。

9. 各种再流焊设备及工艺性能比较

（1）各种再流焊工艺各种加热方法的主要优缺点见表6-5。

表6-5　再流焊工艺各种加热方法的主要优缺点

加热方式	原　理	优　点	缺　点
气相	利用惰性溶剂的蒸汽凝聚时释放的潜热加热	(1)加热均匀，热冲击小 (2)升温快，温度控制准确 (3)在无氧环境下焊接，氧化少	(1)设备和介质费用高 (2)不利于环保
热板	利用热板的热传导加热	(1)减少对元器件的热冲击 (2)设备结构简单，操作方便，价格低	(1)受基板热传导性能影响大 (2)不适用于大型基板、大型元器件 (3)温度分布不均匀
红外	吸收红外线辐射加热	(1)设备结构简单，价格低 (2)加热效率高，温度可调范围宽 (3)减少焊料飞溅、虚焊及桥接	元器件材料、颜色与体积不同，热吸收不同，温度控制不够均匀
热风	高温加热的气体在炉内循环加热	(1)加热均匀 (2)温度控制容易	(1)容易产生氧化 (2)能耗大
激光	利用激光的热能加热	(1)聚光性好，适用于高精度焊接 (2)非接触加热 (3)用光纤传送能量	(1)激光在焊接面上反射率大 (2)设备昂贵
红外+热风	强制对流加热	(1)温度分布均匀 (2)热传递效率高	设备价格高

（2）再流焊设备的主要技术指标。

① 温度控制精度（指传感器灵敏度）：应该达到±(0.1~0.2)℃。

② 温度均匀度：±(1~2)℃，炉膛内不同点的温差应该尽可能小。

③ 传输带横向温差：要求±5℃以下。

④ 温度曲线调试功能：如果设备无此装置，要外购温度曲线采集器。

⑤ 最高加热温度：一般为300~350℃，如果考虑温度更高的无铅焊接或金属基板焊接，应该选择350℃以上。

⑥ 加热区数量和长度：加热区数量越多、长度越长，越容易调整和控制温度曲线。一般中小批量生产，选择为4~5个温区，加热长度为1.8m左右的设备，即能满足要求。

⑦ 焊接工作尺寸：根据传送带宽度确定，一般为30~400mm。

（3）SMT焊接设备与工艺性能比较。用波峰焊与再流焊设备焊接SMT印制电路板的有关工艺要求、焊接设备结构及各种加热焊接方式等内容，已经在前面进行介绍，可以结合表6-1再做进一步比较。一般情况下，波峰焊适用于混合组装，再流焊适用于全贴片组装。

除了上述几种焊接方法以外，在微电子器件组装中，超声波焊、热超声金丝球焊和机械热脉冲焊都有各自的特点。

随着计算机技术的发展，在电子焊接中使用微处理器控制的焊接设备已经普及。例如，微电脑控制电子束焊接已在我国研制成功。还有一种光焊技术，已经应用在CMOS集成电路的全自动生产线上，其特点是采用光敏导电胶代替焊剂，将电路芯片粘在印制电路板上用紫外线固化焊接。

6.2.4 影响再流焊品质的因素

1. 焊锡膏的影响因素

再流焊的品质受诸多因素的影响，最重要的因素是再流焊炉的温度曲线及焊锡膏的成分参数。现在常用的高性能再流焊炉，已能比较方便地精确控制、调整温度曲线。相比之下，在高密度与小型化的趋势中，焊锡膏的印刷就成了再流焊质量的关键。

焊锡膏合金粉末的颗粒形状与窄间距器件的焊接质量有关，焊锡膏的粘度与成分也必须选用适当。另外，焊锡膏一般冷藏储存，取用时待恢复到室温后，才能开盖，要特别注意避免因温差使焊锡膏混入水汽，需要时用搅拌机搅匀焊锡膏。

2. 焊接设备的影响

有时，再流焊设备的传送带振动过大也是影响焊接质量的因素之一。

3. 再流焊工艺的影响

在排除了焊锡膏印刷工艺与贴片工艺的品质异常之后，再流焊工艺本身也会导致以下品质异常。

① 冷焊。通常是再流焊温度偏低或再流区的时间不足。

② 锡珠。预热区温度爬升速度过快（一般要求，温度上升的斜率小于3°/s）。

③ 连焊。印制电路板或元器件受潮，含水分过多易引起锡爆产生连焊。

④ 裂纹。一般是降温区温度下降过快（一般有铅焊接的温度下降斜率小于4°/s）。

6.3 SMT元器件的手工焊接与返修

6.3.1 手工焊接SMT元器件的要求与条件

检修SMT印制电路板的主要工作是更换性能失效或连接错误的元器件，恢复电路的功能。要完成检修工作，必须使用有效的检测和修理工具，才能准确判断和更换发生故障的元器件而不损坏电路的其他部分。在生产企业里，焊接SMT元器件主要依靠自动焊接设备，但在维修电子产品或者研究单位制作样机的时候，检测、焊接SMT元器件都可能需要手工操作。

在高密度的SMT印制电路板上，对于微型贴片元器件，如BGA、CSP和倒装芯片等，完全依靠手工已无法完成焊接任务，有时必须借助半自动的维修设备和工具。

1. 手工焊接SMT元器件与焊接THT元器件的几点不同

（1）焊接材料：焊锡丝更细，一般要使用直径为0.5～0.8mm的活性焊锡丝，也可以使用膏状焊料（焊锡膏），但要使用腐蚀性小、无残渣的免清洗助焊剂。

（2）工具设备：使用更小巧的专用镊子和电烙铁，电烙铁的功率不超过 20W，烙铁头是尖细的锥状，如图 6-20 所示。如果提高要求，最好备有热风工作台、SMT 维修工作站和专用工装。

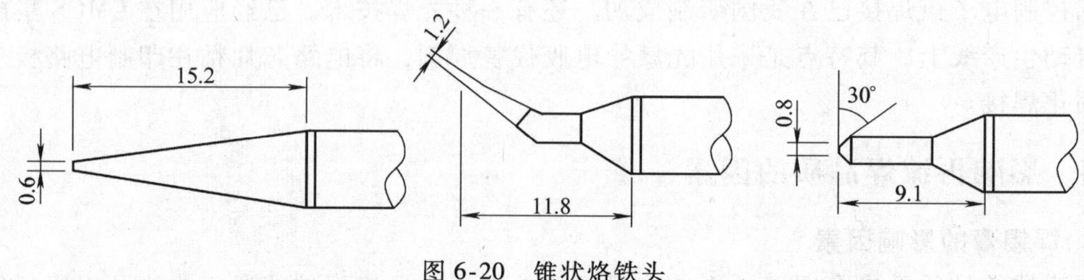

图 6-20　锥状烙铁头

（3）要求操作者熟练掌握 SMT 的检测、焊接技能，并具有一定工作经验。

（4）要有严密的操作规程。

2. 检修及手工焊接 SMT 元器件的常用工具及设备

（1）检测探针。一般测量仪器的表笔或探头不够细，可以配用检测探针，探针前端是针尖，末端是套筒，使用时将表笔或探头插入探针，用探针测量电路会比较方便、安全。探针外形如图 6-21a 所示。

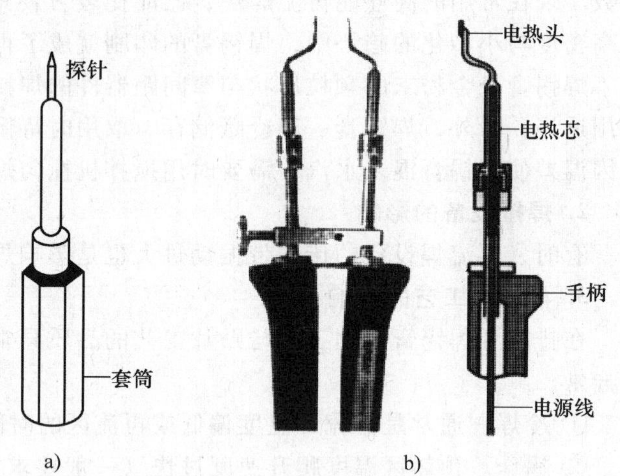

图 6-21　专用工具检测探针与电热镊子

a）检测探针　b）电热镊子

（2）电热镊子。电热镊子是一种专用于拆焊 SMC 的高档工具，相当于两把组装在一起的电烙铁，只是两个电热芯独立安装在两侧，接通电源以后，捏合电热镊子夹住 SMC 元器件的两个焊端，加热头的热量熔化焊点，很容易把元器件取下来。电热镊子的示意图如图 6-21b 所示。

（3）恒温焊台与恒温电烙铁。SMT 元器件对温度比较敏感，维修时必须注意温度不能超过 390℃，所以最好使用恒温焊台或恒温电烙铁。恒温焊台如图 6-22a 所示。

恒温焊台与恒温电烙铁的烙铁头温度可以控制，根据控制方式不同，分为电控恒温电烙铁（焊台）和磁控恒温电烙铁（焊台）两种。

电控恒温烙铁采用热电偶来检测和控制烙铁头的温度。当烙铁头的温度低于规定值时，温控装置控制开关使继电器接通，给电烙铁供电，使温度上升。当温度达到预定值时，控制电路就构成反动作，停止向电烙铁供电。如此循环往复，使烙铁头的温度基本保持一恒定值。一般来说，恒温焊台在控温范围与控温精度上优于恒温电烙铁。

磁控恒温电烙铁的烙铁头上装有一个强磁体传感器作为磁控开关，利用它在温度达到某一值时磁性消失这一特性，来控制加热器元件的通断。因恒温电烙铁采用断续加热，它比普通电烙铁节电 1/2 左右，并且升温速度快。由于烙铁头始终保持恒温，在焊接过程中焊锡不易氧化，可减少虚焊，提高焊接质量。烙铁头也不会产生过热现象，使用寿命较长。

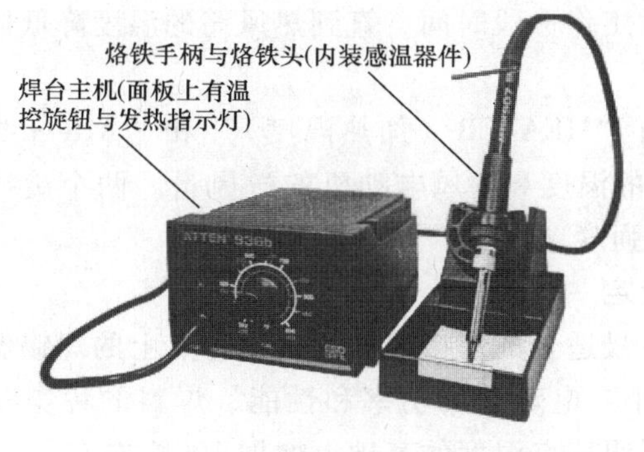

a)

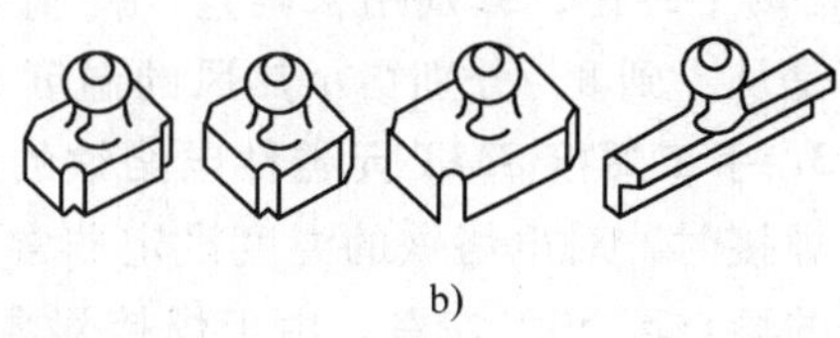

b)

图 6-22　恒温焊台与专用加热头

a）恒温焊台　b）专用加热头

焊接片状元器件时，烙铁头的尖端应该略小于焊接面，为防止感应电压损坏集成电路，电烙铁的金属外壳要可靠接地。当使用无铅焊料时，要选用无铅焊台。

（4）电烙铁专用加热头。在电烙铁上配用各种不同规格的专用加热头后，可以用来拆焊引脚数目不同的 QFP 集成电路或 SO 封装的二极管、晶体管、集成电路等。专用加热头外形如图 6-22b 所示。

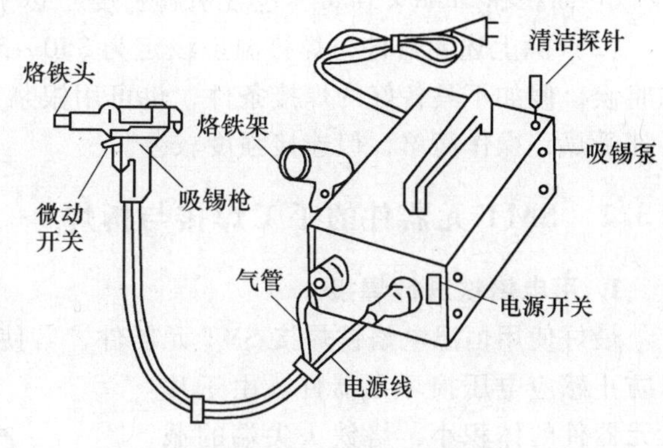

图 6-23　真空吸锡枪

（5）真空吸锡枪。真空吸锡枪主要由吸锡枪和真空泵两大部分构成。吸锡枪的前端是中间空心的烙铁头，带有加热功能。按动吸锡枪手柄上的开关，真空泵即通过烙铁头中间的孔，把熔化了的焊锡吸到后面的锡渣储罐中。取下锡渣储罐，可以清除锡渣。真空吸锡枪的外观如图 6-23 所示。

（6）热风焊台。热风焊台是一种用热风作为加热源的半自动设备，用热风焊台很容易拆焊 SMT 元器件，比使用电烙铁方便得多，热风台也能够用于焊接。热风焊台的实物照片如图 6-24 所示。

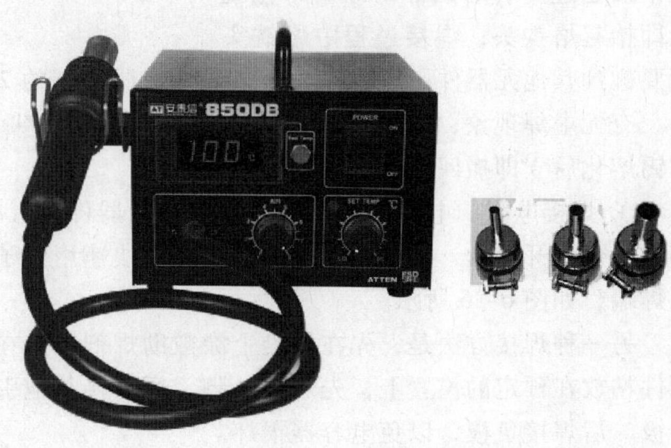

图 6-24　热风焊台

热风焊台的热风筒内装有电热丝，软管连接热风筒和热风台内置的吹风电动机。按下热风台前面板上的电源开关，电热丝和吹风电动机同时开始工作，电热丝被加热，吹风电动机压缩空气，通过软管从热风筒前端吹出来，电热丝达到足够的温度后，就可以用热风进行焊接或拆焊，断开电源开关，电热丝停止加热，但吹风电动机还要继续工作一段时间，直到热风筒的温度降低以后才自动停止。

热风台的前面板上，除了电源开关，还有“HEATER（加热温度）”和“AIR（吹风强度）”两个旋钮，分别用来调整、控制电热丝的温度和吹风电动机的送风量。两个旋钮的刻度都是从1到8，分别指示热风的温度和吹风强度。

3. 手工焊接SMT元器件电烙铁的温度设定

焊接时，对电烙铁的温度设定非常重要。最适合的焊接温度，是让焊点上的焊锡温度比焊锡的熔点高50℃左右。由于焊接对象的大小、电烙铁的功率和性能、焊料的种类和型号不同，在设定烙铁头的温度时，一般要求在焊锡熔点温度的基础上增加100℃左右。

（1）手工焊接或拆除下列元器件时，电烙铁的温度设定为250～270℃或（250±20）℃。

① 1206以下所有SMT电阻、电容、电感元件。

② 所有电阻排、电感排、电容排元件。

③ 面积在5mm×5mm（包含引脚长度）以下并且少于8脚的SMD。

（2）除上述元器件，焊接温度设定为350～370℃或（350±20）℃。在检修SMT电路板的时候，假如不具备好的焊接条件，也可用银浆导电胶粘接元器件的焊点。这种方法避免元器件受热，操作简单，但连接强度较差。

6.3.2 SMT元器件的手工焊接与拆焊

1. 用电烙铁进行焊接

最好使用恒温电烙铁焊接SMT元器件，若使用普通电烙铁，烙铁的金属外壳应该接地，以防止感应电压损坏元器件。由于片状元器件的体积小，烙铁头尖端的截面积和形状应根据焊点大小做适当选择，图6-25列出了烙铁头的不同情况。焊接时要注意随时擦拭烙铁头，保持烙铁头洁净；焊接时间要短，一般不要超过2s，看到焊锡开始熔化就立即抬起烙铁头；焊接过程中烙铁头不要碰到其他元器件；焊接完成后，要用带照明灯的2～5倍放大镜，仔细检查焊点是否牢固、有无虚焊现象；假如焊件需要镀锡，先将烙铁尖接触待镀锡处约1s，然后再放焊料，焊锡熔化后立即撤回烙铁。

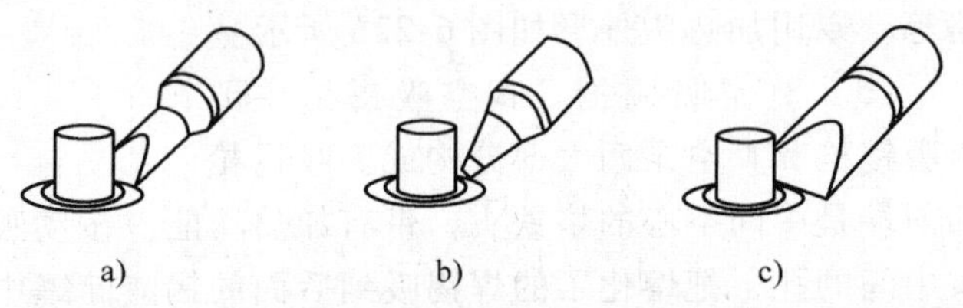

图6-25 选择大小合适的烙铁头

a）合适 b）太小 c）太大

① 焊接电阻、电容、二极管一类两端元器件时，首先要在一个焊盘上镀锡，镀锡后电烙铁不要离开焊盘，使焊锡保持熔融状态，快速用镊子夹着元器件放到焊盘上，依次焊好两个焊端，如图6-26所示。

另一种焊接方法是，先在焊盘上涂敷助焊剂，并在基板上点一滴不干胶，再用镊子将元器件粘放在预定的位置上，先焊好一脚，后焊接其他引脚。安装钽电解电容器时，要先焊接正极，后焊接负极，以免电容器损坏。

② 焊接QFP封装的集成电路时，需要先把芯片放在预定的位置上，用少量焊锡焊住芯

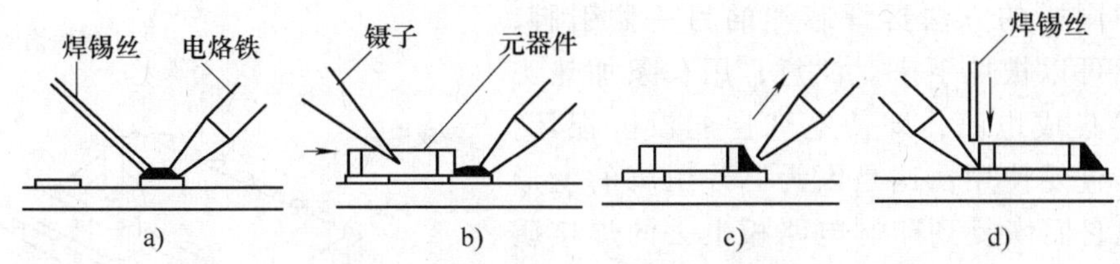

图 6-26　手工焊接两端 SMC 元器件

片角上的 3 个引脚，使芯片被准确地固定如图 6-27a 所示。然后给其他引脚均匀涂上助焊剂，逐个焊牢，如图 6-27b 所示。焊接时，如果引脚之间发生焊锡粘连现象，可按照如图 6-27c所示的方法清除粘连：在粘连处涂抹少许助焊剂，用烙铁尖轻轻沿引脚向外刮抹。

有经验的技术工人会采用 H 型烙铁头进行“拖焊”，即沿着 QFP 芯片的引脚，把烙铁头快速向后拖，如图 6-27d 所示。

焊接 SOT 晶体管或 SO、SOL 封装的集成电路与此相似，通常先焊住两个对角，然后给其他引脚均匀涂上助焊剂，逐个焊牢。

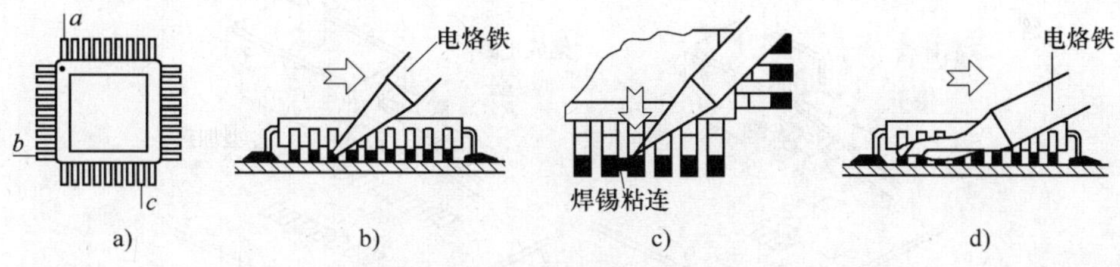

图 6-27　焊接 QFP 芯片的手法

如果使用含松香芯或助焊剂的焊锡丝，也可一手持电烙铁另一手持焊锡丝，烙铁与锡丝尖端同时对准欲焊接元器件引脚，在锡丝被融化的同时将引脚焊牢，焊前可不必涂助焊剂。

2. 用专用加热头拆焊元器件

在热风工作台普及之前，仅使用电烙铁拆焊元器件是很困难的。同时用两把电烙铁只能拆焊电阻、电容等两端元件或二极管、晶体管等引脚数目少的元器件，如图 6-28 所示。想拆焊晶体管和集成电路，要使用专用加热头。采用长条加热头可以拆焊翼形引脚的 SO、SOL 封装的集成电路，操作方法如图 6-29 所示。

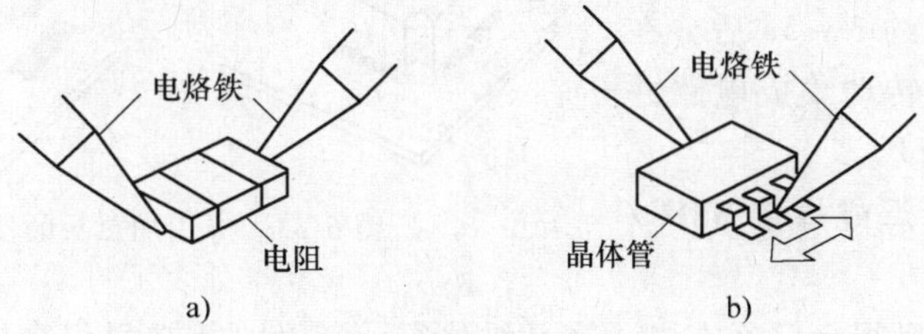

图 6-28　用两把电烙铁拆焊两端元器件或晶体管

将加热头放在集成电路的一排引脚上，按图中箭头方向来回移动加热头，以便将整排引脚上的焊锡全部熔化。注意当所有引脚上的焊锡都熔化并被吸锡铜网（线）吸走、引脚与印制电路板之间已经没有焊锡后，用专用螺钉旋具或镊子将集成电路的一侧撬离印制电路板。然后用同样的方法拆焊芯片的另一侧引脚，集成电路就可以被取下来。注意，用长条加热头拆卸下来的集成电路，即使电气性能没有损坏，一般也不再重复使用，这是因为芯片引脚的变形比较大，把它们恢复到印制电路板上去的焊接质量不能保证。

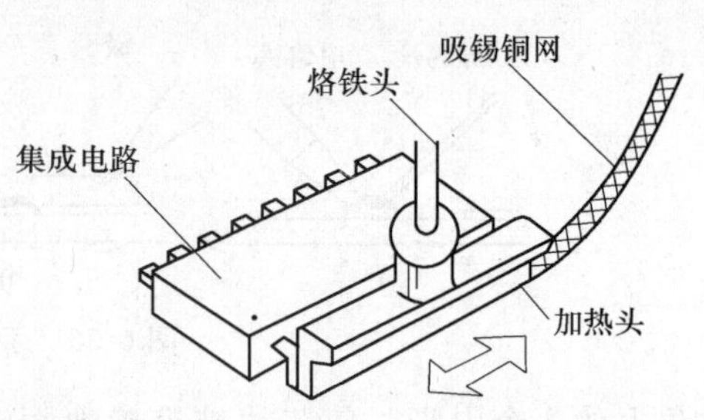

图 6-29 用长条加热头拆焊集成电路的方法

S 型、L 型加热头配合相应的固定基座，可以用来拆焊 SOT 晶体管和 SO、SOL 封装的集成电路。头部较窄的 S 型加热片用于拆卸晶体管，头部较宽的 L 型加热片用于拆卸集成电路。使用时，选择两片合适的 S 型或 L 型加热片用螺钉固定在基座上，然后把基座接到电烙铁发热芯的前端。先在加热头的两个内侧面和顶部加上焊锡，再把加热头放在器件的引脚上面，约 3 ~ 5s 后，焊锡熔化，然后用镊子轻轻将器件夹起来，如图 6-30 所示。

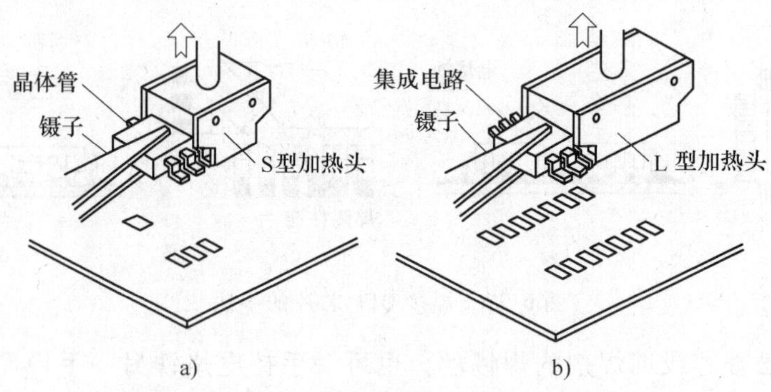

图 6-30 使用 S 型、L 型加热头拆焊集成电路的方法

a) S 型加热头 b) L 型加热头

使用专用加热头拆卸 QFP 集成电路，要根据芯片的大小和引脚数目选择不同规格的加热头，将电烙铁头的前端插入加热头的固定孔。在加热头的顶端涂上焊锡，再把加热头靠在集成电路的引脚上，约 3 ~ 5s 后，在镊子的配合下，轻轻转动集成电路并抬起来，如图 6-31 所示。

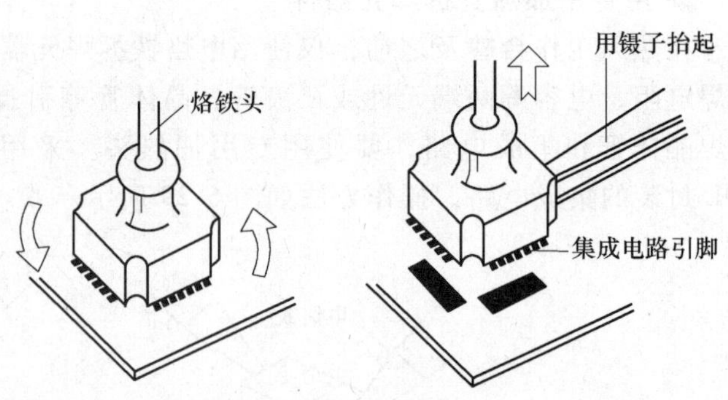

图 6-31 专用加热头的使用方法

3. 用热风焊台拆焊或焊接 SMC/SMD 元器件

近年来，国产热风焊台已经在电子产品维修行业普及。用热风焊台拆焊表面组装元器件很容易操作，比使用电烙铁方便得多，能够拆焊的元器件种类也更多。

（1）用热风台拆焊。按下热风工作台的电源开关，就同时接通了吹风电动机和电热丝的电源，调整热风台面板上的旋钮，使热风的温度和送风量适中。这时，热风嘴吹出的热风就能够用来拆焊表面组装元器件。

热风工作台的热风筒上可以装配各种专用的热风嘴，用于拆卸不同尺寸、不同封装方式的芯片。

图 6-32 是用热风工作台拆焊集成电路的示意图，其中，图 6-32a 是拆焊 PLCC 封装芯片的热风嘴，图 6-32b 是拆焊 QFP 封装芯片的热风嘴，图 6-32c 是拆焊 SO、SOL 封装芯片的热风嘴，图 6-32d 是一种针管状的热风嘴。针管状的热风嘴使用比较灵活，不仅可以用来拆焊两端元器件，有经验的操作者也可以用它来拆焊其他多种集成电路。在图 6-32 中，虚线箭头描述了用针管状的热风嘴拆焊集成电路的时候，热风嘴沿着芯片周边迅速移动、同时加热全部引脚焊点的操作方法。

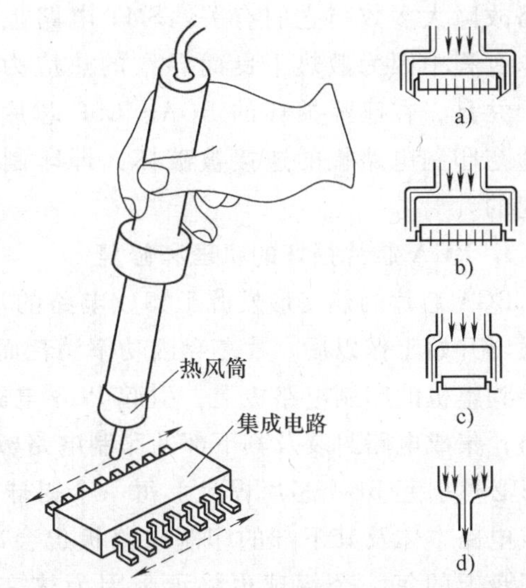

图 6-32　用热风工作台拆焊表面组装元器件

a）拆焊 PLCC 的热风嘴　b）拆焊 QFP 的热风嘴　c）拆焊 SO、SOL 的热风嘴　d）针管状的热风嘴

使用热风工作台拆焊元器件，要注意调整温度的高低和送风量的大小：温度低，熔化焊点的时间过长，让过多的热量传到芯片内部，反而容易损坏器件；温度高，可能烤焦印制电路板或损坏器件；送风量大，可能把周围的其他元器件吹跑，送风量小，加热的时间则明显变长，初学者使用热风台，应该把“温度”和“送风量”旋钮都置于中间位置（“温度”旋钮刻度“4”左右，“送风量”旋钮刻度“3”左右）；如果担心周围的元器件受热风影响，可以把待拆芯片周边的元器件粘贴上胶带，用胶带把它们保护起来。必须特别注意：全部引脚的焊点都已经被热风充分熔化以后，才能用镊子拈取元器件，以免印制电路板上的焊盘或线条受力脱落。

（2）用热风台焊接。使用热风工作台也可以焊接集成电路，不过，焊料应该使用焊锡膏，不能使用焊锡丝。可以先用手工点涂的方法往焊盘上涂敷焊锡膏，贴放元器件以后，用热风嘴沿着芯片周边迅速移动，均匀加热全部引脚焊盘，就可以完成焊接。

假如用电烙铁焊接时，发现有引脚“桥接”短路或者焊接的质量不好，也可以用热风工作台进行修整：往焊盘上滴涂免清洗助焊剂，再用热风加热焊点使焊料熔化，短路点在助焊剂的作用下分离，让焊点表面变得光亮圆润。使用热风枪要注意以下几点。

① 热风喷嘴应距欲焊接或拆除的焊点为 1～2 mm，不能直接接触元器件引脚，也不要过远，同时要保持稳定。

② 焊接或拆除元器件时，一次不要连续吹热风超过 20s，同一位置使用热风不要超过 3 次。

③ 针对不同的焊接或拆除对象，可参照设备生产厂家提供的温度曲线，通过反复试验，优选出适宜的温度与风量设置。

6.3.3　BGA、CSP 集成电路的修复性植球

由于 BGA、CSP 芯片在整机电子产品的电路中起到核心元器件的作用，所以产品的

电路故障大多数与它们有关。SMT 电路板在装配焊接过程中存在的缺陷，特别是产品在工作过程中因为散热不良而导致的热应力，使 BGA、CSP 芯片损坏引发整机故障是常见的。并且，在已经损坏的 BGA、CSP 芯片中，电路逻辑上真正损坏的极少，绝大多数是芯片与印制电路板的连接被破坏，即印制电路板故障是由于 BGA、CSP 芯片虚焊或开焊引起的。

1. BGA 芯片损坏的机理和修复

BGA 芯片的热变形发源于集成电路的片芯。片芯在集成电路封装的中心，当印制电路板通电开始工作以后，片芯会因功率消耗而迅速发热，导致集成电路本体热膨胀，热量也会传导到整机的印制电路板上，引起 PCB 电路板的热膨胀变形。由实验可知，在达到热平衡之前，集成电路封装及其下部的印制电路板的发热变形在同一时刻是不相同的，这不同的热变形必然引起 BGA 芯片焊盘上每一个锡球承受剪切力。与此相同，当印制电路板断电后，集成电路本体及其下部的印制电路板也会冷却收缩，BGA 芯片焊盘上的每一个锡球也将承受因为热变形导致的剪切力，如图 6-33 所示。

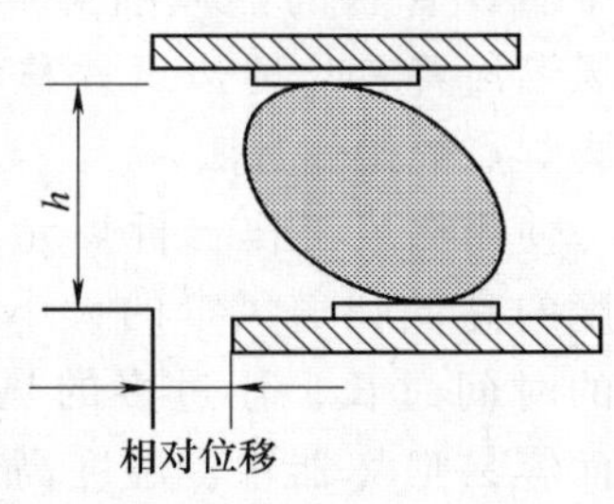

图 6-33 BGA 芯片锡球承受的剪切力

分析近年来维修计算机主板的统计数据可以发现，BGA 焊接缺损引发的故障占有较大的比例。更换 BGA 芯片——使用加热设备把不能正常工作的 BGA 芯片拆下来，并把好的 BGA 芯片焊接到印制电路板原来的位置上——是修复此类电子整机产品的重要环节。但是，由于现代电子产品更新换代极快，相应的大规模集成电路一般不能兼容互换，因此，为维修印制电路板而购买原品牌、原型号的 BGA 芯片，从进货渠道和价格方面考虑，实际上往往非常困难。假如能够修复那些逻辑上没有损坏的 BGA 芯片，将这些芯片作为好的器件再次使用在原来的印制电路板上，对于提高印制电路板的修复率、降低维修成本，具有重要的意义。

修复那些逻辑上没有损坏的 BGA 芯片的主要手段是为芯片植球（也称为植珠）。在修理印制电路板过程中，原来固定在 BGA 芯片上用于电气连接的锡球也被熔化，如果能为这些芯片重新焊接上新的锡球，即把新的锡球更新到原来锡球已经损坏的 BGA 芯片上去，这些芯片就能够修复。

BGA 的返修一般经过以下步骤：取下待修 BGA→清理焊盘→清洗助焊剂残留物→去潮处理→印刷焊膏→选择合适的焊球→植球→热风台或再流焊接。完成植球工艺后，应将 BGA 器件清洗干净，并尽快进行贴装和焊接，以防焊球氧化和器件受潮。植球方法如下所述。

1）采用植球器法。如果有植球器，选择一块与 BGA 焊盘匹配的模板，模板的开口尺寸应比焊球直径大 0.05 ~ 0.1mm，将焊球均匀地撒在模板上，摇晃植球器，把多余的焊球从模板上滚到植球器的焊球收集槽中，使模板表面恰好每个漏孔中保留一个焊球。

2）采用模板法。把印好焊膏的 BGA 器件放置在工作台上，焊膏面向上，准备一块与 BGA 焊盘匹配的模板，把模板四周用垫块架高，放置在印好焊膏的 BGA 器件上方，使模板与 BGA 之间的距离等于或略小于焊球的直径，在显微镜下对准。将焊球均匀的撒在模板上，使模板表面恰好每个漏孔中保留一个焊球。把多余的焊球用镊子拨（取）下来，移开模板。

3）手工贴装。把印好焊膏的 BGA 器件放置在工作台上，焊膏面向上。如同贴片一样用镊子或吸笔将焊球逐个放好。

4）刷适量焊膏法。加工模板时，将模板厚度加厚，并略放大模板的开口尺寸，将焊膏直接印刷在 BGA 的焊盘上。由于表面张力的作用，再流焊后形成焊料球。

2. CSP 芯片的简易植球

CSP 芯片的锡球很小，植球困难，但采用上述简易修复办法能为芯片恢复半球形的电极引脚。用热风工作台可以再把芯片焊回到印制电路板上，虽然半球形的引脚使芯片比原来“矮”了一些，却能大大降低设备成本和芯片费用，保证良好的电气连通，可靠工作。图 6-34描述了简易修复 CSP 芯片的过程，首先用吸锡铜网清理芯片焊盘，然后在锡球面覆上模板，用刮刀刮涂焊锡膏，再用热风工作台的热风嘴将焊锡膏吹至熔融状态，冷却后取下模板即可。

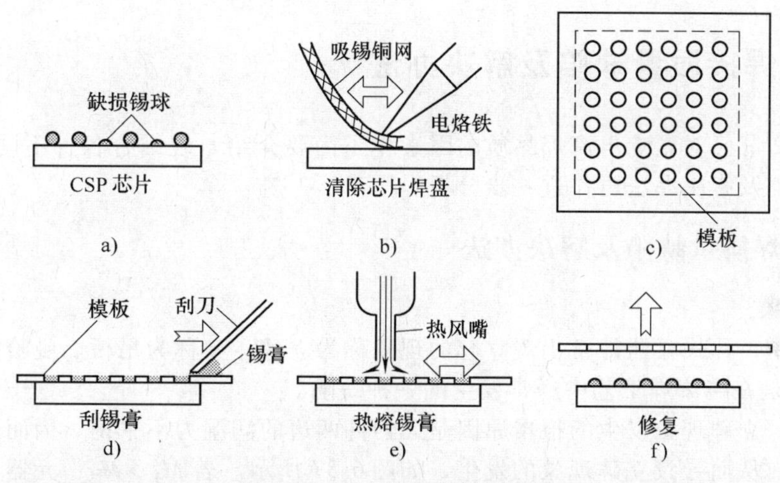

图 6-34　CSP 芯片的简易修复

6.3.4　SMT 印制电路板维修工作站

对采用 SMT 工艺的印制电路板进行维修，或者对品种变化多而批量不大的产品进行生产的时候，SMT 维修工作站能够发挥很好的作用。维修工作站实际上是一个小型化的贴片机和焊接设备的组合装置，但贴片、焊接元器件的速度比较慢。大多数维修工作站装备了高分辨率的光学检测系统和图像采集系统，操作者可以从监视器的屏幕上看到放大的电路焊盘和元器件电极的图像，使元器件能够高精度地定位贴片。高档的维修工作站甚至有两个以上的摄像镜头，能够把从不同角度摄取的画面叠加在屏幕上，操作者可以看着屏幕仔细调整贴装头，让两幅画面完全重合，实现多引脚的 SOJ、PLCC、QFP、BGA 和 CSP 等元器件在印制电路板上的准确定位。

SMT 维修工作站都备有与各种元器件规格相配的红外线加热炉、电热工具或热风焊枪，不仅可以用来拆焊那些需要更换的元器件，还能熔融焊料，把新贴装的元器件焊接上去。

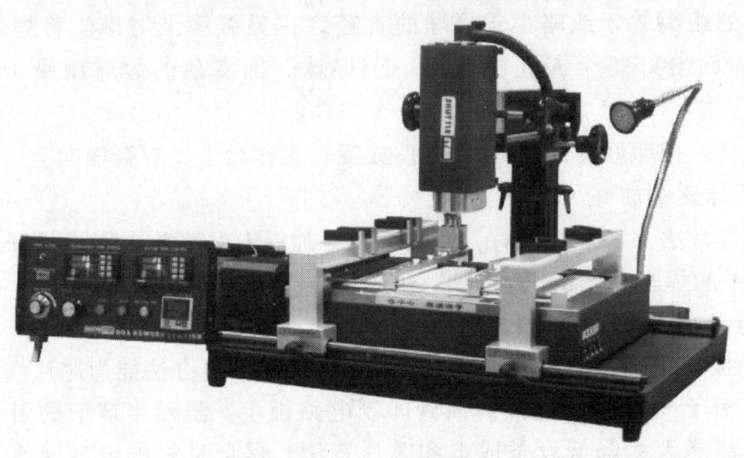

图 6-35　维修工作站

目前，国内企业中常见的 SMT 维修工作站大多是进口设备，例如，由德国 ERSA 公司和美国 OK 公司制造的机型。图 6-35 是一种维修工作站的照片。

6.4　SMT 焊接质量缺陷及解决办法

在本章第 2 节已对影响再流焊品质的因素作了简要介绍，现结合各种不同的焊接方式，对焊接质量缺陷及解决办法再作进一步分析。

6.4.1　再流焊质量缺陷及解决办法

1. 立碑现象

在再流焊中，片式元器件常出现立起的现象称为立碑，又称为吊桥、曼哈顿现象，如图 6-36 所示。这是在再流焊工艺中经常发生的一种缺陷。

产生原因：立碑现象发生的根本原因是元器件两边的润湿力不平衡，因而元器件两端的力矩也不平衡，从而导致立碑现象的发生，如图 6-37 所示。若 $M_1 > M_2$，元器件将向左侧立起；若 $M_1 < M_2$，元器件将向右侧立起。

图 6-36　立碑现象

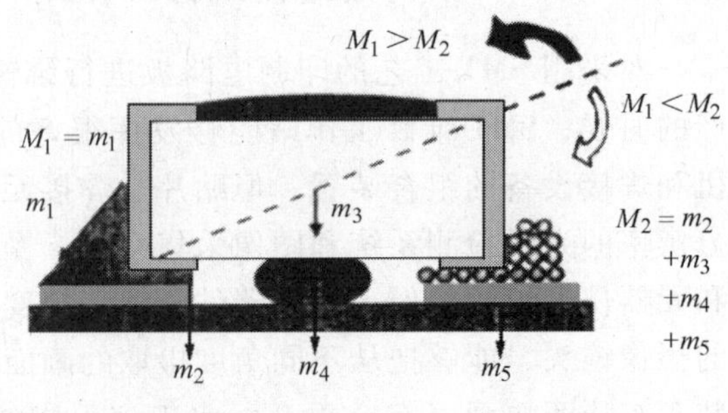

图 6-37　元器件两端的力矩不平衡导致立碑现象

下列情形均会导致再流焊时元器件两边的润湿力不平衡。

(1) 焊盘设计与布局不合理。如果焊盘设计与布局有以下缺陷，将会引起元器件两边的润湿力不平衡。

① 元器件的两边焊盘之一与地线相连接或有一侧焊盘面积过大，焊盘两端热容量不均匀。

② PCB 表面各处的温差过大以致元器件焊盘两边吸热不均匀。

③ 大型器件 QFP、BGA、散热器周围的小型片式元器件焊盘两端会出现温度不均匀。

解决办法：改善焊盘设计与布局。

(2) 焊锡膏与焊锡膏印刷存在问题。焊锡膏的活性不高或元件的可焊性差，焊锡膏熔化后，表面张力不一样，将引起焊盘润湿力不平衡。两焊盘的焊锡膏印刷量不均匀，多的一边会因焊锡膏吸热量增多，熔化时间滞后，以致润湿力不平衡。

解决办法：选用活性较高的焊锡膏，改善焊锡膏印刷参数，特别是模板的窗口尺寸。

(3) 贴片移位。Z 轴方向受力不均匀，会导致元器件浸入到焊锡膏中的深度不均匀，熔化时会因时间差而导致两边的润湿力不平衡。如果元器件贴片移位会直接导致立碑，如图6-38所示。

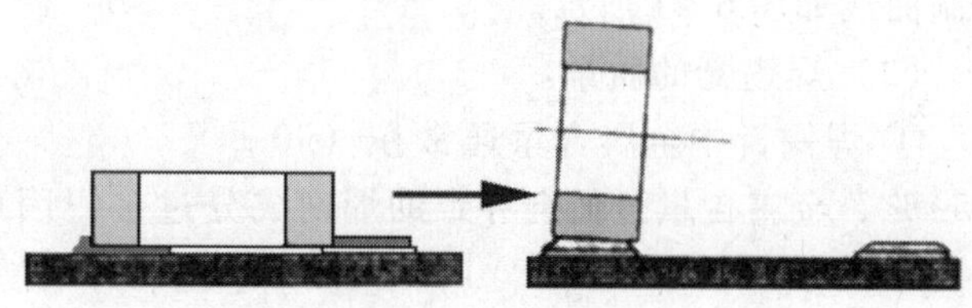

图 6-38　元器件偏离焊盘而产生立碑

解决办法：调节贴片机工艺参数。

(4) 炉温曲线不正确。如果再流焊炉炉体过短和温区太少就会造成对 PCB 加热的工作曲线不正确，以致板面上温差过大，从而造成润湿力不平衡。有缺陷的工作曲线如图 6-39 所示。

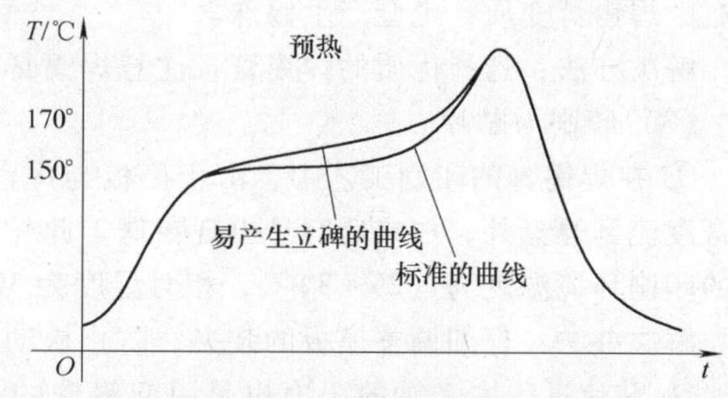

图 6-39　有缺陷的炉温工作曲线

解决办法：根据每种不同产品调节好适当的温度曲线。

(5) N_2 再流焊中的氧浓度。采用 N_2 保护再流焊会增加焊料的润湿力，但越来越多的例证说明，在氧含量过低的情况下发生立碑的现象反而增多；通常认为氧含量控制在 $(100 \sim 500) \times 10^{-6}$ 左右最为适宜。

2. 锡珠

锡珠是再流焊中常见的缺陷之一，它不仅影响外观而且会引起桥接。锡珠可分为两类，一类出现在片式元器件一侧，常为一个独立的大球状；另一类出现在 IC 引脚四周，呈分散的小珠状，如图 6-40 所示。产生锡珠的原因很多，现分析如下所述。

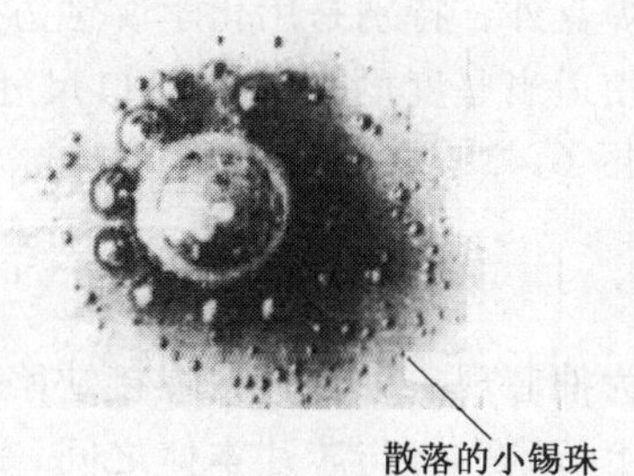

图 6-40　锡珠

(1) 温度曲线不正确。再流焊曲线可以分为4个区段，分别是预热、保温、再流和冷却。预热、保温的目的是为了使PCB表面温度在60~90s内升到150℃，并保温约90s，这不仅可以降低PCB及元器件的热冲击，更主要是确保焊锡膏的溶剂能部分挥发，避免再流焊时因溶剂太多引起飞溅，造成焊锡膏冲出焊盘而形成锡珠。

解决办法：注意升温速率，并采取适中的预热，使之有一个很好的平台使溶剂大部分挥发。升温速率及保温时间控制曲线如图6-41所示。

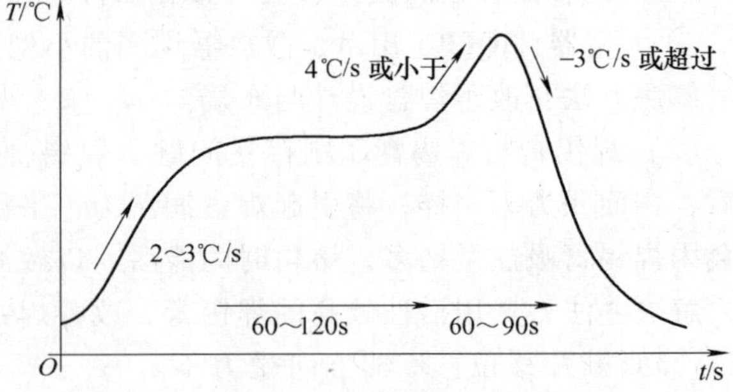

图6-41 升温速率及保温时间控制曲线

(2) 焊锡膏的质量。

① 焊锡膏中金属含量通常在(90±0.5)%，金属含量过低会导致助焊剂成分过多，因此过多的助焊剂会因预热阶段不易挥发而引起飞珠。

② 焊锡膏中水蒸气和氧含量增加也会引起飞珠。由于焊锡膏通常冷藏，当从冰箱中取出时，如果没有确保恢复时间，将会导致水蒸气进入；此外焊锡膏瓶的盖子每次使用后要盖紧，若没有及时盖严，也会导致水蒸气的进入。

放在模板上印制的焊锡膏在完工后，剩余的部分应另行处理，若再放回原来瓶中，会引起瓶中焊锡膏变质，也会产生锡珠。

解决办法：选择优质的焊锡膏，注意焊锡膏的保管与使用要求。

(3) 印刷与贴片。

① 在焊锡膏的印刷工艺中，由于模板与焊盘对中会发生偏移，若偏移过大则会导致焊锡膏浸流到焊盘外，加热后容易出现锡珠。此外印刷工作环境不好也会导致锡珠的生成，理想的印刷环境温度为(25±3)℃，相对湿度为50%~65%。

解决办法：仔细调整模板的装夹，防止松动现象，改善印刷工作环境。

② 贴片过程中Z轴的压力也是引起锡珠的一项重要原因，却往往不引起人们的注意。部分贴片机Z轴头是依据元器件的厚度来定位的，如Z轴高度调节不当，会引起元器件贴到PCB上的一瞬间将焊锡膏挤压到焊盘外的现象，这部分焊锡膏会在焊接时形成锡珠。这种情况下产生的锡珠尺寸稍大，如图6-42所示。

解决办法：重新调节贴片机的Z轴高度。

③ 模板的厚度与开口尺寸。模板厚度与开口尺寸过大，会导致焊锡膏用量增大，也会引起焊锡膏漫流到焊盘外，特别是用化学腐蚀方法制造的模板。

解决办法：选用适当厚度的模板和开口尺寸的设计，一般模板开口面积为焊盘尺寸的90%，建议使用如图6-43b所示的模板开口形状。右侧模板形状尺寸改进后，不再出现锡球。

3. 芯吸现象

芯吸现象又称为抽芯现象，是常见焊接缺陷之一，多见于气相再流焊。芯吸现象使焊料脱离焊盘而沿引脚上行到引脚与芯片本体之间，通常会形成严重的虚焊现象。产生的原因主要是由于元器件引脚的导热率大，故升温迅速，以致焊料优先润湿引脚，焊料与引脚之间的

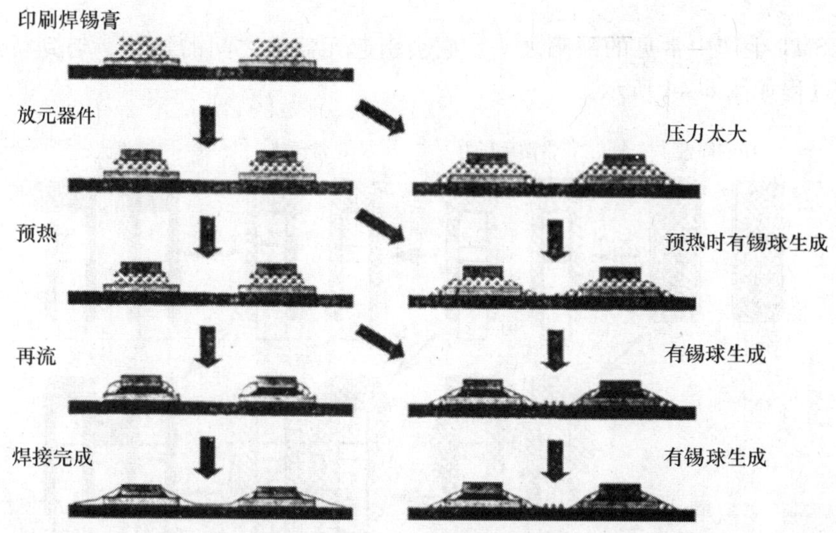

图 6-42　贴片压力过大容易产生锡珠的示意图

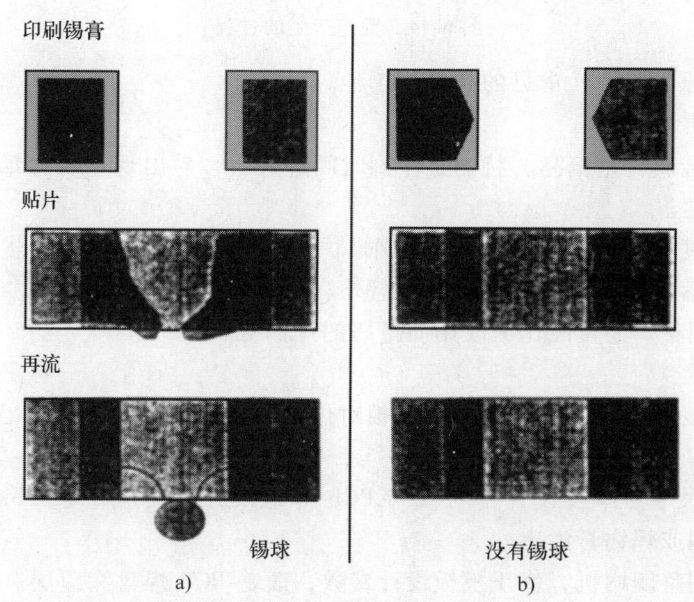

图 6-43　模板开口形状对锡球产生的影响

润湿力远大于焊料与焊盘之间的润湿力，此外引脚的上翘更会加剧芯吸现象的发生。

解决办法如下所述。

① 对于气相再流焊应将 SMA 首先充分预热后再放入气相炉中。

② 应认真检查 PCB 焊盘的可焊性，可焊性不好的 PCB 不能用于生产。

③ 充分重视元器件的共面性，对共面性不良的器件也不能用于生产。

在红外再流焊中，PCB 基材与焊料中的有机助焊剂是红外线良好的吸收介质，而引脚却能部分反射红外线，故相比而言焊料优先熔化，焊料与焊盘的润湿力就会大于焊料与引脚之间的润湿力，故焊料不会沿引脚上升，从而发生芯吸现象的概率就小得多。

4. 桥连

桥连是SMT生产中常见的缺陷之一，它会引起元器件之间的短路，遇到桥连必须返修。桥连产生的过程如图6-44所示。

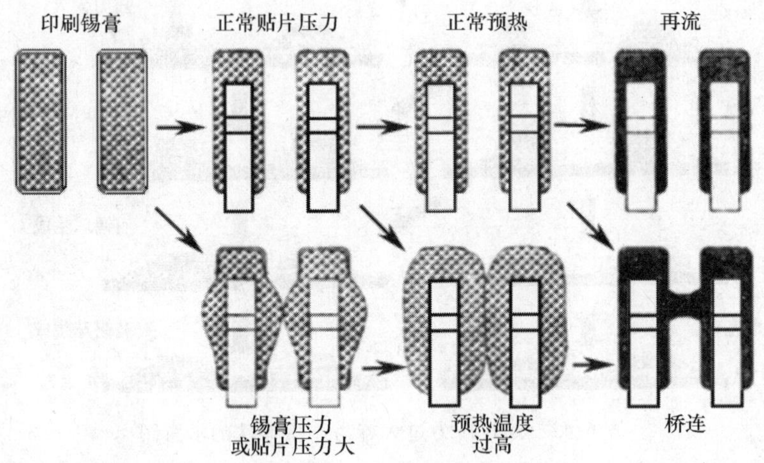

图6-44　桥连产生的过程

引起桥连的原因很多，常见的有以下4种。

（1）焊锡膏质量问题。

① 焊锡膏中金属含量偏高，特别是印刷时间过久后，易出现金属含量增高，导致IC引脚桥连。

② 焊锡膏粘度低，预热后漫流到焊盘外。

③ 焊锡膏塌落度差，预热后漫流到焊盘外。

解决办法：调整焊锡膏配比或改用质量好的焊锡膏。

（2）印刷系统。

① 印刷机重复精度差，对位不齐（钢板对位不好、PCB对位不好），致使焊锡膏印刷到焊盘外，尤其是细间距QFP焊盘。

② 模板窗口尺寸与厚度设计不对或与PCB焊盘设计不对应，Sn-Pb合金镀层不均匀，导致焊锡膏量偏多或焊锡膏溢出。

解决方法：调整印刷机，修正模板设计参数，改善PCB焊盘涂覆层。

（3）贴放。贴放压力过大，焊锡膏受压后漫流是生产中多见的原因。另外贴片精度不够会使元器件出现移位、IC引脚变形等。

（4）预热。再流焊炉升温速度过快，焊锡膏中溶剂来不及挥发。

解决办法：调整贴片机*Z*轴高度及再流焊炉升温速度。

桥连也是波峰焊工艺中常见的缺陷。

6.4.2　波峰焊质量缺陷及解决办法

1. 拉尖

拉尖是指在焊点端部出现多余的针状焊锡，这是波峰焊工艺中特有的缺陷。

产生原因：PCB传送速度不当，预热温度低，锡锅温度低，PCB传送倾角小，波峰不良，焊剂失效，元器件引线可焊性差。

解决办法：调整传送速度到合适为止，调整预热温度和锡锅温度，调整 PCB 传送角度，优选喷嘴，调整波峰形状，调换新的焊剂并解决引线可焊性问题。

2. 虚焊

产生原因：元器件引线可焊性差，预热温度低，焊料问题，助焊剂活性低，焊盘孔太大，印制板氧化，板面有污染，传送速度过快，锡锅温度低。

解决办法：解决引线可焊性，调整预热温度，化验焊锡的锡和杂质含量，调整焊剂密度，设计时减小焊盘孔，清除 PCB 氧化物，清洗板面，调整传送速度，调整锡锅温度。

3. 锡薄

产生原因：元器件引线可焊性差，焊盘太大（需要大焊盘除外），焊盘孔太大，焊接角度太大，传送速度过快，锡锅温度高，焊剂涂敷不匀，焊料含锡量不足。

解决办法：解决引线可焊性，设计时减小焊盘及焊盘孔，减小焊接角度，调整传送速度，调整锡锅温度，检查预涂焊剂装置，化验焊料含量。

4. 漏焊

产生原因：引线可焊性差，焊料波峰不稳，助焊剂失效或喷涂不均，PCB 局部可焊性差，传送链抖动，预涂焊剂和助焊剂不相溶，工艺流程不合理。

解决办法：解决引线可焊性，检查波峰装置，更换焊剂，检查预涂焊剂装置，解决 PCB 可焊性（清洗或退货），检查调整传动装置，统一使用焊剂，调整工艺流程。

5. 焊脚提升

英文称为 Lift off，该缺陷严重时焊脚会出现撕裂，常发生在波峰焊或通孔元件再流焊工艺中，采用 Sn-Pb 焊料时，Lift off 现象发生的机会相对较少，然而在无铅波峰焊过程中发生的概率明显增多。

产生原因：其原因是多方面的，但根本原因是高温引起的热应力和收缩应力所致，这也是无铅波峰焊的过高温度带来的负面影响。

① 印制电路板 Z 方向引起的收缩应力。早期 Lift off 现象发生在厚的多层板上，这与 PCB 的 Z 方向收缩应力有关。通常 FR-4 板材的 T_g 仅有 125℃～130℃左右，在室温下，PCB 热膨胀系数（CTE）仅有 0.002×10^{-6}/℃，而在焊接温度时高达 0.2×10^{-6}/℃，即高了两个数量级。当温度下降到室温后，PCB 收缩，与此同时焊点也会造成收缩，两者的收缩应力的作用点正好落在焊脚边缘上。

② 焊料偏析会影响焊点的强度。当采用含 Bi 焊料时，在正常冷却过程中，焊点内部（包含着金属引线部分），由于热容量大的原因，往往后冷却，该热量通过过孔孔壁传导给焊盘，因此焊点在冷却过程中会造成内部 Bi 的偏析现象，致使在焊点最后冷却的部位——焊盘边缘处含 Bi 量偏大，Bi 含量的不均匀性必会造成焊接强度下降，并会在 PCB 收缩应力的联合作用下加剧 Lift off 现象的发生。

③ 含 Pb 焊盘涂层的影响。Lift off 现象也易出现在含 Pb 焊盘之中，在波峰焊过程中，PCB 焊盘涂层中含有 Sn-Pb 焊料时，含 Pb 涂层会与波峰接触而浸入到焊料之中，因含 Pb 杂质与 Bi、Sn 构成 Sn-Bi-Pb 三元低温相，从而引起焊点强度下降，造成 Lift off 现象。

解决办法：上述 3 种原因均是在极端状态下的分析，但实际生产中往往又会多种原因交错在一起，而导致焊接缺陷的发生，克服 Lift off 缺陷的根本方法仍在于降低 PCB 厚度（波峰焊时），以减少收缩应力；焊后快速冷却以防止焊料偏析发生；不使用 Bi 含量高的焊料；尽量避免含 Pb 杂质的涂层。

6. 焊接后印制电路板阻焊膜起泡

SMA 在焊接后会在个别焊点周围出现浅绿色的小泡，严重时还会出现指甲盖大小的泡状物，不仅影响外观质量，严重时还会影响性能，这种缺陷也是再流焊工艺中时常出现的问题，但以波峰焊时为多。

（1）产生原因：阻焊膜起泡的根本原因在于阻焊膜与 PCB 基材之间存在气体或水蒸气，这些微量的气体或水蒸气会在不同工艺过程中夹带到其中，当遇到焊接高温时，气体膨胀而导致阻焊膜与 PCB 基材的分层，焊接时，焊盘温度相对较高，故气泡首先出现在焊盘周围。

下列原因之一，均会导致 PCB 夹带水气。

① PCB 在加工过程中经常需要清洗、干燥后再做下道工序，如腐刻后应干燥后再贴阻焊膜，若此时干燥温度不够，就会夹带水汽进入下道工序，在焊接时遇高温而出现气泡。

② PCB 加工前存放环境不好，湿度过高，焊接时又没有及时干燥处理。

③ 在波峰焊工艺中，现在经常使用含水的助焊剂，若 PCB 预热温度不够，助焊剂中的水汽会沿通孔的孔壁进入到 PCB 基材的内部，其焊盘周围首先进入水汽，遇到焊接高温后就会产生气泡。

（2）解决办法如下所述。

① 严格控制各个生产环节，购进的 PCB 应检验后入库，通常 PCB 在 260℃温度下 10s 内不应出现起泡现象。

② PCB 应存放在通风干燥环境中，存放期不超过 6 个月。

③ PCB 在焊接前应放在烘箱中在（120±5）℃温度下预烘 4 小时。

④ 波峰焊中预热温度应严格控制，进入波峰焊前应达到 100℃～140℃，如果使用含水的助焊剂，其预热温度应达到 110℃～145℃，确保水汽能挥发完。

6.4.3 再流焊与波峰焊均会出现的焊接缺陷

1. SMA 焊接后 PCB 基板上起泡

SMA 焊接后出现指甲大小的泡状物，主要原因也是 PCB 基材内部夹带了水汽，特别是多层板的加工。因为多层板由多层环氧树脂半固化片预成型再热压后而成，若环氧树脂半固化片存放期过短，树脂含量不够，预烘干去除水汽去除不干净，则热压成型后很容易夹带水汽。也会因半固片本身含胶量不够，层与层之间的结合力不够而留下气泡。此外，PCB 购进后，因存放期过长，存放环境潮湿，贴片生产前没有及时预烘，受潮的 PCB 贴片后也易出现起泡现象。

解决办法：PCB 购进后应验收后方能入库；PCB 贴片前应在（125±5）℃温度下预烘 4h。

2. 片式元器件开裂

在 SMT 生产中，片式元器件的开裂常见于多层片式电容器（MLCC），其原因主要是由于热应力与机械应力所致。

（1）产生原因如下所述。

① 对于 MLCC 类电容，其结构上存在着很大的脆弱性，通常 MLCC 是由多层陶瓷电容

叠加而成，故强度低，极易受热与机械力的冲击，特别是在波峰焊中尤为明显。

② 贴片过程中，贴片机 Z 轴吸放高度的影响，特别是一些不具备 Z 轴软着陆功能的贴片机，由于吸放高度是由片式元件的厚度来决定，而不是由压力传感器来决定，因此会因为元器件厚度公差而造成开裂。

③ PCB 的曲翘应力，特别焊接后曲翘应力很容易造成元器件的开裂。

④ 拼板的 PCB 在分割时，如果操作不当也会损坏元器件。

（2）解决办法如下所述。

① 认真调节焊接工艺曲线，特别是预热区温度不能过低。

② 贴片中应认真调节贴片机 Z 轴的吸放高度。

③ 注意拼板分割时的割刀形状；检查 PCB 的曲翘度，尤其是焊接后的曲翘度应进行针对性校正。

④ 如是 PCB 板材质量问题，则需考虑更换。

3. 焊点不光亮/残留物多

通常焊锡膏中氧含量多时会出现焊点不光亮现象；有时焊接温度不到位（峰值温度不到位）也会出现不光亮现象。

SMA 出炉后，未能强制风冷也会出现不光亮和残留物多的现象。焊点不光亮还与焊锡膏中金属含量低有关，介质不容易挥发，颜色深，也会出现残留物过多的现象。

对焊点的光亮度有不同的理解，多数人欢迎焊点光亮，但现在有些人认为光亮反而不利于目测检查，故有的焊锡膏中会使用消光剂。

4. PCB 扭曲

PCB 扭曲是 SMT 大生产中经常出现的问题，它会对装配以及测试带来相当大的影响，因此在生产中应尽量避免这个问题的出现。

（1）产生原因如下所述。

① PCB 本身原材料选用不当，如 PCB 的 T_g 低，特别是纸基 PCB，如果加工温度过高，PCB 就容易变得弯曲。

② PCB 设计不合理，元器件分布不均会造成 PCB 热应力过大，外形较大的连接器和插座也会影响 PCB 的膨胀和收缩，以致出现永久性的扭曲。

③ PCB 设计问题，例如双面 PCB，若一面的铜箔保留过大（如大面积地线），而另一面铜箔过少，也会造成两面收缩不均匀而出现变形。

④ 夹具使用不当或夹具距离太小。在波峰焊中，PCB 因焊接温度的影响而膨胀，由于指爪夹持太紧没有足够的膨胀空间而导致 PCB 变形。其他如 PCB 太宽，PCB 预加热不均，预热温度过高，波峰焊时锡锅温度过高，传送速度慢等也会引起 PCB 扭曲。

（2）解决办法如下所述。

① 在价格和利润空间允许的情况下，选用 T_g 高的 PCB 或增加 PCB 厚度。

② 合理设计 PCB，以取得最佳长宽比；双面的铜箔面积应均衡，在没有电路的地方布满铜层，并以网格形式出现，以增加 PCB 的刚度。

③ 在贴片前对 PCB 预烘，其条件是 125℃ 温度下预烘 4h。

④ 调整夹具或夹持距离，以保证 PCB 受热膨胀的空间；焊接工艺温度尽可能调低。如果已经出现轻度的扭曲，可以放在定位夹具中升温复位，以释放应力，一般会取得满意的

效果。

5. IC 引脚焊接后开路或虚焊

IC 引脚焊接后出现部分引脚虚焊，是常见的焊接缺陷。

(1) 产生原因。

① 共面性差，特别是 FQFP 器件，由于保管不当而造成引脚变形，如果贴片机没有检查共面性的功能，有时不易被发现。因共面性差而产生开路/虚焊的过程如图 6-45 所示。

② 引脚可焊性不好，IC 存放时间长，引脚发黄，可焊性不好是引起虚焊的主要原因。

③ 焊锡膏质量差，金属含量低，可焊性差，通常用于 FQFP 器件焊接的焊锡膏，金属含量应不低于 90%。

④ 预热温度过高，易引起 IC 引脚氧化，使可焊性变差。

⑤ 印刷模板窗口尺寸小，以致焊锡膏量不够。

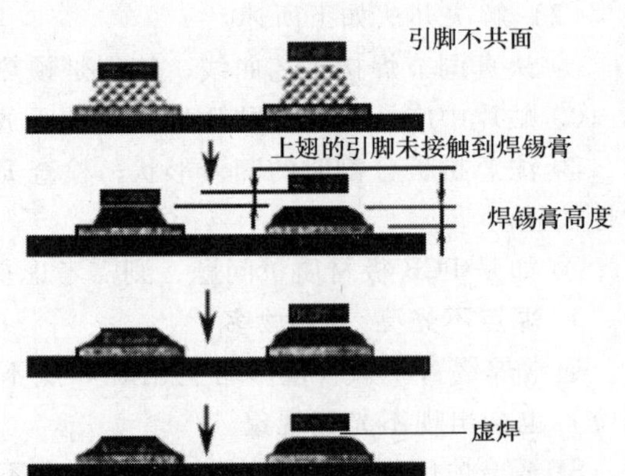

图 6-45 共面性差的器件焊接后出现虚焊

(2) 解决办法。

① 注意器件的保管，不要随便用手拿取元器件或打开包装。

② 生产中应检查元器件的可焊性，特别注意 IC 存放期不应过长（自制造日期起一年内），保管时应不受高温、高湿。

③ 仔细检查模板窗口尺寸，不应太大也不应太小，并且注意与 PCB 焊盘尺寸相配套。

6.5 清洗工艺与清洗设备

印制电路板在焊接以后，其表面或多或少会留有各种残留污物。为防止由于腐蚀而引起的电路失效，应该通过清洗去除残留污物。但是，清洗工艺要消耗能源、人力和清洗材料，特别是清洗材料带来的废气、废水排放和环境污染，已经成为必须重视的问题。近年来，清洗设备和清洗工艺有淡出电子制造企业的趋势。在大多数电子产品制造企业中，采用免清洗助焊剂进行焊接已经成为主流工艺。现在，除非是制造航天、航空类高可靠性、高精度产品，一般电子产品的生产过程中，都改用了免清洗材料（主要是免清洗助焊剂）和免清洗工艺，为降低生产成本和保护环境做出了有益的尝试。

6.5.1 清洗技术的作用与分类

1. 清洗技术的主要作用

清洗实际上是一种去污染的工艺。SMA（表面组装组件）的清洗就是要去除组装后残留在 SMA 上影响其可靠性的污染物。组装焊接后清洗 SMA 的主要作用如下所述。

① 防止电气缺陷的产生。最突出的电气缺陷就是漏电，造成这种缺陷的主要原因是 PCB 上存在离子污染物、有机残料和其他粘附物。

② 清除腐蚀物的危害。腐蚀会损坏电路，造成器件脆化；腐蚀物本身在潮湿的环境中

能导电，会引起 SMA 短路故障。

以上这两种作用主要是排除影响 SMA 长期可靠性的因素。

③ 使 SMA 外观清晰。清洗后的 SMA 外观清晰，能使热损伤、层裂等一些缺陷显露出来，以便于进行检测和排除故障。

除非采用免洗工艺技术，SMA 组装后都有清洗的必要，特别是军事电子装备、航空航天使用的电子设备（一类电子产品）等高可靠性要求的 SMA，以及通信、计算机等耐用电子产品（二类电子产品）的 SMA，组装后都必须进行清洗。家用电器等消费类产品（三类电子产品）和某些使用免洗工艺技术进行组装的二类电子产品可以不清洗。在电路组件的制造过程中，从 PCB 上电路图形的形成直到电子元器件的组装，不可避免地要经过多次清洗工序。特别是随着组装密度的提高，控制 SMA 的洗净度就更加显得重要了。焊接后 SMA 的洗净度等级关系到组件的长期可靠性，所以清洗同样是 SMT 中的重要工艺。

2. 清洗技术方法分类

根据清洗介质的不同，清洗技术分为溶剂清洗和水清洗技术两大类；根据清洗工艺和设备不同又可分为批量式（间隙式）清洗和连续式清洗两种类型；根据清洗方法不同还可以分为高压喷淋清洗、超声波清洗等几种形式。对应于不同的清洗方法和技术有不同的清洗设备，可根据应用和产量的要求选择相应的清洗工艺技术和设备。

3. 污染物类型

污染物是各种表面沉积物，以及被 SMA 表面吸附或吸收的一种能使 SMA 的性能降级的物质。

污染物还可能是一种杂质或夹杂物。杂质通常呈现颗粒状态，嵌入诸如焊接掩膜或电镀沉积的材料中，并且凸出表面。而夹杂物也是同类固体颗粒，它们被封在污染的材料里。杂质和夹杂物来源于 PCB 的制造过程。

这些不同类型的污染物可归纳为极性和非极性两种。

（1）极性污染物。极性污染物的分子具有偏心的电子分布，即在分子中的原子之间“连接”的电子分布不均匀，这就叫做“极性”特征。如 HCl 或 NaCl 的极性分子分离时，会产生正的或负的离子。

这种自由离子是良好的导体，能引起电路故障，还能与金属发生强烈反应，导致腐蚀。另外，极性污染物也可以是非离子化的。当非离子化的极性污染物出现在电场中，同时又有高温或有其他应力存在时，不同的负电性分子自身就排成行形成电流。

（2）非极性污染物。非极性污染物是没有偏心电子分布的化合物，而且不分离成离子也不带电流。这些类型的污染物大多数是由长链的碳氢化合物或碳原子的脂肪酸组成。通常，非极性污染物是绝缘体，不产生腐蚀和电气故障，但使可焊性下降并妨碍 SMA 有效电测试。而且，极性污染物有可能夹杂在非极性污染物中，或被非极性污染物覆盖，如果极性污染物暴露在外面，就有可能出现电气故障。

从清洗角度来分析，焊剂主要有两种类型：可溶于有机溶剂的和可溶于水的。可溶于有机溶剂的焊剂是 SMA 用的标准型焊剂，并且广泛应用于再流焊接的焊锡膏和双波峰焊接工艺中。它们主要由天然树脂、合成树脂、溶剂和活化剂等成分组成。助焊剂在去除焊接部位的氧化物和降低焊料表面张力、提高润湿性的同时，也是 SMA 上污染物的主要来源。这种污染物是焊接工艺之后加热改型的助焊剂生成物。

以下是污染物可能的组成与来源。

① 有机化合物。来源于助焊剂、焊接掩膜、编带及指印等。

② 无机难溶物。来源于光刻胶、PCB 处理、编带及助焊剂剩余物等。

③ 有机金属化合物。来源于助焊剂剩余物。

④ 可溶无机物。来源于助焊剂剩余物、酸及水等。

⑤ 颗粒物。来源于空气中的物质、有机物残渣等。

4. 溶剂的种类和选择

清除极性和非极性残留污物，要使用清洗溶剂。清洗溶剂分为极性和非极性溶剂两大类：极性溶剂包括酒精、水等，可以用来清除极性残留污物；非极性溶剂有氯化物和氟化物两种，如三氯乙烷、F－113 等，可以用来清除非极性残留污物。由于大多数残留污物是非极性和极性物质的混合物，所以，实际应用中通常使用非极性和极性溶剂混合后的溶剂进行清洗，混合溶剂由两种或多种溶剂组成。混合溶剂能直接从市场上购买，产品说明书会说明其特点和适用范围。

选择溶剂，除了应该考虑与残留污物类型相匹配以外，还要考虑一些其他因素：去污能力、性能、与设备和元器件的兼容性、经济性和环保要求。

6.5.2 批量式溶剂清洗技术

溶剂清洗设备用于清除印制电路板上的残留污物，按使用的场合不同，可分为连续式清洗器和批量式清洗器两大类，每一类清洗器中都能加入超声波冲击或高压喷射清洗功能。

这两类清洗设备的清洗原理是相同的，都采用冷凝—蒸发的原理清除残留污物。主要步骤是：将溶剂加热使其产生蒸汽，将较冷的被清洗印制电路板置于溶剂蒸汽中，溶剂蒸汽冷凝在印制电路板上，溶解残留污物，然后，将被溶解的残留污物蒸发掉，被清洗印制电路板冷却后再置于溶剂蒸汽中。循环上述过程数次，直到把残留污物完全清除。

批量式清洗器适用于小批量生产的场合。它的操作是半自动的，溶剂蒸汽会有少量外泄，对环境有影响。

1. 批量式清洗系统结构特点

批量式溶剂清洗技术的清洗系统有许多类型。最基本的有 4 种：环形批量式系统、偏置批量式系统、双槽批量式系统和三槽批量式系统，图 6-46 所示是双槽批量式系统的示意图。这些溶剂清洗系统都采用溶剂蒸汽清洗技术，所以也称为蒸汽脱脂机。它们都设置了溶剂蒸馏部分，并按下述工序完成蒸馏周期。

(1) 采用电浸没式加热器使煮沸槽产生溶剂蒸汽。

(2) 溶剂蒸汽上升到主冷凝蛇形管处，冷凝成液体。

(3) 蒸馏的溶剂通过管道流进溶剂水分离器，去除水分。

(4) 去除水分的蒸馏溶剂通过管道流入蒸馏储存器，从该储存器用泵送至喷枪进行喷淋。

(5) 流通管道和挡墙使溶剂流回到煮沸槽，以便再煮沸。

另一类批量式系统采用电转换加热器蒸发溶剂，用冷却水凝聚溶剂，该类系统也可利用可调加热致冷系统完成同样的过程。

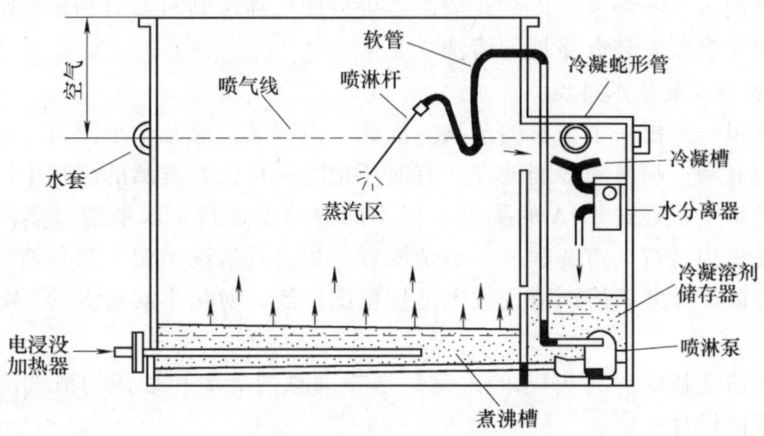

图 6-46　双槽批量式清洗机示意图

2. 清洗原理

无论何种溶剂蒸汽清洗系统，其清洗技术原理基本相同：将需清洗的 SMA 放入溶剂蒸汽中后，由于其相对温度较低，故溶剂蒸汽能很快凝结在上面，将 SMA 上面的污染物溶解再蒸发，并带走。若加以喷淋等机械力和反复多次进行蒸汽清洗，其清洗效果会更好。

3. 清洗工艺要点

（1）煮沸槽中应容纳足量的溶剂，以促进均匀迅速地蒸发，维持饱和蒸汽区。还应注意从煮沸槽中清除清洗后的剩余物。

（2）在煮沸槽中设置有清洗工作台，以支撑清洗负载；要使污染的溶剂在工作台水平架下面始终保持安全水平，以便使装清洗负载的筐子上升和下降时，不会将污染的溶剂带进另一溶剂槽中。

（3）溶剂罐中要充满溶剂并维持在一定水平，以使溶剂总是能流进入煮沸槽中。

（4）当设备启动之后，应有充足的时间（通常最少为 15min）形成饱和蒸汽区，并进行检查，确信冷凝蛇形管达到操作手册中规定的冷却温度，然后再开始清洗操作。

（5）根据使用量，周期性地用新鲜溶剂更换煮沸槽中的溶剂。

4. 操作注意事项

（1）操作人员应戴上安全眼镜，以免溶剂进入眼睛导致严重人身事故。

（2）清洗装载装置若是托盘筐架式结构，待清洗 SMA 应垂直放在托盘上再装入筐架中，慢慢向下移动放入煮沸槽上面的蒸汽区内，一般不应把组件浸没在煮沸槽中。

（3）采用喷枪喷淋的场合，应待被清洗 SMA 在蒸汽中停留到溶剂停止在组件上凝聚后再进行喷枪喷淋。

（4）喷淋时，溶剂蒸汽消失。当组件需继续在溶剂蒸汽中再进行一个清洗周期时，需要附加时间以重新形成饱和蒸汽区（通常为 60 ~ 90s）。

（5）清洗周期完毕，从清洗机中提出装载筐架时应缓慢。机器停机后，应盖上机盖防止溶剂损失。

6.5.3　连续式溶剂清洗技术

连续式清洗器用于大批量生产的场合。它的操作是全自动的，它有全封闭的溶剂蒸发系统，能够做到溶剂蒸汽不外泄。连续式清洗器可以加入高压倾斜喷射和扇形喷射的机械去污方法，特别适用于表面安装电路板的清洗。

1. 连续式溶剂清洗技术特点

连续式清洗机一般由一个很长的蒸汽室组成，内部又分成几个小蒸汽室，以适应溶剂的阶式布置、溶剂煮沸、喷淋和溶剂储存，有时还把组件浸没在煮沸的溶剂中。通常，把组件放在连续式传送带上，根据 SMA 的类型，以不同的速度运行，水平通过蒸汽室。溶剂蒸馏和凝聚周期都在机内进行，清洗程序、清洗原理与批量式清洗类似，只是清洗程序是在连续式的结构中进行的。连续式溶剂清洗技术适用范围广泛，对量小或量大的 SMA 清洗都适用，其清洗效率高。

采用连续式清洗技术清洗 SMA 的关键是选择满意的溶剂和最佳的清洗周期。清洗周期由连续清洗的不同设计决定。

2. 连续式溶剂清洗系统类型

连续式清洗机按清洗周期可分为以下 3 种类型。

(1) 蒸汽—喷淋—蒸汽周期。这是在连续式溶剂清洗机中最普遍采用的清洗周期，组件先进入蒸汽区，然后进入喷淋区，最后再通过蒸汽区排除溶剂送出。在喷淋区从底部和顶部进行上下喷淋。不论采用哪一种清洗周期，通常在两个工序之间都对组件进行喷淋。开始和最终的喷淋在倾斜面上进行，以利于提高 SMD 下面溶剂流动的速度。随着高压喷淋的采用，这种清洗周期取得了很大的改进，提高了喷淋速度。典型的喷淋压力范围为 4116 ~ 13720Pa，这种类型的清洗机常采用扁平、窄扇形和宽扇形等喷嘴，并辅以高压、喷射角度控制等措施进行喷淋。

(2) 喷淋—浸没煮沸—喷淋周期。采用这类清洗周期的连续式溶剂清洗机主要用于难清洗的 SMA。要清洗的组件先进行倾斜喷淋，然后浸没在煮沸的溶剂中，最终再倾斜喷淋，最后排除溶剂。

(3) 喷淋—带喷淋的浸没煮沸—喷淋周期。采用这类清洗周期的清洗机与第二类清洗机类似，只是在煮沸溶剂上面附加了溶剂喷淋。有的还在浸没煮沸溶剂中设置喷嘴，以形成溶剂湍流。这些都是为了进一步强化清洗作用。这类清洗机，在煮沸浸没系统的溶剂液面降低到传送带以下时，清洗周期就变成蒸汽—喷淋—蒸汽周期。

6.5.4 水清洗工艺技术

水是一种成本较低且对多种残留污物都有一定清洗效果的溶剂，特别是在目前环保要求越来越高的情况下，有时只能使用水溶液进行清洗。水对大多数颗粒性、非极性和极性残留污物都有较好的清洗效果，但对硅脂、树脂和纤维玻璃碎片等印制电路板焊接后产生的不溶于水的残留污物没有效果。在水中加入碱性化学物质，如肥皂或胺等表面活性剂，可以改善清洗效果。除去水中的金属离子，将水软化，能够提高这些添加剂的效果并防止水垢堵塞清洗设备。因此，清洗设备中一般使用软化水。

图 6-47 所示为常用的两种类型水清洗技术工艺流程。一种是采用皂化剂的水溶液，在 60℃ ~70℃ 的温度下，皂化剂和松香型助焊剂剩余物反应，形成可溶于水的脂肪酸盐（皂），然后用连续的水漂洗去除皂化反应产物。另一种是不采用皂化剂的水清洗工艺，用于清洗采用非松香型水溶性助焊剂焊接的 PCB 组件。采用这种工艺时，常加入适当中和剂，

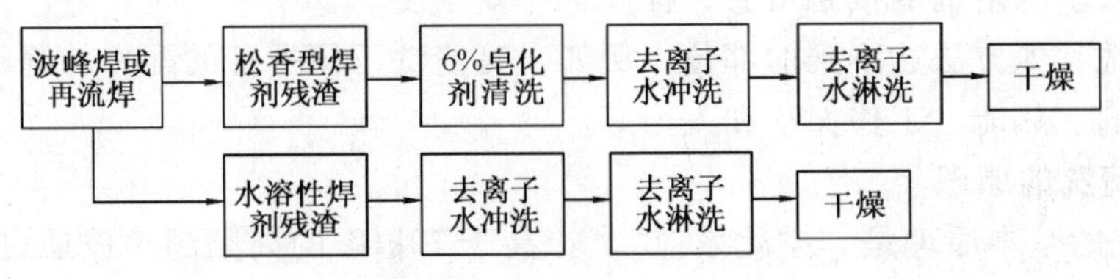

图 6-47 水清洗技术流程图

以便更有效地去除可溶于水的助焊剂剩余物和其他污染物。

图 6-48 示出了简单的水洗工艺流程图。这种水洗工艺适用于结构简单的通孔 PCB 组件的清洗。预冲洗部分从 PCB 组件上去除可溶的污染物，冲洗用水来自循环漂洗用过的水。预冲洗用过的水，从清洗系统排出。冲洗部分由冲洗槽和泵组成，冲洗槽内设有浸没式加热器。冲洗槽一天排污水一次，或根据 PCB 组件的污染情况酌定。漂洗部分结构和冲洗部分相同，只是不设置浸没式加热器。最后用高纯度水进行漂洗。清洗过的 PCB 组件要进行吹干或红外加热烘干。

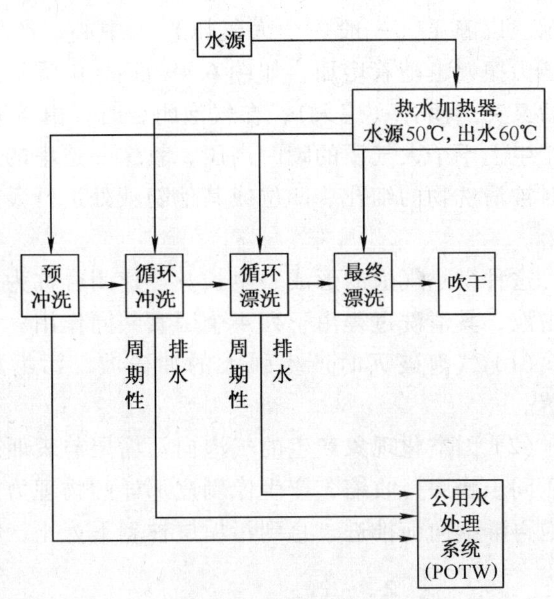

图 6-48 简单清洗工艺流程图

水洗系统有 3 个十分重要的辅助部分。第一是一个非常纯净的水源，这是成功地进行水洗的充分条件。第二是水加热系统，一般要求清洗用水的温度为 54℃ ~74℃。第三是公用水处理。清洗电路组件排放的污水必须按照环保要求，按规定处理到排放水的指标。

6.5.5 超声波清洗

适用于 SMA 焊后清洗的技术还有超声波清洗和离心清洗，这两种清洗技术在替代 CFC 的清洗方法中可适用于多种溶剂，并能显著地提高清洗效果。

1. 超声波清洗的特点

超声波清洗与其他清洗相比，洗净率高，残留物少，清洗时间短，清洗效果好，凡是能被液体浸到的被清洗件，超声对它都有清洗作用。超声波清洗不受清洗件表面形状限制，例如深孔、狭缝、凹槽，都能得到清洗。由于超声波发生器采用 D 类工作放大，换能器的电声效率高，因此超声清洗高效节能。它是一种真正高速、高质量和易实现自动化的清洗技术。若清洗剂采用非 ODS 清洗剂则具有绿色环保清洗作用。超声清洗对玻璃、金属等反射强的物体其清洗效果好，而不适宜纺织品、多孔泡沫塑料和橡胶制品等声吸收强的材料。在生产实践中，还具有以下优点。

① 不损坏被清洗物表面。

② 减少了人手与溶剂的接触机会，提高工作安全度。

③ 可以清洗其他方法达不到的部位，例如，可清洗不便拆开的配件的缝隙处。

④ 节省溶剂、热能、工作面积和人力等。

2. 超声波清洗的原理

超声波清洗的基本原理是“空化效应”，当高于20kHz的高频超声波通过换能器转换成高频机械振荡传入清洗液中，超声波在清洗液中疏密相间地向前辐射，使清洗液流动并产生数以万计的微小气泡。如果对液体中某一确定点进行观察，则该点的压力如图6-49曲线A所示。以静压（一般一个大气压）为中心，产生压力的增减，若依次增强超声波的强度，则压力振幅也随着增加，如图6-49曲线B所示。当声压达到一定值时，气泡将迅猛增长，然后又突然闭合（熄灭），在气泡闭合时，由于液体间相互碰撞产生强大的冲击波，在其周围产生上千个大气压的瞬时高压，就像一连串的小“爆炸”，不断地轰击被清洗物表面，并可对被清洗物的细孔、凹位或其他隐蔽处进行轰击，使被清洗物表面及缝隙中的污染物迅速剥落。

这种微小气泡的形成、生长及迅速闭合称为空化现象。超声清洗主要利用了空化作用的冲击波，其清洗过程由下列4个因素共同作用。

(1) 气泡破灭时产生强大的冲击波，污垢层在冲击波的作用下被剥离下来，分散并脱落。

(2) 因空化现象产生的气泡向污垢层与表面之间的间隙和空隙渗透，由于这种小气泡与声压同步膨胀，收缩，产生像剥皮那样的物理力重复作用于污垢层，污垢一层层被剥开，小气泡再继续向前推进，直到污垢层被剥下为止，称为空化二次效应，如图6-50所示。

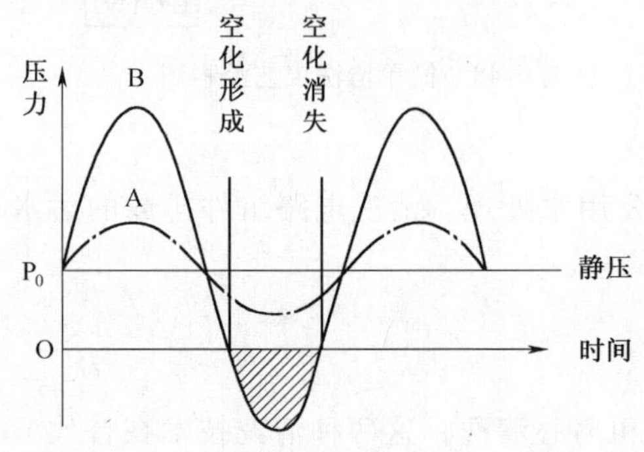

图6-49 清洗槽内某一点的压力曲线

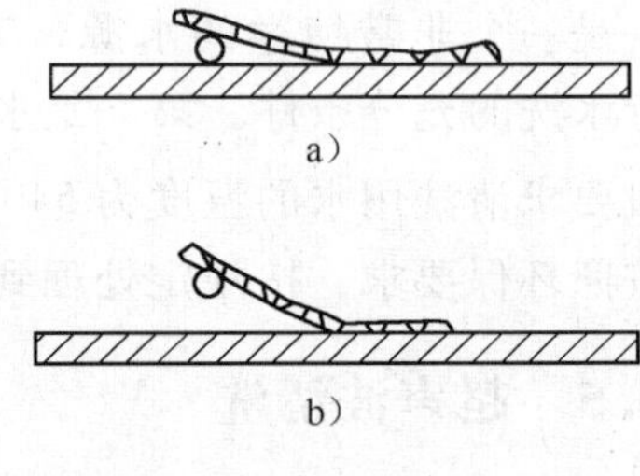

图6-50 气泡去污作用

(3) 超声清洗中清洗液的超声振动本身对清洗的作用力。超声波在清洗液中传播时，它将引起质点的振动，使清洗物表面的污垢层每秒将遭到上万次的激烈冲击。

(4) 清洗剂溶解污垢，产生乳化分散的化学力。

3. 超声波清洗设备

超声波清洗机的结构一般有超声电源和清洗器合为一体或分体式两种形式，一般小功率（200W以下）清洗机采用一体式结构，而大功率清洗机采用分体式结构。分体式结构超声波清洗机由3个主要部分组成。

① 清洗缸。

② 超声波发生器。超声波清洗机用的超声波发生器，大多数采用大功率自激式反馈振

荡器。一般来说，由于清洗负载变动较小，可以不要求复杂的频率自动跟踪电路。

③ 超声波换能器。目前大多数超声波清洗机用的是压电式换能器，一般由两片压电陶瓷晶片组成。一台清洗机用多个换能器，经粘接剂粘接在清洗缸底部且经并联组成一台清洗机的换能器。换能器单元的间距，对于频率 20kHz 的超声波一般在 5～10mm 为佳。

大型专用超声波清洗机一般安装在 SMA 清洗的生产流水线上，被清洗物件从进料口可传动的不锈钢专用网带送入超声波清洗槽，其工艺过程为：进料→前喷淋→超声波清洗→后喷淋→风刀吹劈→热风烘干→冷风冷却→出料，实现被清洗物件可直接包装入库。图 6-51 所示是全自动超声波清洗机的结构图。

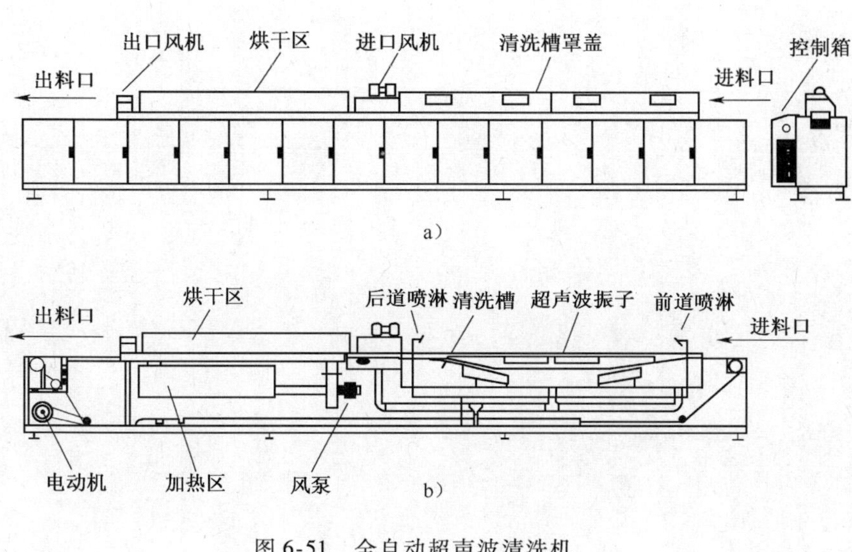

图 6-51　全自动超声波清洗机

a) 外部结构　b) 内部结构

6.6　思考与练习题

1. 试总结焊接的分类及应用场合。
2. 什么是锡焊？其主要特征是什么？
3. 锡焊必须具备哪些条件？
4. 手工焊接 SMT 元器件有哪些专用工具？
5. 表面组装元器件的焊接与 THT 元器件的焊接相比较，有哪些特点？
6. 焊接片状元器件时，对焊接温度和焊接时间有什么要求？
7. 拆卸片状元器件应注意哪些问题？卸下来的片状元器件为什么不能再用？
8. 请叙述手工焊接 SMT 元器件与焊接 THT 元器件有哪些不同。
9. 请说明使用电烙铁手工焊接贴片元器件的操作方法。
10. 使用热风台手工焊接 SMT 元器件时，怎样设定热风台的温度和风量？
11. 如何用专用加热头拆焊贴片集成电路？
12. 叙述 BGA 芯片损坏的机理，说明为 BGA 芯片修复性植球的意义和可行性。

13. 叙述什么叫浸焊，操作浸焊机时应注意哪些问题？
14. 什么是再流焊？叙述再流焊工艺的技术特点。
15. 画出采用再流焊的 SMT 工艺流程图。
16. 什么叫气泡遮蔽效应？什么叫阴影效应？SMT 采用哪些新型波峰焊接技术？
17. 叙述气相再流焊的工艺过程。
18. 分别说明波峰焊与再流焊常见焊接缺陷产生的原因及解决方法。
19. 请说明焊接残留污物的种类以及每种残留污物可能导致的后果。
20. 请说明清洗溶剂的种类。选择清洗溶剂时应该考虑哪些因素？

第 7 章　SMT 组装工艺流程与静电防护

本章要点

- SMT 的组装方式及工艺流程
- SMT 生产线的设计
- 工艺设计和组装设计文件
- SMT 产品组装中的静电防护技术

7.1　SMT 组装方式与组装工艺流程

7.1.1　组装方式

SMT 的组装方式主要取决于表面组装组件（SMA）的类型、使用的元器件种类和组装设备条件，大体上可分成单面混装、双面混装和全表面组装 3 种类型，共 6 种组装方式，如表 7-1 所示。不同类型的 SMA 其组装方式有所不同，同一种类型的 SMA 其组装方式也可以有所不同。

根据组装产品的具体要求和组装设备的条件选择合适的组装方式，是高效、低成本组装生产的基础，也是 SMT 工艺设计的主要内容。

表 7-1　表面组装组件的组装方式

序号	组装方式		组件结构	电路基板	元器件	特　征
1	单面混装	先贴法	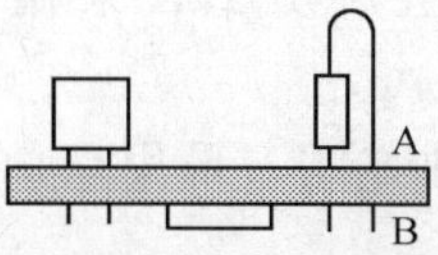 A B	单面 PCB	表面组装元器件及通孔插装元器件	先贴后插，工艺简单，组装密度低
2		后贴法		单面 PCB	同上	先插后贴，工艺较复杂，组装密度高
3	双面混装	SMD 和 THC 都在 A 面	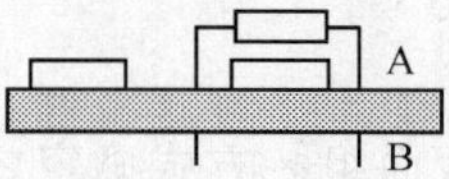 A B	双面 PCB	同上	先贴后插，工艺较复杂，组装密度高
4		THC 在 A 面 A，B 两面都有 SMD	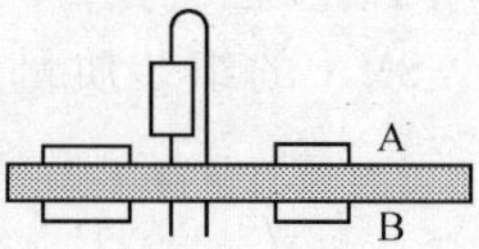 A B	双面 PCB	同上	THC 和 SMC/SMD 组装在 PCB 同一侧
5	全表面组装	单面表面组装	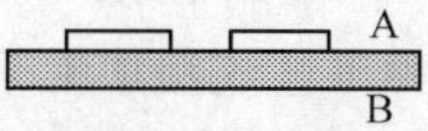 A B	单面：PCB、陶瓷基板	表面组装元器件	工艺简单，适用于小型、薄型化的电路组装
6		双面表面组装	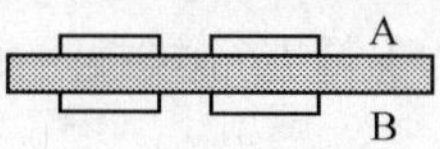 A B	双面：PCB、陶瓷基板	同上	高密度组装，薄型化

1. 单面混合组装

第一类是单面混合组装，即表面组装元器件（SMC/SMD）与通孔插装元件（THC）在PCB的两个面上混装，但其焊接面仅为单面。这一类组装方式均采用单面PCB和波峰焊接（现一般采用双波峰焊）工艺，具体有两种组装方式。

① 先贴法。第一种组装方式称为先贴法，即在PCB的B面（焊接面）先贴装SMC/SMD，而后在A面插装THC。

② 后贴法。第二种组装方式称为后贴法，即先在PCB的A面插装THC，后在B面贴装SMC/SMD。

2. 双面混合组装

第二类是双面混合组装，SMC/SMD和THC可混合分布在PCB的同一面，同时，SMC/SMD也可分布在PCB的双面。双面混合组装采用双面PCB、双波峰焊接或再流焊接。在这一类组装方式中也有先贴还是后贴SMC/SMD的区别，一般根据SMC/SMD的类型和PCB的大小合理选择，通常采用先贴法。该类组装常用两种组装方式。

① SMC/SMD和THC同侧方式。即表7-1中所示的第三种，SMC/SMD和THC同在PCB的一侧。

② SMC/SMD和THC不同侧方式。即表7-1中所示的第四种，把表面组装集成芯片（SMIC）和THC放在PCB的A面，而把SMC和小外形晶体管（SOT）放在B面。

这类组装方式由于是在PCB的单面或双面贴装SMC/SMD，同时又把难以表面组装化的有引线元件插入组装，因此组装密度相当高。

3. 全表面组装

第三类是全表面组装，在PCB上只有SMC/SMD而无THC。由于目前元器件还未完全实现SMT化，实际应用中这种组装形式不多。这一类组装方式一般是在细线图形的PCB或陶瓷基板上，采用细间距器件和再流焊接工艺进行组装。它也有两种组装方式。

① 单面表面组装方式。表7-1所示的第五种方式，采用单面PCB在单面组装SMC/SMD。

② 双面表面组装方式。表7-1所示的第六种方式，采用双面PCB在两面组装SMC/SMD，组装密度更高。

7.1.2 组装工艺流程

合理的工艺流程是组装质量和效率的保障，表面组装方式确定之后，就可以根据需要和具体设备条件确定工艺流程。不同的组装方式有不同的工艺流程，同一组装方式也可以有不同的工艺流程，这主要取决于所用元器件的类型、SMA的组装质量要求、组装设备和组装生产线的条件，以及组装生产的实际条件等。

1. 单面混合组装工艺流程

单面混合组装方式有两种类型的工艺流程，一种采用SMC/SMD先贴法（见图7-1a），另一种采用SMC/SMD后贴法（见图7-1b）。这两种工艺流程中都采用了波峰焊接工艺。

SMC/SMD先贴法是指在插装THC前先贴装SMC/SMD，利用粘接剂将SMC/SMD暂时固定在PCB的贴装面上，待插装THC后，采用波峰焊进行焊接。而SMC/SMD后贴法则是先插装THC，再贴装SMC/SMD。

SMC/SMD 先贴法的工艺特点是粘接剂涂敷容易，操作简单，但需留下插装 THC 时弯曲引线的操作空间，因此组装密度较低。而且插装 THC 时容易碰到已贴装好的 SMD，从而引起 SMD 损坏或脱落。为了避免这种现象，粘接剂应具有较高的粘接强度，以耐机械冲击。

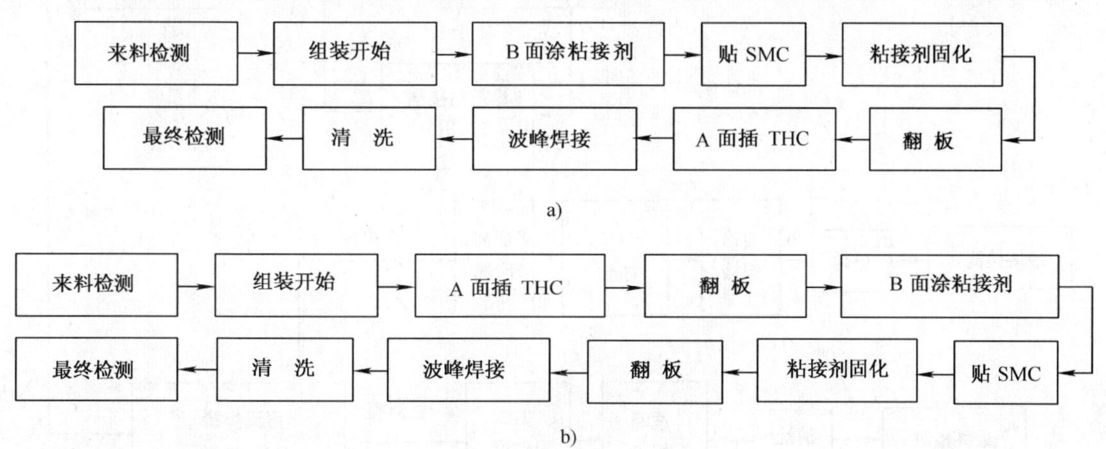

图 7-1 单面混合组装工艺流程

a) SMC/SMD 先贴法 b) SMC/SMD 后贴法

SMC/SMD 后贴法克服了 SMC/SMD 先贴法方式的缺点，提高了组装密度。但涂敷粘接剂较困难。这种组装方式广泛用于电视机、盒式磁带录像机等 PCB 组件的组装中。

2. 双面混合组装工艺流程

双面 PCB 混合组装有两种组装方式：一种是 SMC/SMD 和 THC 同在电路板的 A 面（见表 7-1 中的第三种方式）；另一种是 PCB 的 A 面和 B 面都有 SMC/SMD，而 THC 只在 A 面（见表 7-1 中的第四种方式）。双面 PCB 混合组装一般都采用 SMC/SMD 先贴法。

第三种组装方式有两种典型工艺流程，图 7-2 表示出其中一种。这种工艺流程在再流焊接 SMC/SMD 之后，在插装 THC 之前可分成两种流程。当在再流焊接之后需要较长时间放置或插装 THC 时采用流程 A。因为在再流焊接期间留在组件上的焊剂剩余物，如停置时间较长，在最后清洗时很难有效地清除，为此，流程 A 比流程 B 增加了一项溶剂清洗工序。另外，有些 THC 对溶剂敏感，所以再流焊接后需要马上进行清洗。但流程 B 具有路线短、费用少的优势，因而广泛用于高度自动化的表面组装工艺中。

第三种组装方式的另一种工艺流程如图 7-3 所示。这种组装工艺流程用来把鸥翼形引线的 SMD 和 THC 混合组装在同一块电路板上。它可以不采用焊膏，而是在印制电路板上电镀焊料，用热棒或激光再流焊接工艺焊接 SMD。在这种工艺中，常采用既能贴装 SMD 又能进行焊接的装焊一体化设备进行组装。

第四种组装方式的典型工艺流程如图 7-4 所示，SMIC 和 THC 组装在 A 面，SMC/SMD 组装在 B 面。在 A 面 SMIC 再流焊之后，紧接着在 A 面插装 THC，再在 B 面涂敷粘接剂和贴装 SMC/SMD。这就防止了由于 THC 引线打弯而损坏 B 面的 SMC/SMD，以及插装 THC 时的机械冲击引起 B 面粘接的 SMC/SMD 脱落。如果需要先在 B 面贴装 SMC/SMD 后在 A 面插装 THC，则在引线打弯时应特别小心。而且贴装 SMC/SMD 的粘接剂应具有较高的粘接强度，以便经受得住插装 THC 时的机械冲击。

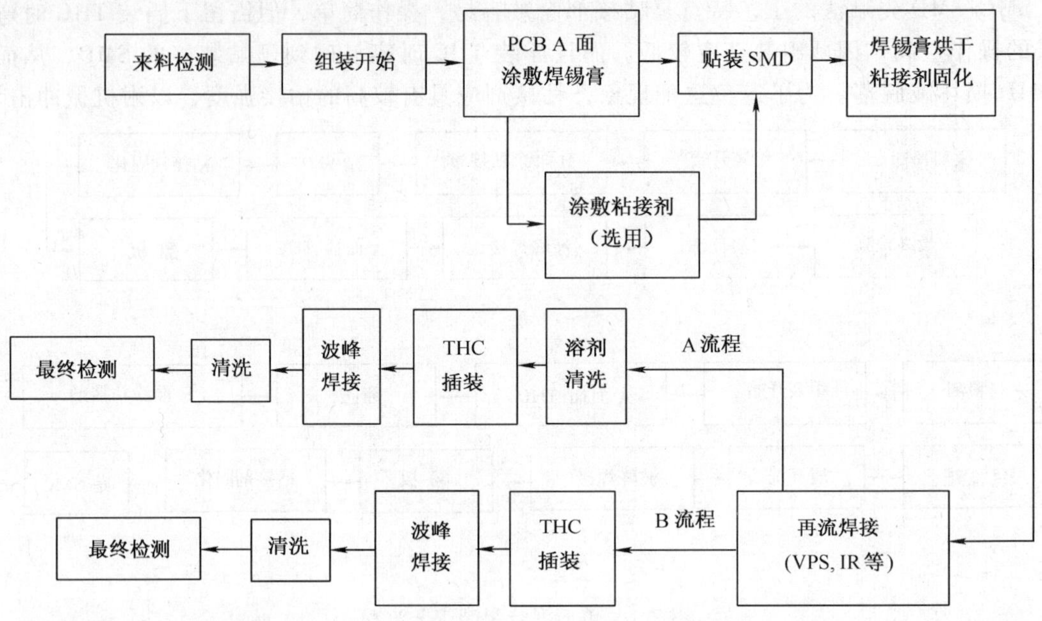

图 7-2　双面混合组装工艺流程（SMD 和 THC 在同一侧）

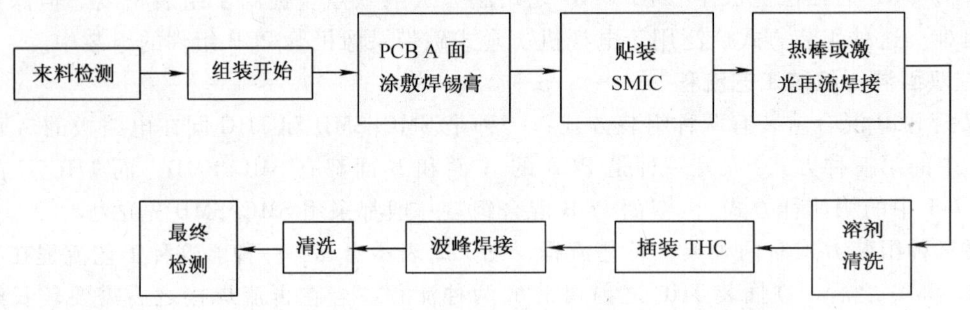

图 7-3　采用热棒或激光再流焊接的双面混合组装工艺流程

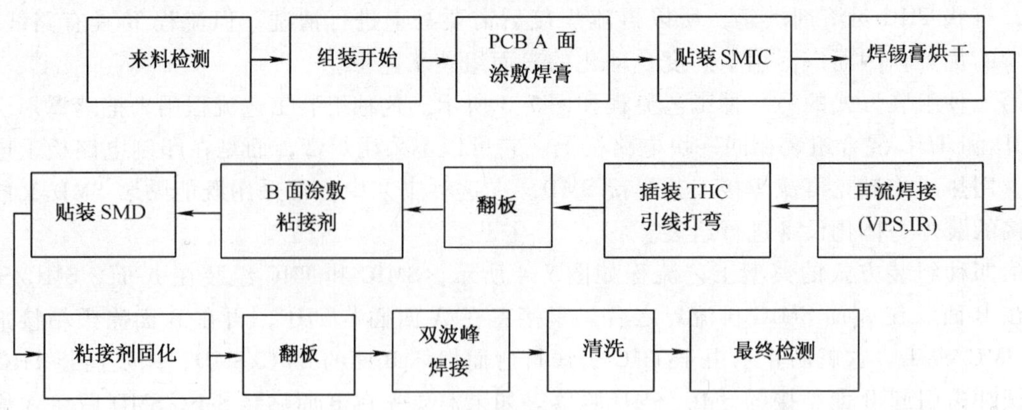

图 7-4　双面混合组装工艺流程（SMIC 和 SMD 分别在 A 面与 B 面）

图 7-5 是第四种组装方式的又一种典型工艺流程。该流程的特点是先贴装 SMIC 和 SMC，而后插装 THC。流程 A（见图 7-5a）是在 B 面贴装 SMC/SMD 和在 A 面贴装 SMIC 后，A 面先进行再流焊接，然后才在 B 面插装 THC，并进行波峰焊接的工艺流程。流程 B（见图 7-5b）是 A 面的 SMIC 和 B 面的 SMC/SMD 依次分别进行再流焊接后，再插装 THC 并进行波峰焊接的工艺流程。该工艺流程也可用手工焊接 THC。另外，对热敏感的 SMIC，如方形扁平封装芯片载体（QFP）等，也可采用激光等局部加热法进行焊接。

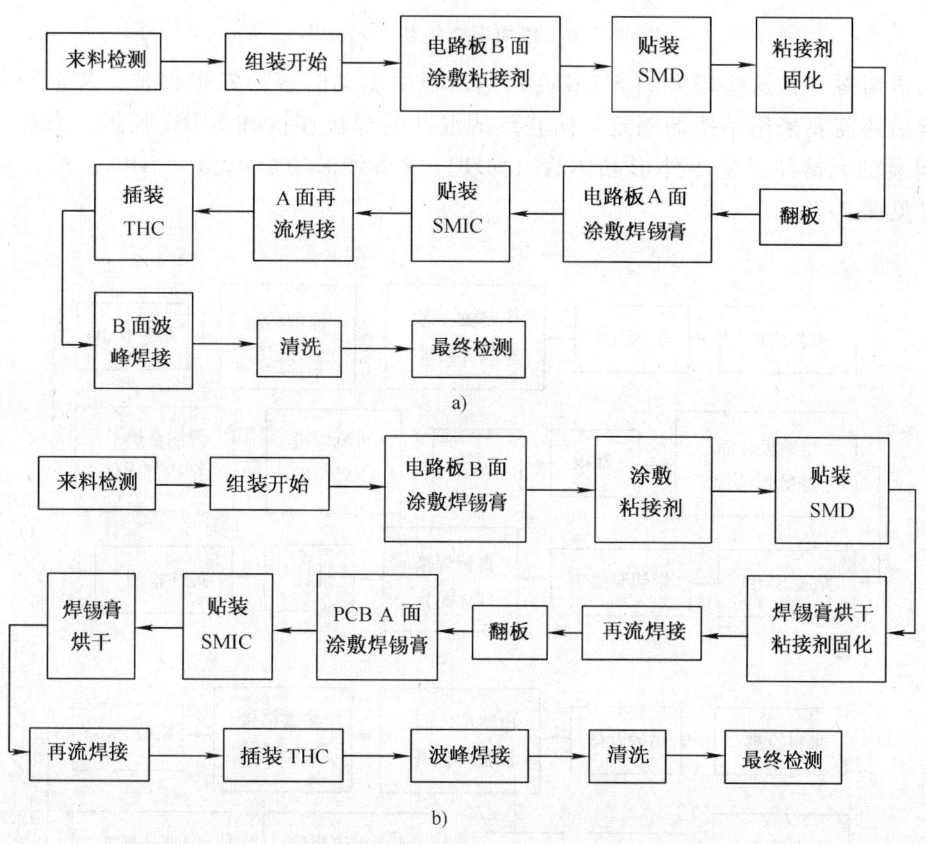

图 7-5　第四种组装方式的另一种典型工艺流程

a）流程 A　b）流程 B

3. 全表面组装工艺流程

全表面组装工艺流程对应于表 7-1 所示的第五种和第六种组装方式。

单面表面组装方式的典型工艺流程如图 7-6 所示。这种组装方式是在单面 PCB 上只组装表面组装元器件，无通孔插装元器件，采用再流焊接工艺，这是最简单的全表面组装工艺流程。

双面表面组装的典型工艺流程如图 7-7 所示。在电路板两面组装塑封有引线芯片载体（PLCC）时，采用流程 A（见图 7-7a）。由于 J 型引线和鸥翼形引线的 SMIC 采用双波峰焊接容易出现桥接，所以组件两面都采用再流焊接工艺。但 A 面组装的 SMIC 要经过两次再流焊接周期，当在 B 面组装时，A 面向下，已经装焊在 A 面上的 SMIC 在 B 面再流焊接周期，

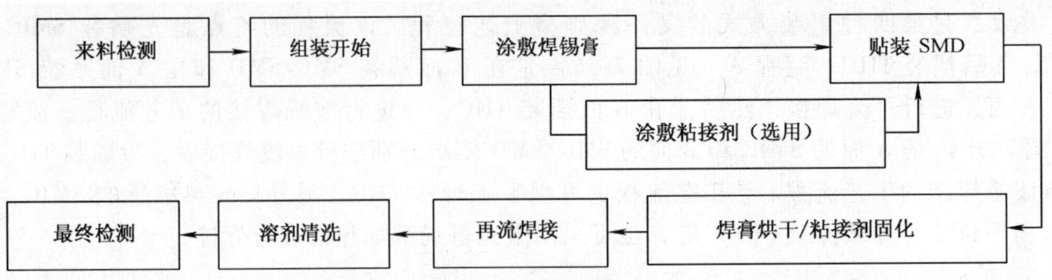

图 7-6 单面表面组装工艺流程

其焊料会再熔融，且这些较大的 SMIC 在传送带轻微振动时容易发生移位，甚至脱落，所以涂敷焊膏后还需要采用粘接剂固定，防止形成混乱的焊接连接和 SMIC 脱落。当在印制电路板 B 面组装的元器件只是小外形晶体管（SOT）或小外形集成电路（SOIC）时，可以采用流程 B（见图 7-7b）。

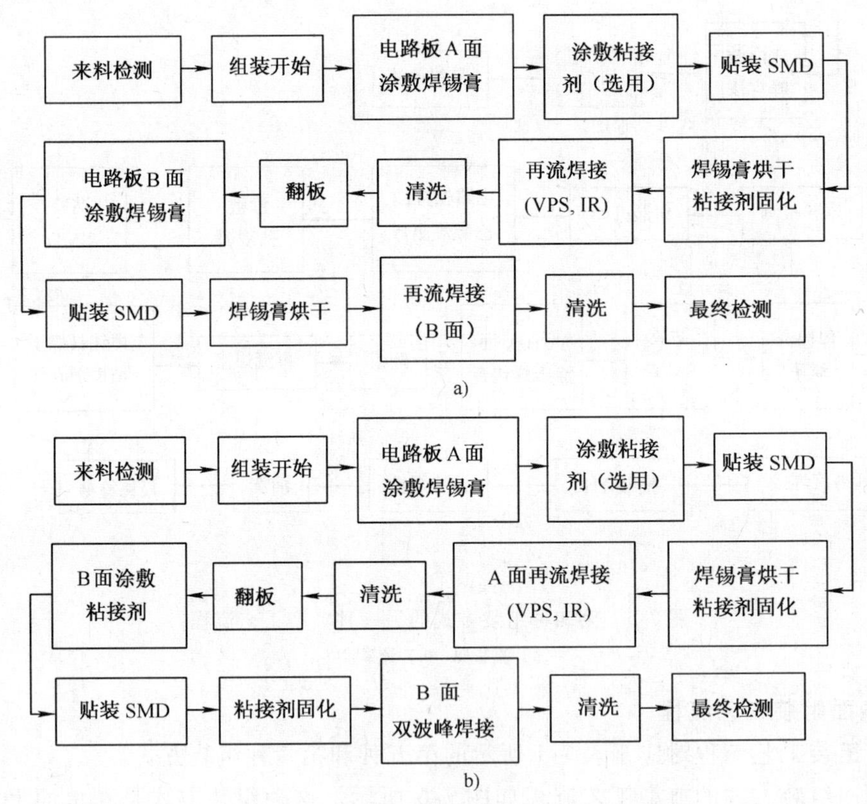

图 7-7 双面表面组装工艺流程

a）流程 A b）流程 B

以上介绍了几种典型的表面组装工艺流程。在实际组装中必须根据 SMA 的设计，以及电子装备对 SMA 的要求和实际条件，综合多种因素确定合适的工艺流程，以获得低成本高效益的组装生产效果和得到高可靠性的 SMA。

7.2 SMT 生产线的设计

SMT 生产线主要由点胶机、焊膏印刷机、SMC/SMD 贴片机、再流焊接（或波峰焊接）设备、检测设备等组装和检测设备组成，第 1 章中的图 1-4 就是一种适用于单面表面组装的 SMT 生产线基本组成示意图。

SMT 生产线设计涉及技术、管理和市场各个方面，如市场需求及技术发展趋势、产品规模及更新换代周期、元器件类型及供应渠道、设备选型和投资强度等问题都需考虑。

同时，还要考虑到现代化生产模式及其生产系统的柔性化和集成化发展趋势，以便使设计的 SMT 生产线能与之相适应。所以，SMT 生产线的设计和设备选型要结合主要产品生产实际需要、实际条件、一定的适应性和先进性等几方面进行考虑。

在已知组装产品对象的情况下，建立 SMT 生产线前应该先进行 SMT 总体设计，确定需组装元器件种类和数量、组装方式及工艺和总体设计目标，然后再进行生产线设计。而且最好在 PCB 电路设计初步完成后，才进行 SMT 生产线设计，这样可使投入产出比达到最佳状态。

7.2.1 生产线的总体设计

1. 元器件（含基板）选择

元器件（含基板）选择是决定组装方式及工艺复杂性和生产线及设备投资的第一因素。尤其是在我国 SMC/SMD 类型不齐全、大部分依靠进口的现有发展水平下，元器件选择显得格外重要。例如，当 SMA 上所需插装元件只有几个时，则可采用手工插焊，不必用波峰焊。如果插装元件多，则尽量采用单面混合组装工艺流程。元器件选择过程中必须建立元器件数据库（表 7-2 是元器件数据库的示例），并注意以下几点。

表 7-2 元器件数据库

序号	名 称	封装	性能用途	数量	焊接要求	安装尺寸/mm	引脚数	引脚（长/宽）/mm	引脚间距/mm	包装	备注
1	1/8W 电阻	1005	放大器	50	260℃，10s	1.0×0.5×0.3				8mm	715 厂
2	1/2W 电阻	1608	放大器	20	260℃，10s	1.6×0.8×0.9				8mm	
3	0.1μF MLC	1005	放大器	10	260℃，5s	1.0×0.5×0.3				8mm	
4	1.5μF MLC	1608	放大器	5	260℃，5s	1.6×0.8×0.4				8mm	新元器件
5	晶体管	SOT23	放大器	5	260℃，5s	2.7×2.2×10	3	0.35/0.1	1.9	16mm	
6	D/A	SOP24	D/A	2	250℃，3s	1.68×1.27×3.05	24	1.05/0.76	1.27	管式	
7	CPU	PLU84	CPU	1	230℃，2s	画图	84	1.15/0.77	1.27	散装	
8	ROM	QFP80	ROM	2	230℃，2s	画图	80	1.0/0.1	0.8	散装	
20	电阻	THC	放大器	5						带装	
21	大电容	THC	功放	5						带装	散热

（1）要保证元器件品种齐套，否则将使生产线不能投产，为此，应有后备供应商。

（2）元器件的质量和尺寸精度应有保证，否则将导致产品合格率低，返修率增加。

（3）不可忽视 SMC/SMD 的组装工艺要求，注意元器件可承受的贴装压力和冲击力及其焊接要求等。如 J 型引脚 PLCC，一般只适宜采用再流焊。

（4）确定元器件的类型和数量、元器件最小引脚间距、最小尺寸等，并注意其与组装工艺的关系。如 0.3mm 引脚间距的 QFP 须选用高精度贴片机和丝网印刷机，而 1.27mm 引脚间距的 QFP 则只须选择中等精度贴片机。

2. 组装方式及工艺流程的确定

组装方式是决定生产工艺复杂性、生产线规模和投资强度的决定性因素。同一产品的组装生产可以用不同的组装方式来实现。确定组装方式时既要考虑产品组装的实际需要，又应考虑发展适应性需要。在适应产品组装要求的前提下，一般优选单面混合组装或单面全表面组装方式。

由于元器件的种类品种繁多而且更新换代很快，原来较合理的组装方式，因元器件的发展变化，过了一段时间可能会变为不合理。若已建立的生产线适应性差，由此就可能造成较大的损失。为此，在优选单面混合组装方式设计生产线的同时，还应考虑所选择的设备能适用于双面混合组装方式，便于需要时扩展。

组装方式确定之后，即可初步设计出工艺流程，并制定出相应的关键工序及其工艺参数和要求，如贴片精度要求、焊接工艺要求等，以便设备选型之用。设计生产线时，应重视"按需设计"的原则，否则可能会造成大材小用、设备闲置或达不到产品质量要求等不良后果。

7.2.2 生产线的自动化程度

现代先进的 SMT 生产线属于柔性自动化（Flexible Automation）生产方式，其特征是采用机械手、计算机控制和视觉系统，能从一种产品的生产很快地转换为另一种产品的生产，能适合于多品种中/小批量生产等。其自动化程度主要取决于贴片机、运输系统和线控计算机系统。一般根据年产量、生产线效率系数和计划投资额，来确定 SMT 生产线的自动化程度。

1. 高速 SMT 生产线

高速 SMT 生产线一般由贴片速度大于 8000～11000 片/小时的高速贴片机组成，主要用于彩色电视机调谐器等大批量单一产品的组装生产。目前也出现了数万片/小时的高速高精度贴片机，主要应用于产量大的组装产品，如通信产品等。

2. 中速高精度 SMT 生产线

细间距器件的发展很快，在计算机、通信、录像机和仪器仪表等产品中已被广泛应用。组装该类产品较适宜采用中速高精度 SMT 生产线，它不仅适用于多品种中/小批量生产，而且多台联机也适用于大批量生产，能满足生产扩展需要。在投资强度足够的情况下，应优选中速高精度 SMT 生产线，而不选普通中速线。一般认为中速贴片机的贴片速度为（3000～8000）片/小时。

3. 低速半自动 SMT 生产线

低速半自动 SMT 生产线一般只用于研究开发和实验。因其产量规模、精度和适应性难以满足发展所需，产品生产企业不宜选用。低速贴片机的贴片速度一般小于3000片/小时。

4. 手动生产

手动生产成本较低、应用灵活，可用于帮助了解SMT技术，也可用于研究开发或小批量多品种生产，并可用作返修工具。为此，这种形式的生产也有一定的应用面。

值得一提的是，上述分类并不是绝对的，同一生产线中既有高速机又有中速机的情况也很常见，主要还是要根据组装产品、组装工艺和产量规模的实际需要来确定设备的选型和配套。

7.2.3 设备选型

建立SMT生产线的主要工作之一是设备选型。建立生产线的目的是要以最快的速度生产出优质、富有竞争力的产品，要以效率最高、投资最小和回收年限最短为目标。为此，SMT设备的选型应充分重视其性能价格比和设备投资回收年限。在尽量争取少投资高回报的同时，又要注意不单纯地为减少投资选择性能指标差的设备或减少配置，必须考虑所选设备对发展的可适应性。

应根据总体设计中的元器件种类及数量、组装方式及工艺流程、PCB板尺寸及拼板规格、电路设计及密度和自动化程度及投资等，来进行设备选型：一般应设计两个以上方案进行分析比较。因贴片机是生产线的关键设备，其价格占全线投资的比例较大，为此，一般以贴片机的选型为重点，但且不可忽视印刷、焊接和测试等设备。应以实际技术指标、产量、投资额及回收期等为依据进行综合经济技术判断，确定最终方案。设备选型应注意以下几个问题。

1. 性能、功能及可靠性

设备选型首先要看设备性能是否满足技术要求，如果要贴焊为0.3mm间距QFP，则需采用高精度贴片机，而波峰焊机一般也不能满足要求。然后考虑可靠性，有些设备新用时技术指标很高，但使用时间不长性能就降低了，这就是可靠性问题引起的。应优选知名企业的成熟机型，或参考其他单位同类机型使用情况进行选型。最后才考虑功能，如果说性能主要由机械结构保证，那么功能则主要由计算机控制系统来保证。注意功能一定要适用，不应一味地追求功能齐全配置而造成投资增大和浪费。

2. 可扩展性和灵活性

设备组线扩展性和灵活性主要指功能的扩展、指标提高、生产能力的扩大，以及良好的组线接口等。如一台能贴0.65mm QFP的贴片机，能否通过增加视觉系统等配件后用于贴0.3mm QFP、贴球形栅格阵列（BGA）器件，能否与不同型号的设备共同组线等。

中速多功能贴片机组线是SMT设备组线的常用形式，具有良好的灵活性、可扩展性和可维护性，而且可减少设备的一次投入，便于少量多次地投资。为此，是一种优选组线方式。

3. 可操作性和可维护性

设备要便于操作，计算机控制软件最好采用中文界面；对中高精度贴片机，一定要有自动生成贴片程序功能。设备要便于维护、调试和维修，应把维修服务作为设备选型的重要标准之一。

7.2.4 其他

1. 生产线和设备的验收

目前国内对SMT生产线和设备尚无成熟的验收方法与统一的验收标准。一般可以采用三种验收方式：性能指标验收、标准样板验收和产品验收。

2. 技术队伍

SMT是复杂的综合系统工程。SMT生产线的建立和使用必须依靠掌握SMT的技术队伍。要生产出优质合格产品，光有设备是不行的，为此，建立SMT生产线时，就要考虑培养技术骨干和管理骨干队伍。

7.3 SMT产品组装中的静电防护技术

随着超大规格集成电路和微型器件的集成度迅速提高，器件尺寸变小和芯片内部栅氧化膜变薄，使器件承受静电放电的能力下降。摩擦起电、人体静电已成为电子工业中两大危害。在电子产品的生产中，从元器件的预处理、贴装、焊接、清洗、测试直到包装，都有可能因静电放电造成对器件的损害，因此静电防护显得越来越重要。

7.3.1 静电及其危害

人们都知道当用丝绸摩擦玻璃棒或用毛皮摩擦硬橡胶棒时，棒端上就会吸引小纸屑，这是人类最初对静电的认识，并设定玻璃棒上所带的电荷为“正电荷”，硬橡胶棒所带的电荷为“负电荷”。由于摩擦使机械能转变为电能，因此说静电是一种电能，它留存于物体表面，包含正电荷或负电荷。随着对原子内部这一微观世界的研究才揭开电荷的真正面貌：物质是由分子组成，而分子又由原子组成，而原子由带正电的原子核和绕核旋转的带负电的电子构成。通常情况下，原子核所带的正电荷与电子所带的负电荷相等，原子本身不显电性，整个物质对外不显电性，当两个物体互相摩擦时，一种物体中一部分电子会转移到另一个物体上，于是这个物体失去了电子，并带上“正电荷”，另一个物体得到电子并带上“负电荷”。电荷不能创造，也不能消失，它只能从一个物体转移到另一个物体。

防静电的基本概念是防止产生静电荷或消除已经存在的静电荷。

1. 静电的产生

除了摩擦会产生静电外，接触、高速运动/冲流、温度、压电和电解也会产生静电。

(1) 接触摩擦起电。是最常见的产生静电的原因之一。静电能量除了取决于物质本身外，还与材料表面的清洁程度、环境条件、接触压力、光洁程度、表面大小及摩擦分离速度等有关。

(2) 剥离起电。当相互密切结合的物体剥离时，会引起电荷的分离，出现分离物体双方带电的现象，称为剥离起电。剥离起电根据不同的接触面积、接触面积的粘着力和剥离速度而产生不同的静电量。

(3) 断裂带电。材料因机械破裂使带电粒子分开，断裂两半后的材料各带上等量的异性电荷。

(4) 高速运动中的物体带电。物体在高速运动时，其表面会因与空气的摩擦而带电。最典型的案例是高速贴片机贴片过程中因元器件的快速运动而产生静电，其静电压约在600V左右。器件因运动而产生的静电，对于CMOS器件来说，有时是一个不小的威胁。与运动有关的其他过程，如清洗等，也会产生静电。

此外，温度、压电效应以及电解均会产生不同程度的静电。

2. 静电放电（ESD）对电子工业的危害

在电子工业中，摩擦起电和人体带电常有发生，电子产品在生产、包装运输及装联成整机的加工、调试、检测的过程中，难免受到外界或自身的接触摩擦而形成很高的表面电位。当操作者不采取静电防护措施时，人体静电电位可高达1.5～3kV，因此非常容易对静电敏感电子器件造成损坏。根据静电的力学和放电效应，其静电损坏大体上分为两类，这就是由静电引起的浮尘埃的吸附以及由静电放电引起的敏感元器件的击穿。

（1）静电吸附。在半导体和半导体器件制造过程中广泛采用SiO_2及高分子物质的材料，由于它们的高绝缘性，在生产过程中易积聚很高的静电，并易吸附空气中的带电微粒导致半导体介质击穿、失效。为了防止危害，半导体器件的制造必须在洁净室内进行。同时洁净室的墙壁、天花板、地板和操作人员及一切工具、器具均应采取防静电措施。

（2）静电击穿。超大规模集成电路集成度高、输入阻抗高，特别是金属氧化物半导体（MOS）器件，受静电的损害越来越明显。静电放电对静电敏感器件的损害主要有硬击穿和软击穿两种情况。硬击穿会造成整个器件的失效和损坏，软击穿则造成器件的局部损伤，降低了器件的技术性能，而留下不易被人们发现的隐患以致设备不能正常工作。

在生产中，人们常把对静电反应敏感的电子器件称为静电敏感器件（Static Sensitive Device，SSD）。这类电子器件主要是指超大规模集成电路，特别是金属氧化膜半导体（MOS）器件。

7.3.2 静电防护

在现代化电子工业生产中，不产生静电是不可能的，但产生静电并非危害所在，真正的危险在于静电积聚以及由此而产生的静电放电。因此静电积聚的控制和静电泄放尤为重要。

1. 静电防护原理

在电子产品生产过程中，对SSD进行静电防护的基本思想有两个：一是对可能产生静电的地方要防止静电的积聚，即采取一定的措施，减少高压静电放电带来的危害，使之边产生边“泄放”，将静电的积聚控制在一个安全范围之内；二是对已存在的静电荷积聚的静电源采取措施，使之迅速地消散掉，即时“泄放”。

因此，电子产品生产中的静电防护的核心是“静电消除”。当然这里的消除并非指“一点不存在”，而是控制在最小限度之内。

2. 静电防护方法

（1）静电防护中所使用的材料。对于静电防护，原则上不使用金属导体，因导体漏放电流大，会造成器件的损坏，而是采用表面电阻$1\times10^5\Omega$以下的所谓静电导体，以及表面电阻为$1\times10^5\sim1\times10^8\Omega$的静电亚导体。例如在橡胶中混入导电碳黑后，其表面电阻可控制在$1\times10^6\Omega$以下，即为常用的静电防护材料。

（2）泄漏与接地。对可能产生或已经产生静电的部位，应提供通道，使静电即时泄放，即通常所说的接地。通常防静电工程中，均需独立建立“地线”工程，并保证“地线”与大地之间的电阻小于 10Ω，“地线”埋设与检测方法参见《GBJ 79 工业企业通信接地设计规范》或 SJ/T 10694—1996《电子产品制造防静电系统测试方法》。

静电防护材料接地的方法是：将静电防护材料如防静电桌面台垫、地垫，通过 1MΩ 的电阻连接到通向地线的导体上，详情见 SJ/T 10630—1995《电子元器件制造防静电技术要求》。IPC-A-6100 标准中推荐的防静电工作台接地方法如图 7-8 所示。

通过串接 1MΩ 电阻进行接地的方法称为软接地，目的是确保对地泄放电流小于 5mA。而对设备外壳、静电屏蔽罩通常是直接接地，则称为硬接地。

3. 导体带静电的消除

导体上的静电可以用接地的方法使其泄漏到大地，工程上一般要求在 1s 内将静电泄漏，使静电电压降至 100V 以下的安全区，这样可以防止因泄漏时间过短，泄漏电流过大会对 SSD 造成损坏。在静电防护系统中通常使用 1MΩ 的限流电阻，将泄放电流控制在 5mA 以下，这也是同时考虑操作者的安全而设计的。

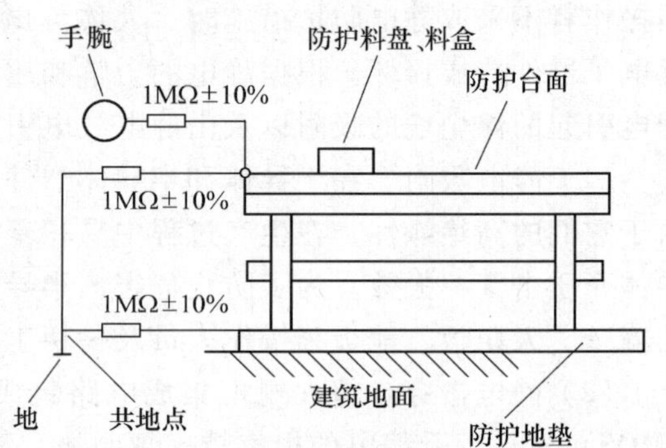

图 7-8 IPC-A-6100 标准中推荐的防静电工作台接地方法

4. 非导体带静电的消除

对于绝缘体上的静电，由于电荷不能在绝缘体上流动，故不能用接地的方法排除其静电荷，而只能用下列方法来控制。

（1）使用离子风机。离子风机可以产生正、负离子以中和静电源的静电。用于那些无法通过接地来泄放静电的场所，如空间、贴片机头附近，使用离子风机排除静电通常有良好的防静电效果，如图 7-9 所示。

（2）使用静电消除剂。静电消除剂是各种表面活性剂，通过使用静电消除剂的水溶液洗擦的方法，可以去掉一些物体表面的静电，如仪表表面。

（3）控制环境湿度。湿度的增加可以使非导体材料的表面电导率增加，故物体不易积聚静电。在有静电的危险场所，在工艺条件许可时，可以安装增湿机来调节环境的湿度。如在北方的工厂，由于环境湿度低容易产生静电，采用增湿的方法可以降低静电产生的可能，这种方法效果明显而且价格低廉。

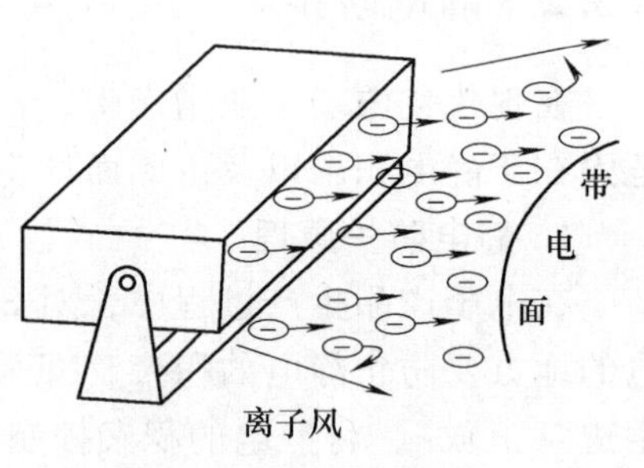

图 7-9 离子风机示意图

（4）采用静电屏蔽。静电屏蔽是针对易散发静电的设备、部件、仪器而采取的屏蔽措施。通过屏蔽罩或屏蔽笼将静电源与外界隔离，并将屏蔽罩或屏蔽笼有效地接地。

5. 工艺控制法

目的是在生产过程中尽量少产生静电荷，为此应从工艺流程、材料选用、设备安装和操作管理等方面采取措施，控制静电的产生和积聚。当然具体操作应采取针对性的措施。

在上述各项措施中，工艺控制法是积极的措施，其他措施应综合考虑，以便达到有效防控静电的目的。

7.3.3 常用静电防护器材

电子产品生产过程使用的防静电器材可归纳为人体静电防护系统、防静电地坪、防静电操作系统和特殊用品。

1. 人体静电防护系统

人体静电防护系统，包括防静电的腕带、工作服、鞋袜、帽和手套等，这种整体的防护系统兼具静电泄漏与屏蔽功能，有关它们的技术标准与使用要求详见 SJ/T 10694—1996《电子产品制造防静电系统测试方法》，所有的防静电用品通常应在专业工厂或商店购买。

2. 防静电地坪

防静电地坪的使用目的是为了有效将人体静电通过地面尽快地泄放于大地，同时也能泄放设备、工装上的静电以及因移动操作而不宜使用腕带的人体静电。地面防静电参数的确定是既要保证在较短的时间内将静电电压降至 100V 以下，又要保证人员的安全，系统电阻应控制在 $10^5 \sim 10^8\Omega$。

常用于防静电地坪的材料有下列几种。

① 防静电橡胶地面：施工简单、抗静电性能优良，但易磨损。

② PVC 防静电塑料地板：防静电效果好，持久强度高，使用广泛。

③ 防静电地毯：防静电效果好，使用方便，但成本高。

④ 防静电活动地板：防静电效果好，美观、成本极高。

⑤ 防静电水磨石地面：防静电性能稳定，寿命长，成本低，适用于新厂房。

有关防静电地坪的材料铺设方法及验收标准参见 SJ/T 10694—1996《电子产品制造防静电系统测试方法》相关要求。

3. 防静电操作系统

防静电操作系统是指各工序经常会与元器件、组件成品发生接触、分离或摩擦作用的工作台面、生产线体、工具、包装袋、储运车以及清洗液等。由于构成上述操作系统所用的材料均是高绝缘的橡胶、塑料、织物和木材等，极易在生产过程中产生静电，因此都应进行防静电处理，即操作系统应具备防静电功能。

防静电操作系统包括如下内容。

(1) 防静电台垫。操作台面均设有防静电台垫，表面电阻在 $10^5 \sim 10^9\Omega$，并通过 1MΩ 电阻与地相接，周转箱、盒等一切容器应为防静电材料制作，并贴有标志。

(2) 防静电包装袋。一切包装 SMA 或器件的塑料袋均应为防静电袋。表面电阻为 $10^5 \sim 10^9\Omega$，在将 SMA 放入或拿出袋中时，人手应戴防静电手腕。

(3) 防静电物流车。用于运送器件、组件的专用物流车，应具备防静电功能，特别是橡胶轮，应用防静电橡胶轮，表面电阻为 $10^5 \sim 10^9\Omega$。

(4) 防静电工具。防静电工具，特别是电烙铁、吸锡枪等应具有防静电功能，通常电烙铁应低电压操作（24V/36V），烙铁头应良好接地。

总之，一切与 SMA 器件相接触的物体，包括高速运动的空间都应有防静电措施。防静电的操作系统应符合 SJ/T 10694—1996 电子产品制造防静电系统测试方法。

7.3.4 电子整机作业过程中的静电防护

电子整机作业过程的静电防护是一个系统工程，首先应建立和检查防静电的基础工程，如地线、地垫及台垫、环境的抗静电工程等。然后根据产品配置不同的防静电装置。

1. 生产线内的防静电设施

生产线内的防静电设施要求如下：应有独立地线，并与防雷线分开；地线可靠，并有完整的静电泄漏系统，车间内保持恒温，恒湿的环境，一般温度控制在（25±2）℃，湿度为65%±5%（RH）；入门处配有离子风，并设有明显的防静电警示标志。IPC-A-610B 中推荐的防静电标志如图 7-10 所示。

防静电标志可以贴在设备、器件、组件及包装上，以提示人们在对这些东西进行操作的时候，可能会遇到静电放电或静电过载的危险。图 7-10a 用来表示该物体对静电放电引起的伤害十分敏感，图 7-10b 用来表示该物体经过专门设计，具有静电防护能力。

需要提醒的是没有贴标记的器件，不一定说明它对静电放电不敏感。在对组件的静电放电敏感性存有怀疑时，必须将其当作静电放电敏感器件处置，直到能够确定其属性为止。

2. 生产过程的防静电

（1）车间外的接地系统每一年检测一次，电阻要求在 2Ω 以下，改线时需要重新测试。地毯/板、桌垫接地系统每 6 个月测试一次，要求接地电阻为零。若检测机器与地线之间的电阻时，要求电阻为 1MΩ，并做好检测记录。

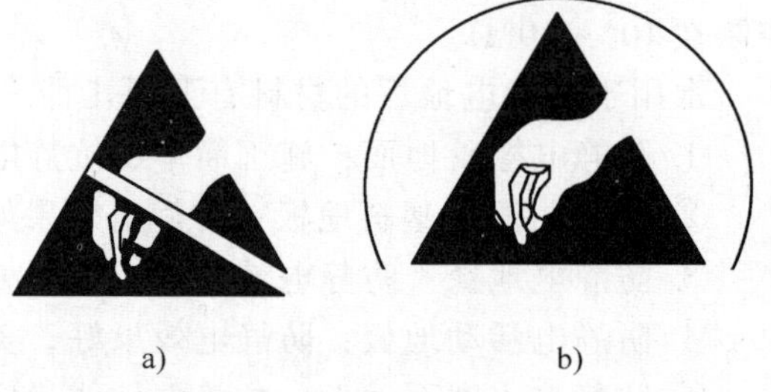

图 7-10　防静电标志

（2）车间内的温度、湿度每天测两次，并做有效记录，以确保生产区恒温、恒湿。

（3）任何人员（操作人员、参观人员）进入生产车间之前必须穿好防静电工作服、防静电鞋。对于直接接触 PCB 的操作人员，要戴防静电腕带，并要求戴腕带的操作人员每天上、下午上班前各测试一次，以保证腕带与人体的良好接触。同时，每天安排工艺人员监督检查。必要时对员工进行防静电方面的知识培训和现场管理。

（4）贴装过程中，需要手拿 PCB 时，规定只能拿在 PCB 边缘无电子元器件处，而不能直接接触电子元器件管脚或导条。贴装后的 PCB 必须装在防静电塑料袋中，然后放在防静电周转箱中，方可运到安装区。安装时，要求一次拿一块，不允许一次拿多块 PCB。

（5）返工操作，必须将要修理的 PCB 放在防静电盒中，再拿到返修工位。修理过程中应严格注意工具的防静电，修理后还要用离子风机中和，然后再进行测试。

3. 静电敏感器件（SSD）的存储

SSD 应设有防静电区，防静电区应醒目贴防静电标志，并保持环境通风，相对湿度不低于 40%。SSD 应原包装存放，需要拆开时应严格按防静电要求处理，工作人员应穿防静电工作服、鞋、袜，在防静电工作台面上工作。

SSD 在转到生产部门的过程中必须放在防静电周转箱中。

4. 其他部门的防静电要求

（1）设计部门。设计人员应熟悉 SSD 种类、型号、技术性能及其防护要求，应尽量选用带静电保护的 IC。在线路设计时应考虑静电抑制技术的应用，如静电屏蔽接地技术等。编制含有 SSD 的设计文件中，必须有警示符号。

涉及的主要设计文件有：使用说明书（用户手册），技术说明书，明细表，PCB 图（引出端头处理），装配图和调试、检验说明（包括 SSD 进厂检验）。

（2）工艺部门。对设计文件进行工艺性审查时，应审查上述文件的有关内容。编制防静电工程的专用工艺文件，提出并检查所需要的防静电器材的齐配性。负责指导装配车间对防静电器材的应用。

（3）物资。对外购件汇总表中有关 SSD 应会同设计、工艺部门共同选定生产厂家。供货时应明确 SSD 的包装，以及运输过程中的防静电要求。

（4）检验。检查 SSD 器件的包装是否完整。SSD 的测试、老化筛选应在静电安全区进行，操作人员应穿防静电工作服和防静电鞋。

7.4 实训——SMT 电调谐调频收音机组装

7.4.1 实训目的

通过组装 SMT 电调谐 FM 收音机，体验 SMT 的技术特点，了解 SMT 生产流程，掌握手工 SMT 技术中的手动焊膏印刷、SMC/SMD 贴片以及再流焊接所用设备和操作方法。

7.4.2 实训场地要求与实训器材

本实训产品共有 23 个表面贴装元器件，实训室应设有至少 23 工位的手工 SMT 贴片操作台，操作台布置请见图 7-11。

（1）实训产品材料清单中的所有元器件、零部件，见表 7-3。

（2）焊膏印刷机（全班共用）　　1 台

（3）台式自动再流焊机（全班共用）　　1 台

（4）手工焊接工具　　1 套/人

（5）万用表　　1 只/人

（6）放大镜台灯（全班共用）　　2 只

（7）元件盘、镊子　　1 套/人

图 7-11　实训场地——贴片操作台

7.4.3 实训步骤及要求

实训步骤按图 7-12 所示的实训装配工艺流程图进行。

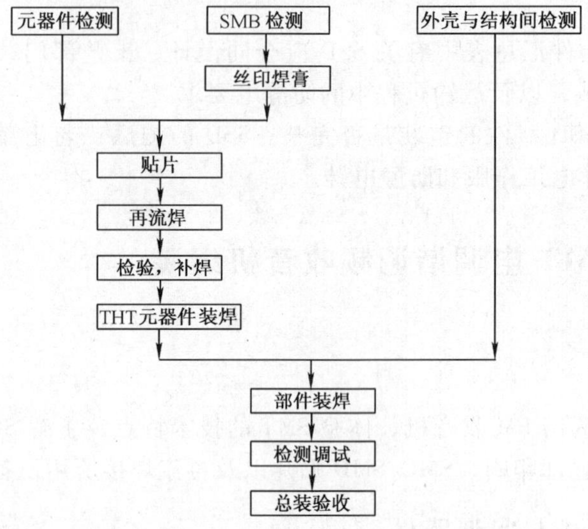

图 7-12 SMT 装配工艺流程

1. 安装前检查

（1）印制电路板检查。对照图 7-13 所示的 SMB 板图检查如下内容。

① 图形是否完整，有无短、断缺陷。

② 孔位及尺寸是否准确。

③ 表面涂覆（阻焊层）是否均匀。

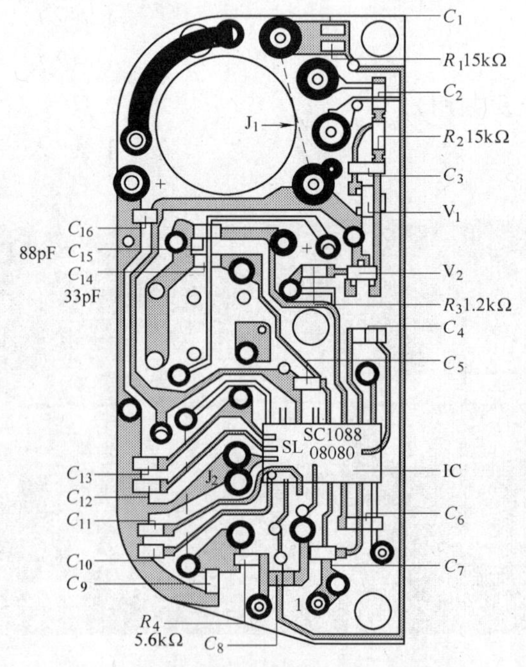

图 7-13 贴片焊接 SMB 板图

（2）外壳及结构件检查。

① 按材料表清查零件品种、规格及数量。

② 检查外壳有无缺陷及外观损伤。

③ 耳机是否正常。

（3）THT 组件检测。用万用表检测表 7-3 中所列的 THT 组件，图 7-14 是 THT 组件在 SMB 上的安装位置图。

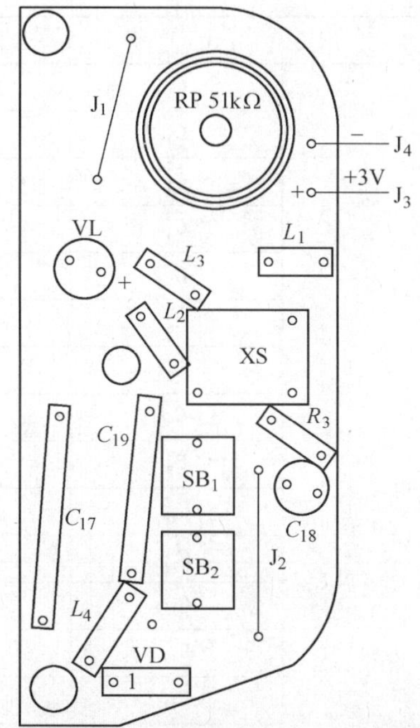

图 7-14　THT 组件安装位置图

① 电位器阻值调节特性是否正常。

② LED、线圈、电解电容、插座和开关的好坏。

③ 判断变容二极管的好坏及极性。

2. 贴片及焊接

（1）用焊膏印刷机在 SMB 板上印焊膏，并检查印刷情况。印焊膏的操作方法如图 7-15 所示。将 SMB 板安放在焊膏印刷机上，刮板均匀涂上焊膏，以 60°在模板上刮过。注意漏过模板孔的焊膏要均匀，防止焊膏过量或不足。

（2）按工序流程贴片。模拟工厂流水作业，不同的元器件放在不同的工位，每个工位均应配有相应的工位图。将印好焊膏的 SMB 放在平底托盘上，按以下顺序在 SMB 上用真空吸笔或镊子依次装贴。

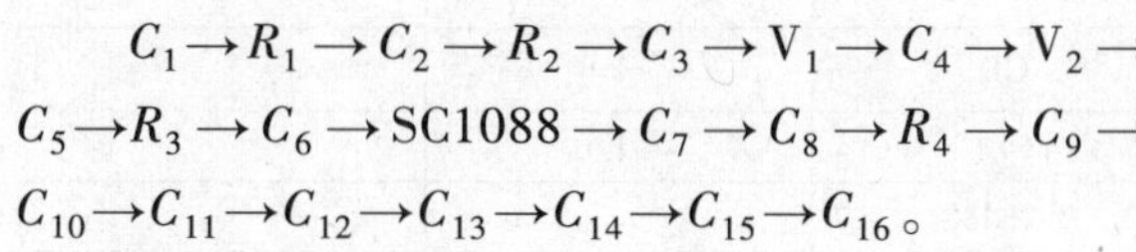

$C_1 \to R_1 \to C_2 \to R_2 \to C_3 \to V_1 \to C_4 \to V_2 \to C_5 \to R_3 \to C_6 \to$ SC1088 $\to C_7 \to C_8 \to R_4 \to C_9 \to C_{10} \to C_{11} \to C_{12} \to C_{13} \to C_{14} \to C_{15} \to C_{16}$。

注意如下内容。

① SMC 和 SMD 不得用手拿。

② 用镊子夹持元器件时不可夹到引线上。

③ 注意 SC1088 标记方向，防止引脚贴错位置。

④ 贴片电容表面没有标志，一定要保证准确贴到指定位置。

⑤ 贴片时一定要依次装贴，不能颠倒顺序。

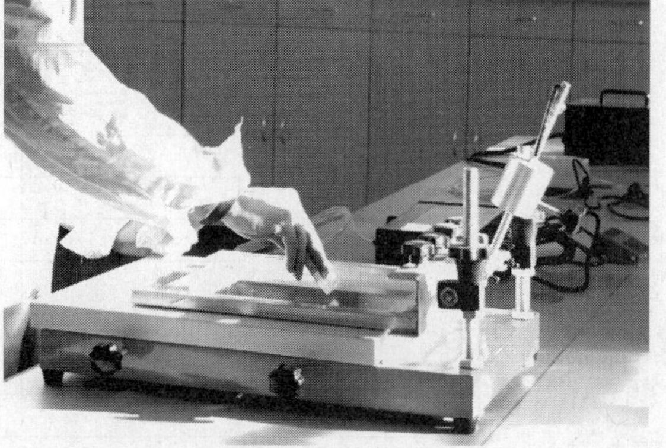

图 7-15　印刷焊膏的操作方法

表 7-3　实训产品元器件、零部件清单

类　别	代　号	规　格	型号/封装	数　量	备　注
电　阻	R_1	222	2012（2125）RJ1/8W	1	
	R_2	154		1	
	R_3	122		1	
	R_4	562		1	
	R_5	681		1	

（续）

类　别	代　号	规　格	型号/封装	数　量	备　注
电　容	C_1	222	2012（2115）	1	
	C_2	104		1	
	C_3	221		1	
	C_4	331		1	
	C_5	221		1	
	C_6	332		1	
	C_7	181		1	
	C_8	681		1	
	C_9	683		1	
	C_{10}	104		1	
	C_{11}	223		1	
	C_{12}	104		1	
	C_{13}	471		1	
	C_{14}	330		1	
	C_{15}	820		1	
	C_{16}	104		1	
	C_{17}	332	CC	1	
	C_{18}	100	CD	1	
印制电路板	PCB			1	
芯　片	IC		SC1088		
电　感	L_1			1	
	L_2			1	
	L_3		70mH	1	8 匝
	L_4		78ml	1	5 匝
晶体管	VL		LED	1	发光
	VD		BB910	1	变容
	V_1	9014	SOT-23	1	
	V_2	9012	SOT-23	1	
塑料件	前盖			1	
	后盖			1	
	电位器钮（内、外）			各 1	
	开关钮（有缺口）			1	Scan 键
	开关钮（无缺口）			1	Rese 键
	卡子			1	
金属件	电池片			3	
	自攻螺钉			1	
	电位器螺钉			1	
其　他	耳机	32Ω×2		1	
	RP	51kΩ		1	开关电位器
	SB_1、SB_2			各 1	轻触开关

(3) 用放大镜台灯检查贴片数量及位置，确认无缺、漏和错误。

(4) 使用小型台式再流焊机进行 SMC 和 SMD 的焊接。注意已印上焊膏并经过贴片的 SMB 不要用手拿，应使用镊子夹到再流焊机的托盘上（见图 6-19）。

(5) 开启再流焊机，观察温度曲线变化；焊接完成，机器会有信号提示。冷却后（观察温度曲线已降至 50℃ 以下时）取出 SMB 板。

(6) 检查焊接质量，看有无虚焊、漏焊及桥接、飞溅、立碑等缺陷并进行修补。

3. 安装 THT 元器件

检查焊接质量及修补后，在 PCB 上安装 THT 组件，安装位置如图 7-14 所示。

(1) 安装并焊接电位器 RP，注意电位器与印制电路板平齐。

(2) 安装耳机插座 XS。注意焊接时要将耳机插头插入插座以帮助散热，防止塑料变形。

(3) 安装轻触开关 SB_1、SB_2（可用剪下的组件引线）。

(4) 安装变容二极管 VD（注意极性方向标记），R_5，C_{17}。

(5) 安装电感线圈 $L_1 \sim L_4$（L_1—磁环，L_2—红色，L_3—8 匝线圈，L_4—5 匝线圈）。

(6) 安装 R_5，C_{17}，C_{18}，C_{19}，电解电容 C_{18}（100μF）要贴板装。

(7) 安装发光二极管 VL，注意高度和极性。

(8) 焊接电源连接线 J_3、J_4，注意正负连线应采用不同颜色。

7.4.4 总装及调试验收

1. 检验与调试

(1) 所有元器件焊接完成后先目视检查。

① 元器件：型号、规格、数量及安装位置、方向是否与图样符合。

② 焊点检查：有无虚焊、漏焊及桥接、飞溅等缺陷。

(2) 测整机总电流。

① 查无误后将电源线焊到电池片上。

② 电位器开关断开的状态下装入电池。

③ 插入耳机。

④ 万用表 200mA（数字表）或 50mA 挡（指针表）跨接在电源开关（SA，关闭状态时）两端测电流，使用万用表时注意表笔极性。正常电流应为 7 ~ 30mA（与电源电压有关）并且 LED 正常点亮。当电源电压为 3V 时，电流约为 24mA。如果电流为零或超过 35mA 应检查电路。

(3) 搜索电台广播。如果电流在正常范围，可按 SB_1 搜索电台广播。只要元器件质量完好，安装正确，焊接可靠，不用调任何部分即可收到电台广播。如果收不到广播应仔细检查电路，特别要检查有无错装、虚焊等缺陷。

(4) 调接收频段（俗称为调覆盖）。我国调频广播的频率范围为 87 ~ 108MHz，调试时可找当地一个频率最低的 FM 电台，适度改变 L_4 匝间距，使按过 <Reset> 键后第一次按 <Scan> 键可收到这个电台。由于 SC1088 集成度高，元器件一致性较好，一般收到低端电台后均可覆盖 FM 频段，故可不调高端而仅做检查（可用一个成品 FM 收音机对照检查）。

（5）调灵敏度。本机灵敏度由电路及元器件决定，一般不用调整，调好覆盖后即可正常收听。

2. 总装

（1）蜡封线圈。调试完成后将适量泡沫塑料填入线圈内（注意不要改变线圈形状及匝距），滴入适量蜡使线圈固定。

（2）固定 SMB，装外壳。

① 将外壳面板平放到桌面上（注意不要划伤面板）。

② 将两个按键帽放入孔内，注意 <Scan> 键帽上有缺口，放键帽时对准机壳上凸起，<Reset> 键帽上无缺口。

③ 将 SMB 对准位置放入机壳内，注意对准 LED 位置，若有偏差可轻轻掰动，并注意 3 个孔与外壳螺柱的配合及注意电源线不要妨碍机壳装配。

④ 装上中间螺钉，注意螺钉旋入手法。

⑤ 装电位器旋钮，注意旋钮上凹点位置。

⑥ 装后盖上两边的两个螺钉，装卡子。

3. 验收

总装完毕，装入电池，插入耳机进行检查试听，要求如下所述。

① 电源开关手感良好。

② 音量正常可调。

③ 收听正常。

④ 表面无损伤。

7.4.5 实训报告

总结安装、调试过程，并将组装步骤及出现的问题填入实训报告。

7.4.6 实训产品工作原理简介

实训产品电路的核心是单片 FM 收音机集成电路 SC1088，它采用先进的低中频（70kHz）技术，外围电路省去了中频变压器和陶瓷滤波器，使电路简单可靠，调试方便，SC1088 采用 SOT16 脚封装，表 7-4 是 SC1088 的引脚功能，图 7-16 是电调谐 FM 收音机电原理图。如图 7-16 所示，调频信号由耳机线馈入，经 C_{13}、C_{14}、C_{15}和 L_1 组成的输入电路进入 IC 的⑪、⑫脚混频电路。此处的 FM 信号是没有调谐的调频信号，即所有调频电台均可进入。

本振电路中的关键元件是变容二极管，它是利用 PN 结的电容与偏压有关的特性制成的“可变电容”。本电路中，控制变容二极管 VD 的电压由 IC 第⑯脚给出。当按下扫描开关 SB_1 时，IC 内部的 RS 触发器打开恒流源，由⑯脚向电容 C_9 充电，C_9 两端电压不断上升，VD 电容量不断变化，由 VD、C_8、L_4 构成的本振电路的频率随之不断变化而进行调谐。当收到电台信号后，信号检测电路使 IC 内的 RS 触发器翻转，恒流源停止对 C_9 充电，同时在 AFC 电路作用下，锁住所接收的广播节目频率，从而可以稳定接收电台广播，直到再次按下 SB_1 开始新的搜索。当按下 Reset 开关 SB_2 时，电容 C_9 放电，本振频率回到低端。

表 7-4 集成电路 SC1088 引脚功能

引 脚	功 能	引 脚	功 能
1	静噪输出	9	IF 输入
2	音频输出	10	IF 限幅放大器的低通电容器
3	AF 环路滤波	11	射频信号输入
4	V_{CC}	12	射频信号输出
5	本振调谐回路	13	限幅器失调电压电容
6	IF 反馈	14	接地
7	1dB 放大器的低通电容器	15	全通滤波电容搜索调谐输入
8	IF 输出	16	电调谐 AFC 输出

电路的中频放大、限幅及鉴频电路的有源器件及电阻均在 IC 内。FM 广播信号和本振电路信号在 IC 内混频器中混频产生 70kHz 的中频信号，经内部 1dB 放大器、中频限幅器送到鉴频器检出音频信号，经内部环路滤波后由②脚输出音频信号。电路中①脚的 C_{10} 为静噪电容。③脚的 C_{11} 为 AF（音频）环路滤波电容，⑥脚的 C_6 为中频反馈电容，⑦脚的 C_7 为低通电容，⑧脚与⑨脚之间的电容 C_{17} 为中频耦合电容，⑩脚的 C_4 为限幅器的低通电容，⑬脚的 C_{12} 为限幅器失调电压电容，C_{13} 为滤波电容。

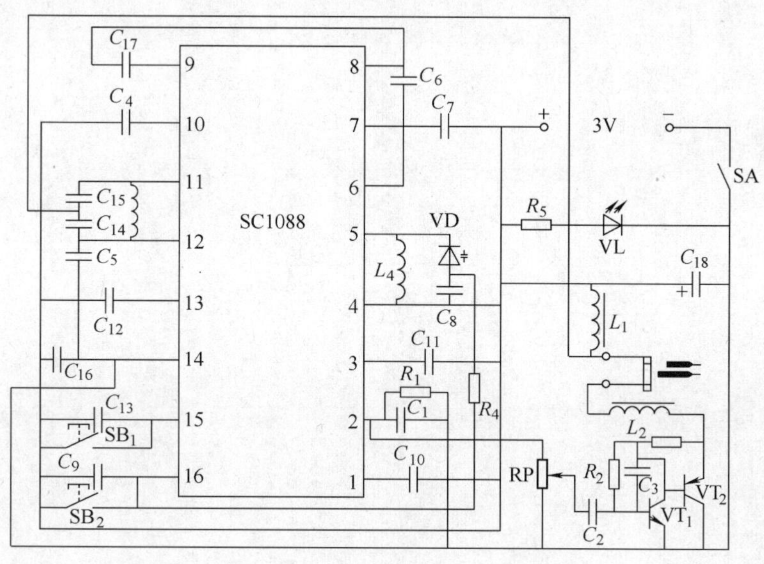

图 7-16 电调谐 FM 收音机电原理图

由于用耳机收听，所需功率很小，本机采用了简单的晶体管放大电路，②脚输出的音频信号经电位器 RP 调节后，由 VT_1、VT_2 组成复合管甲类放大电路放大。R_1 和 C_1 组成音频输出负载，线圈 L_1 和 L_2 为射频与音频隔离线圈。

7.5 思考与练习题

1. SMT 生产系统有哪些组装方式？确定的原则是什么？

2. 说明双面混合组装工艺流程，画出工艺流程图。

3. 说明全表面组装工艺流程，画出工艺流程图。

4. SMT 生产线设备选型遵循的原则是什么？

5. 工艺设计和组装设计文件有哪些？

6. 叙述静电的产生原因、危害以及电子组装行业各部门应如何做好静电防护。

第 8 章　SMT 检测工艺

本章要点

- 焊锡膏印刷、贴片、再流焊炉后的目视检验
- AOI 工作原理、设备结构、操作指导
- X-Ray 工作原理、设备结构、操作指导
- ICT 的功能、类型、设备结构

随着电子技术的飞速发展，专业化的生产对生产线上的各类设备和工艺有了更高的要求，从而检测成为电子产品生产中不可缺少的一环，它最大限度地提高了电子产品的生产效率和产品的质量。对解决生产中元器件故障、插装、贴装故障、线路板故障及线路板整板的功能故障有着十分重要的作用。

表面组装检测工艺内容包括组装前来料检测、组装工艺过程检测（工序检测）和组装后的组件检测 3 大类，表面组装检测项目与过程如图 8-1 所示。

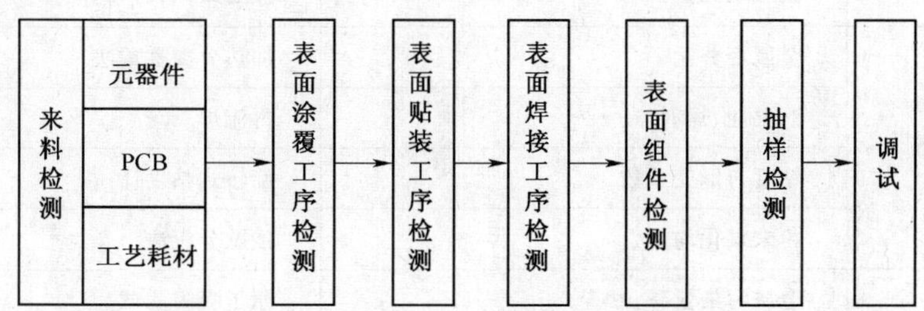

图 8-1　表面组装检测项目与过程

检测方法主要有目视检验、自动光学检测（AOI）、自动 X 射线检测（X-Ray 或 AXI）、超声波检测、在线检测（ICT）和功能检测（FCT）等。

具体采用哪一种方法，应根据 SMT 生产线的具体条件以及表面组装组件的组装密度而定。

8.1　来料检测

来料检测是保障 SMA 可靠性的重要环节，它不仅是保证 SMT 组装工艺质量的基础，也是保证 SMA 产品可靠性的基础，因为有合格的原材料才可能有合格的产品。

来料检测的对象主要有 PCB、元器件和焊锡膏。PCB 的来料检测是 SMT 组装工艺中不可缺少的组成部分，PCB 的质量检测包括 PCB 尺寸测量、外观缺陷检测和破坏性检测，应根据生产实际确定检测项目，其中应特别注意 PCB 的边缘尺寸是否符合漏印的边对准精度要求；阻焊膜是否流到焊盘上；阻焊膜与焊盘的对准如何。还要注意焊盘图形尺寸是否符合要求。

元器件的检测是来料检测的关键部分。对组装工艺性、可靠性影响比较大的元器件问题是引线共面性、焊接性和片式元器件的制造工艺。

焊锡膏的检测，首先要根据设计时所选定的焊锡膏进行采购，必须注意焊锡膏的金属百分比、粘度和粉末氧化均量，焊锡的金属污染量，助焊剂的活性、浓度，粘结剂的粘性等多项。来料检测项目如表 8-1 所示。

表 8-1　来料检测项目

来料类别		检测项目	检测方法
元器件		焊接性	润湿平衡试验、浸渍测试仪
		引线共面性	光学平面检查、贴片机共面性测试装置
		使用性能	抽样——专用仪器检测
PCB		尺寸与外观检查 阻焊膜质量	目测，专业量具
		翘曲与扭曲	热应力试验
		焊接性	旋转浸渍测试、波峰焊料浸渍测试、焊料珠测试
		阻焊膜完整性	热应力试验
工艺耗材	焊锡膏	金属百分比	加热分离称重法
		润湿性、焊料球	再流焊
		粘度与触变系数	旋转式粘度计
		粉末氧化均量	俄歇分析法
	焊锡	金属污染量	原子吸附测试
		活性	铜镜试验
	助焊剂	浓度	比重计
		活性	铜镜试验
		变质	目测颜色
	粘结剂	粘结强度	粘结强度试验
		粘度与触变系数	旋转式粘度计
		固化时间	固化试验
	清洗剂	组成成分	气体色谱分析仪

8.2　工艺过程检测

表面组装工序检测主要包括焊锡膏印刷工序、元器件贴装工序和焊接工序等工艺过程的检测。

目前，生产厂家在批量生产过程中检测 SMT 电路板的焊接质量时，广泛使用人工目视检验、自动光学检测（AOI）和自动 X 射线检测（X-Ray）等方法。

8.2.1 目视检验

目视检验简便直观，是检验评定焊点外观质量的主要方法。目检是借助带照明或不带照明、放大倍数 2～5 倍的放大镜（如图 8-2 所示），用肉眼观察检验 SMA 焊点质量。目视检查可以对单个焊点缺陷乃至线路异常及元器件劣化等同时进行检查，是采用最广泛的一种非破坏性检查方法。但对空隙等焊接内部缺陷无法发现，因此很难进行定量评价。目视检查的速度和精度同检查人员对焊接有关知识和识别能力有关。该方法优点是简单、成本低；缺点是效率低、漏检率高，还与操作人员的经验和认真程度有关。

但无论具备什么检测条件，目视检验是基本检测方法，是 SMT 工艺和检验人员必须掌握的内容之一。

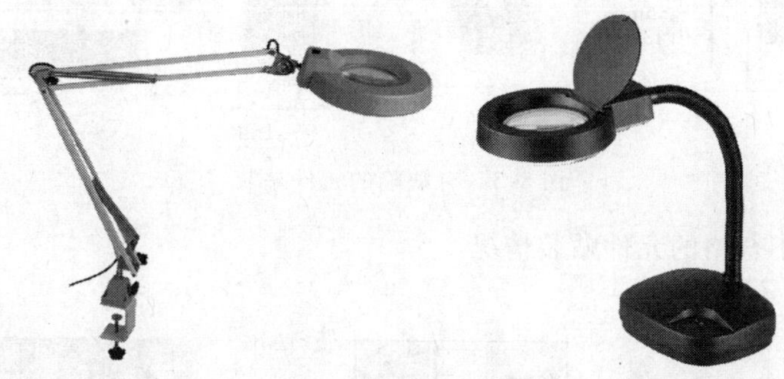

图 8-2 放大镜台灯

1. 印刷工艺目视检验标准

焊锡膏印刷质量要执行标准 SJ/T 10670—1995 中 6.1.1.2 的规定。一般要求焊膏印刷要与焊盘对齐且尺寸及形状相符，焊锡膏表面光滑不带有受扰区域或空穴，并呈立方体；焊锡膏厚度等于钢模板厚度 ±0.03mm；焊盘上至少要有 75% 的面积有焊锡膏，焊锡膏超出焊盘，不应大于焊盘尺寸的 10%，理想的焊锡膏印刷如图 8-3 所示。

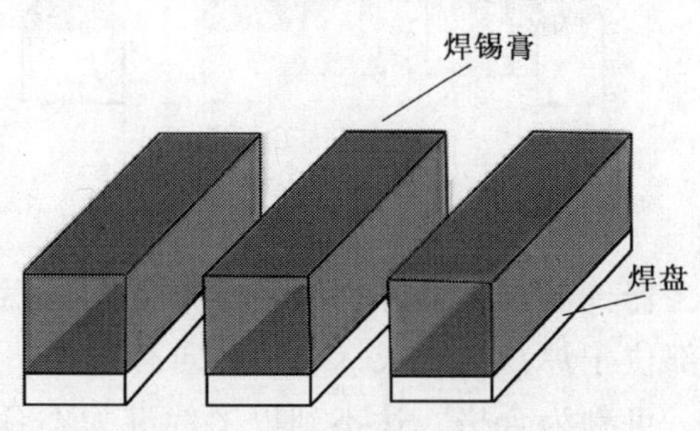

图 8-3 印刷工艺目视检验标准

2. 贴装工艺目视检验标准

元器件贴装位置精度要求执行标准 SJ/T 10670—1995 中 6.3.1 的规定。元件电极（焊端）应与相应焊盘对准，图 8-4 所示为片式元器的理想贴装情况。

下列几种有缺陷的元件贴装情况可判为合格，如图 8-5 所示。

(1) 元件焊端宽度一半或以上位于焊盘上（仅在印制导线阻焊情况下适用）。

(2) 元件焊端宽度一半或以上位于焊盘上，且与相邻焊盘或元器件相距 0.5mm 以上。

(3) 有旋转偏差，$D \geqslant$ 元件宽度的一半。

(4) 元件焊端伸出焊盘，伸出部分 A 不大于焊端宽度的 1/2 。

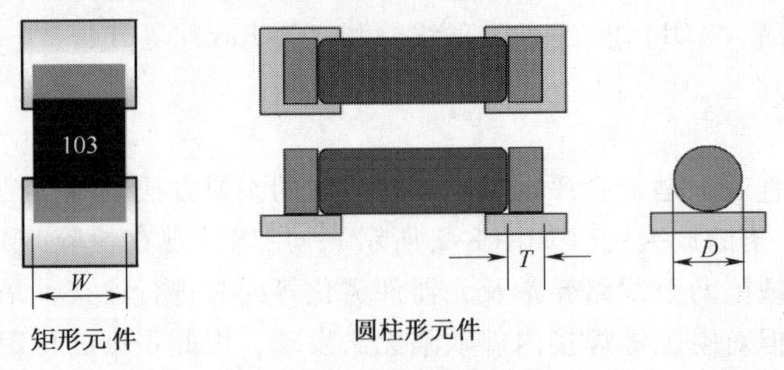

图 8-4　理想的片式元器件贴装情况

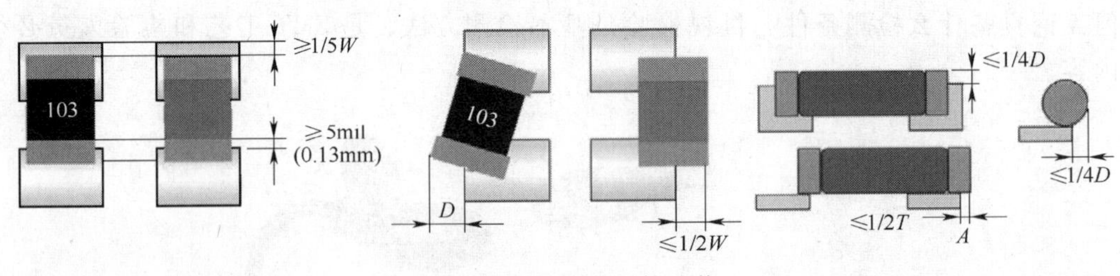

图 8-5　有缺陷的元件贴装

图 8-6 所示为不合格的元件贴装情况。

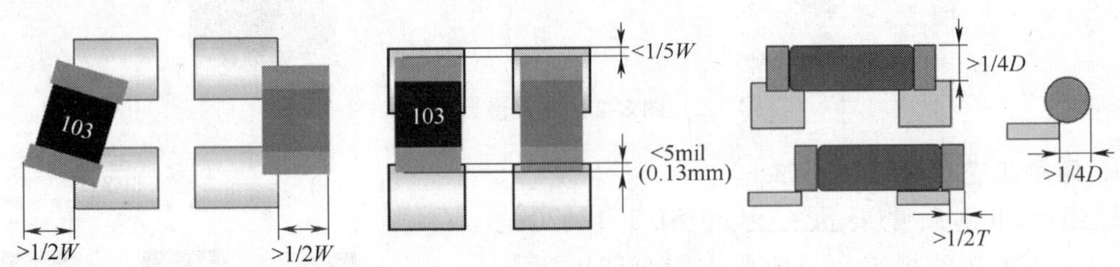

图 8-6　不合格的元件贴装

器件贴装：器件引脚应全部处于焊盘上对称居中无偏移，为最佳。有旋转偏移，但引脚全部位于焊盘上，或 X、Y 方向有偏移，但引脚（含趾部和跟部）全部或 2/3 以上位于焊盘上，可判为合格，达不到以上标准为不合格，如图 8-7 所示。

3. 再流焊工艺目视检验标准

由于诸多因素的影响，SMA 经再流焊后，有可能出现桥接、短路等缺陷，影响 SMA 的性能和可靠性，所以在焊接后，应对 SMA 进行全检，焊点质量的评定执行 SJ/T 10666—1995 标准的规定。一般要求在焊盘上形成完整、均匀和连续的焊点，接触角不大于 90°，焊料量适中，焊点表面圆滑，元器件焊端或引脚在焊盘上的位置偏差应在规定范围内。焊接面应呈弯月状，且当元器件高度 >1.2mm 时，焊接面高度 $H \geq 0.4$mm；当元器件高度 ≤1.2mm 时，焊接面高度 $H \geq$ 元器件高度的 1/3，为最佳。再流焊工艺炉后目视检验标准如图 8-8 所示。

如果 PCB 上有残存焊球，则孤立焊球最大直径应小于相邻导体或元器件焊盘最小间距的一半，或直径小于 0.15mm；残留在 PCB 上的焊球每平方厘米不超过一个；较小直径多个

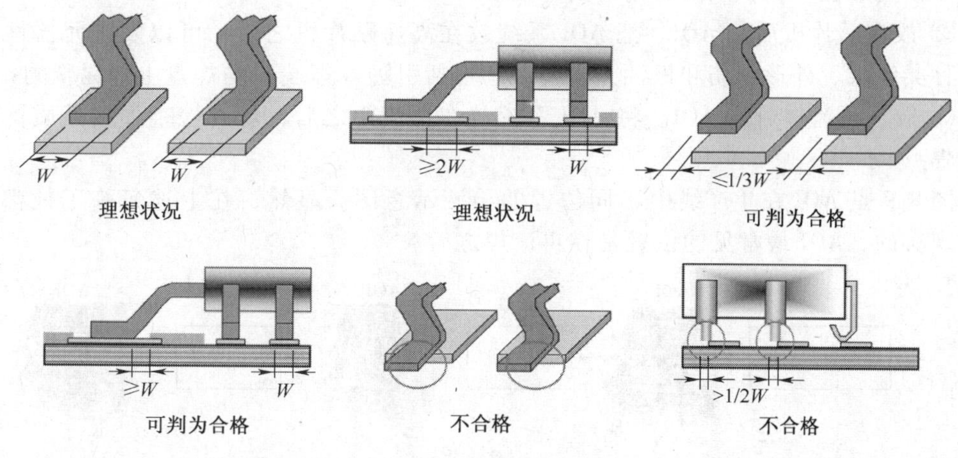

图 8-7　器件贴装工艺目视检验标准

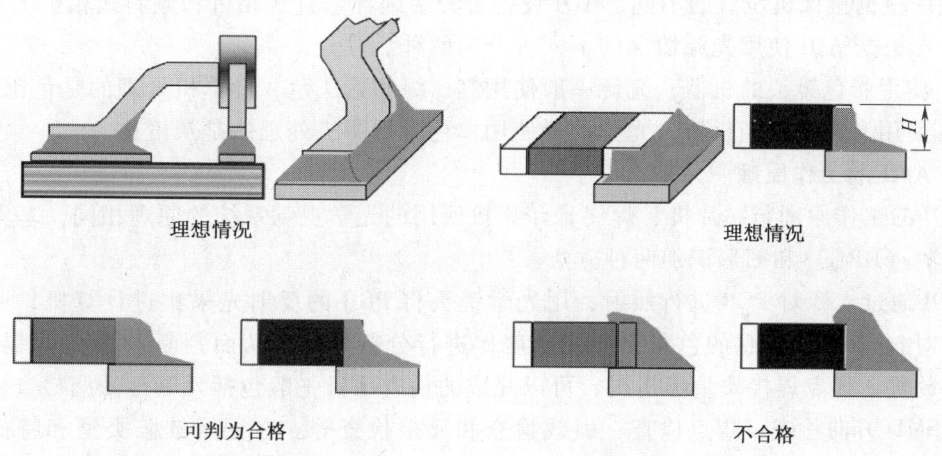

图 8-8　再流焊工艺炉后目视检验标准

焊球，则不允许超过上述等体积。

8.2.2　自动光学检测（AOI）

SMT 电路的小型化和高密度化，使检验的工作量越来越大，依靠人工目视检验的难度越来越高，判断标准也不能完全一致。目前，生产厂家在大批量生产过程中检测 SMT 电路板的焊接质量，广泛使用自动光学检测（AOI）或自动 X 射线检测（X-Ray）。自动光学检测（AOI）主要用于工序检验；包括焊膏印刷质量、贴装质量以及再流焊炉后质量检验。

1. AOI 分类

AOI 是 Automated Optical Inspection 的英文缩写，中文含义为自动光学检测，可泛指自动光学检测技术或自动光学检查设备。

AOI 设备一般可分为在线式（在生产线中）和桌面式两大类。

(1) 根据在生产线上的位置不同，AOI 设备通常可分为 3 种。

① 放在焊锡膏印刷之后的 AOI。将 AOI 系统放在焊锡膏印刷机后面，可以用来检测焊

锡膏印刷的形状、面积以及焊锡膏的厚度。

② 放在贴片机后的 AOI。把 AOI 系统放在高速贴片机之后，可以发现元器件的贴装缺漏、种类错误、外形损伤和极性方向错误，包括引脚（焊端）与焊盘上焊锡膏的相对位置。

③ 放在再流焊后的 AOI。将 AOI 系统放在再流焊之后，可以检查焊接品质，发现有缺陷的焊点。

图 8-9 是 AOI 在生产线中不同位置的检测示意图。显然，在上述每一工位都设置 AOI 是不现实的，AOI 最常见的位置是在再流焊之后。

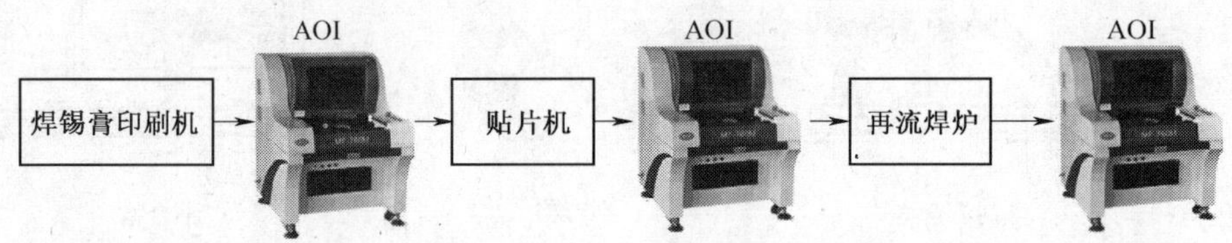

图 8-9　AOI 在生产线中不同位置的检测示意图

（2）根据摄像机位置的不同，AOI 设备可分为纯粹垂直式相机和倾斜式相机的 AOI。

（3）根据 AOI 使用光源情况的不同可分为两种。

① 使用彩色镜头的机器，光源一般使用红、绿和蓝三色，计算机处理的是色比。

② 使用黑白镜头的机器，光源一般使用单色，计算机处理的是灰度比。

2. AOI 的工作原理

AOI 的工作原理与贴片机、焊锡膏印刷机所用的光学视觉系统的原理相同，基本有设计规则检测（DRC）和图形识别两种方法。

AOI 通过光源对 PCB 进行照射，用光学镜头将 PCB 的反射光采集进计算机，通过计算机软件对包含 PCB 信息的色彩差异或灰度比进行分析处理，从而判断 PCB 上焊锡膏印刷、元器件放置、焊点焊接质量等情况，可以完成的检查项目一般包括元器件缺漏检查、元器件识别、SMD 方向检查、焊点检查、引线检查和反接检查等。在记录缺陷类型和特征的同时通过显示器把缺陷显示/标示出来，向操作者发出信号，或者触发执行机构自动取下不良部件送回返修系统。AOI 系统还能对缺陷进行分析和统计，为调整制造过程的工艺参数提供依据。

图 8-10 所示为 AOI 的工作原理模型。

现在的 AOI 系统采用了高级的视觉系统、新型的给光方式、高放大倍数和复杂的算法，

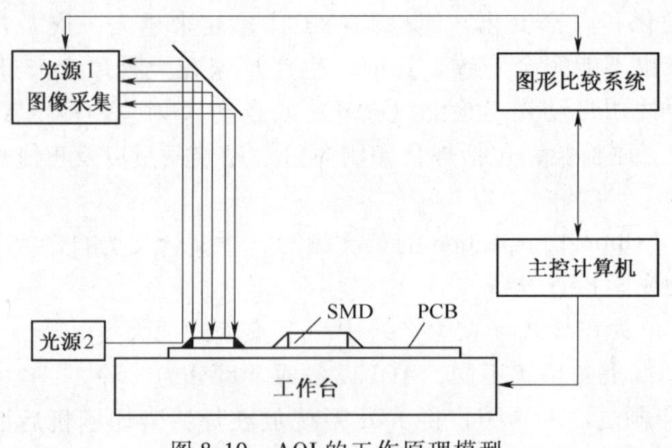

图 8-10　AOI 的工作原理模型

从而能够以高测试速度获得高缺陷捕捉率。

3. AOI 的基本组成

目前 AOI 设备常见的品牌有 OMRON（欧姆龙）、Agilent（安捷伦）、Teradyne（泰瑞达）、MVP（安维普）和 TRI（德律）等。

AOI 设备一般由照明单元、伺服驱动单元、图像获取单元、图像分析单元和设备接口单元等组成。图 8-11 所示为国产 MF-760VT 型自动光学检测仪。

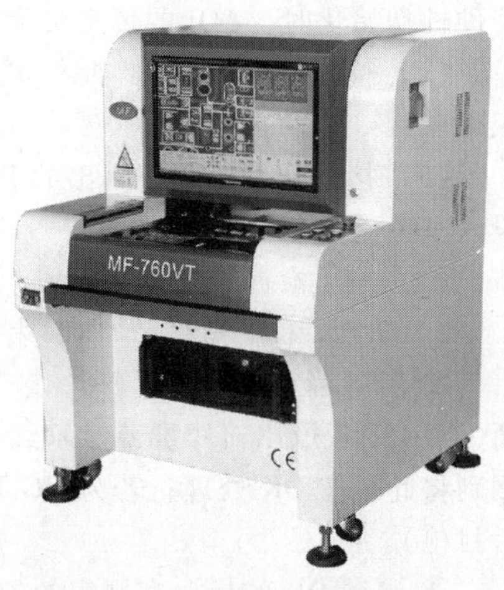

图 8-11　国产 MF—760VT 型自动光学检测仪

MF-760VT 的技术特点如下所述。

① 照明系统：彩色环形四色 LED 光源。

② 自主研发的图像算法，检出率高。

③ CAD 数据导入自动寻找与元器件库匹配的元器件数据。

④ 智能高清晰数字 CCD 相机，图像质量稳定可靠。

⑤ 检测速度满足 1.5 条高速贴片线的需求。

⑥ 细小间距 0201 的检测能力，对应 01005 的升级方案。

⑦ 软件系统：操作系统 Windows 2000，中、英文可选界面。

⑧ 基板尺寸为 20×20mm～300×400mm。基板上下净高：上方≤30mm，下方≤40mm。

⑨ *X/Y* 分辨率为 1μm，定位精度为 8μm，移动速度为 700mm/s（Max）。轨道调整为手动/自动。

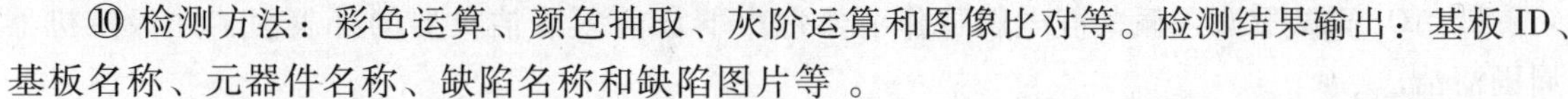

⑩ 检测方法：彩色运算、颜色抽取、灰阶运算和图像比对等。检测结果输出：基板 ID、基板名称、元器件名称、缺陷名称和缺陷图片等 。

MF—760VT 型自动光学检测仪适用 PCB 再流焊制程的检测，检查项目：再流炉后缺件、错件、坏件、锡球、偏移、侧立、立碑、反贴、极反、桥连、虚焊、无焊锡、少焊锡、多焊锡、元器件浮起、IC 引脚浮起和 IC 引脚弯曲；再流炉前缺件、多件、错件、坏件、偏移、侧立、反贴、极反、桥连和异物。

4. AOI 的操作模式

① 自动模式，提供自动检测，也就是所有检测动作都是由系统本身完成的，不需要任何人为干预。这个模式通常用在高产量的生产线上。它是一种无停止的检测模式，当出现 NG（缺陷）时也不能进行编辑。

② 排错模式，基本上与自动模式一样，只是它允许用户在检测到 NG 元器件时可以人工地判断及编辑。

③ 监视模式，它允许检测出缺陷时停止检测，提供用户更多的关于 NG 元器件的信息。

④ 人工模式，完全由用户进行每一步操作（如进板、扫描、检测、退板等）。

⑤ 通过模式，在这种模式下 PCB 不进行检测，只进板、出板。它特别适用于某些不需要作光学检查的 PCB。

每一个操作都是由人工模式开始，人工模式结束。也就是说所有的操作都是在人工模式下从数据库中打开一个文件。然后用户可以根据检测要求（如：重新扫描、重新检测、进板、出板或者编辑 NG 的元器件数据）设置自动模式或通过模式。所有的文件必须在系统中人工地存储。

5. AOI 操作指导

（1）启动系统。打开系统电源之前确认 AOI 安装完毕。启动系统分为 3 个步骤：打开电源（注意打开电源之前不可将电路板放入 AOI）；显示 Windows 界面；启动检测应用程序，关闭 AOI 的上盖及前门，然后按重启键来初始化硬件并读取最新的检测数据。注意：当硬件初始化时，AOI 的传送带会运转，LED 会闪亮几秒钟。

（2）检查 AOI 轨道是否与 PCB 宽度一致，确认 AOI 检测程序（名称和版本）是否正确。

（3）接住从再流焊炉流出的 PCB，置于台面冷却后，将板的定位孔靠向 AOI 操作一侧，投入 AOI 进行检测。

（4）AOI 检查结果判定。

① 若屏幕右上角显示 OK，表明 AOI 判定此板为合格。

② 若屏幕右上角显示 NG，表明 AOI 判定此板不合格或 AOI 误测。AOI 测试员对 AOI 判断为 NG 的板取出对照屏幕显示红色位置逐一目检确认。无法确认交目检工位确认。若是误测则将此板按 OK 处理；若为 NG 则标识不良位置并挂上不良品跟踪卡，传下一工位（AOI 后目检）。

③ 测试 OK 的板，在规定的位置用箱头笔打记号。

（5）注意事项。

① 每次上班前 IPQC 用 NG 样板确认检测程序有效性，将检测结果记录在“AOI 样板检测表”，如有异常，及时通知 AOI 技术员调试程序。

② AOI 测试员必须佩戴静电腕带作业，每次下班前须清洁机器的外表面，并保持机器周围清洁。

③ AOI 测试员严禁在测试时按“ALLOK”窗口，必须对所有红色窗口认真确认，防止漏检。

④ 若发生异常情况或 AOI 漏测时，及时通知 AOI 技术员调试处理，必要时按下“EMERGENCYSTOP”（紧急停止）按钮。

⑤ AOI 误测较多时，AOI 测试员及时通知 AOI 技术员调试程序。

（6）退出系统。

选择程序中“退出”命令，保存当前数据后退出系统，回到 Windows 界面，然后关闭 Windows，当 Windows 显示关闭信息后，关闭 AOI 主电源和电源开关，PC 及显示器也会自动地关闭。

8.2.3 自动 X 射线检测（X-Ray）

AOI 系统的不足之处是只能进行图形的直观检验，检测的效果依赖光学系统的分辨率，它不能检测不可见的焊点和元器件，也不能从电性能上定量地进行测试。

X-Ray 检测是利用 X 射线可穿透物质并在物质中有衰减的特性来发现缺陷，主要检测焊点内部缺陷，如 BGA、CSP 和 FC 中 Chip 的焊点检测。尤其对 BGA 组件的焊点检查，作用无可替代，但对错件的情况不能判别。

1. X-Ray 检测工作原理

X 射线透视图可以显示焊点厚度、形状及质量的密度分布；能充分反映出焊点的焊接质量，包括开路、短路、孔、洞、内部气泡以及锡量不足，并能做到定量分析。X-ray 检测最大特点是能对 BGA 等部件的内部进行检测。X-ray 的基本工作原理如图 8-12 所示。

当组装好的印制电路板（SMA）沿导轨进入机器内部后，位于印制电路板下方有一个 X 射线发射管，其发射的 X 射线穿过印制电路板后被置于上方的探测器（一般为摄像机）接收，由于焊点中含有可以大量吸收 X 射线的铅，照射在焊点上的 X 射线被大量吸收，因此，与穿过其他材料的 X 射线相比，焊点呈现黑点产生良好图像，使对焊点的分析变得相当直观，故简单的图像分析算法便可自动且可靠地检验焊点缺陷。

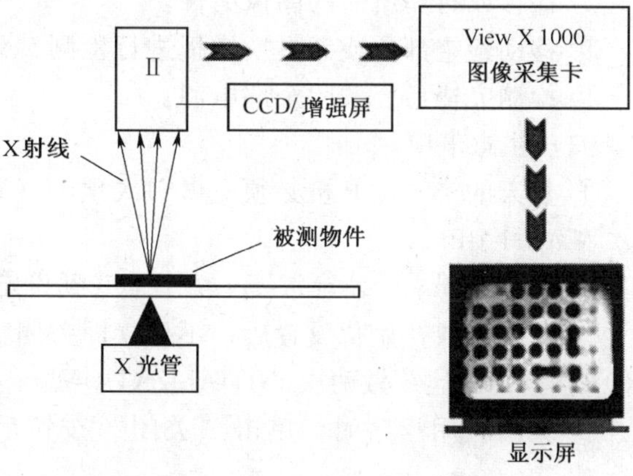

图 8-12　X-ray 的基本工作原理

近几年 X-Ray 检测设备有了较快的发展，已从过去的 2D 检测发展到 3D 检测，具有 SPC 统计控制功能，能够与装配设备相连，实现实时监控装配质量。

2D 检验法为透射 X 射线检验法，对于单面板上的元器件焊点可产生清晰的视像，但对于目前广泛使用的双面贴装印制电路板，效果就会很差，会使两面焊点的视像重叠而极难分辨。而 3D 检验法采用分层技术，即将光束聚焦到任何一层并将相应图像投射到一高速旋转的接收面上，由于接受面高速旋转使位于焦点处的图像非常清晰，而其他层上的图像则被消除，故 3D 检验法可对印制电路板两面的焊点独立成像，其工作原理如图8-13所示。

3DX-Ray 技术除了可以检验双面贴装印制电路板外，还可对那些不可见焊点如 BGA 等进行多层图像“切片”检测，即对 BGA 焊接连接处的顶部、中部和底部进行彻底检验。同时利用此方法还可测通孔焊点，检查通孔中焊料是否充实，从而极大地提高焊点连接质量。

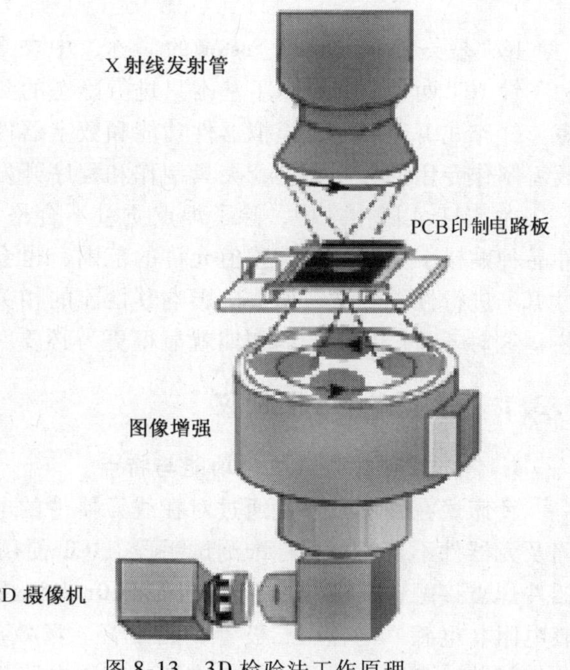

图 8-13　3D 检验法工作原理

2. X-Ray 检测作业指导

（1）操作步骤。

① 检查机器并确认其前后门都已完全关闭。

② 打开电源。

③ 等待机器真空度达到使用标准：

真空状态指示灯变绿后，开始进行机器预热。

④ 装入样板。

⑤ 扫描并调节图像。

⑥ 将图像移到要检查的部位。

⑦ 保存或打印所需的图像文件。

⑧ 移动检查部位或者更换样板进行检测，只需重复上述③～⑥步即可。

⑨ 检测完毕后，关闭全部电源。

（2）注意事项。

① 每天的第一次开机必须先做一次预热（WARM UP），两次使用间隔超过1h也必须做一次WARM UP。

② 开启X-ray后，等X-ray功率上升到设定值并稳定后再开始做ScanBoard。

③ 机器完成初始化设置后，不要立即关闭X-ray应用软件，不要将开关钥匙打到POWERON，也不要连续做两次INITIALIZATION。

④ 关闭应用程序时，单击“关闭”按钮后请等待程序完全关闭，不要再次单击“关闭”按钮。

⑤ 在紧急情况下应及时按下紧急开关。

⑥ 放入的样品高度不能超过50mm。

⑦ 禁止非此设备操作人员操作。

⑧ 开后门时应注意不要将手放在门轴处，防止挤伤。

⑨ 开关门时请注意轻关轻放，避免碰撞以损伤内部机构。

8.3 ICT在线测试

ICT是英文In Circuit Tester的简称，中文含义是“在线测试仪”。ICT可分为针床ICT和飞针ICT两种。飞针ICT基本只进行静态的测试，优点是不需要制作夹具，程序开发时间短。针床式ICT可进行模拟器件功能和数字器件逻辑功能测试，故障覆盖率高；但对每种单板需制作专用的针床夹具，夹具制作和程序开发周期长。

在SMT实际生产中，除了焊点质量不合格导致焊接缺陷以外，元器件极性贴错、元器件品种贴错、数值超过标称值允许的范围，也会导致产品缺陷，因此生产中不可避免的要通过ICT进行性能测试，检查出影响其性能的相关缺陷，并根据暴露出的问题及时调整生产工艺，这对于新产品生产的初期就显得更为必要。

8.3.1 针床式在线测试仪

1. 针床式在线测试仪的功能与特点

针床式在线测试仪是通过对在线元器件的电性能及电气连接进行测试来检查生产制造缺陷及元器件不良的一种标准测试手段。ICT使用专门的针床与已焊接好的印制电路板上的元器件焊点接触，并用数百毫伏电压和10mA以内电流进行分立隔离测试，从而精确地测量所装电阻、电感、电容、二极管、晶闸管、场效应晶体管和集成块等通用和特殊元器件的漏装、错装、参数值偏差、焊点连焊、印制电路板开路和短路等故障，并将故障是哪个元器件或开路位于哪个点准确告诉用户。

由于 ICT 的测试速度快，并且相比 AOI 和 AXI 能够提供较为可靠的电性能测试，所以在一些大批量生产电子产品的企业中，成为了测试的主流设备。

但随着印制电路板组装密度的提高，特别是细间距 SMT 组装以及新产品开发生产周期越来越短，印制电路板品种越来越多，针床式在线测试仪存在一些难以克服的问题：测试用针床夹具的制作、调试周期长，价格贵；对于一些高密度 SMT 印制电路板由于测试精度问题无法进行测试。图 8-14 是针床式在线测试仪的内部结构图。

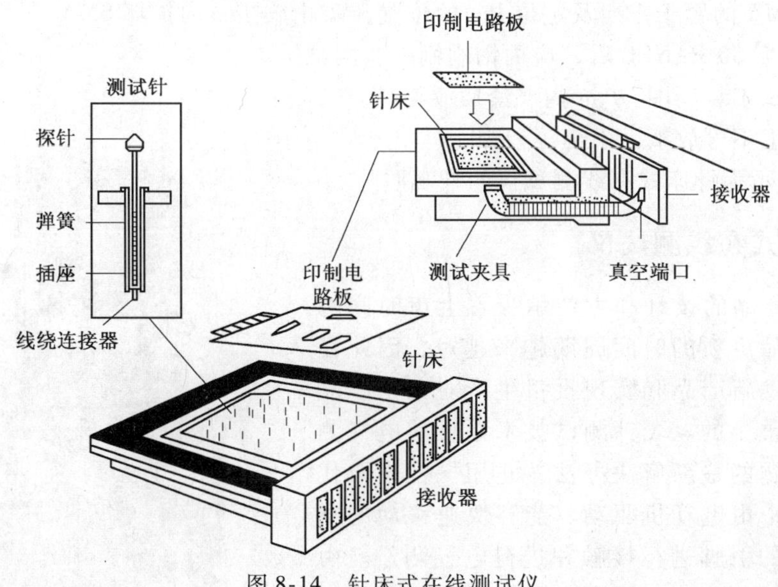

图 8-14　针床式在线测试仪

2. 针床式在线测试仪操作指导

(1) 操作步骤。

① 打开 ICT 电源，ICT 自动进入测试画面，打开测试程序。ICT 技术员须用 ICT 标准样件检测 ICT 的测试功能和测试程序，用 ICT 不良品样件核对 ICT 检测不良的功能，确认无误后，才可通知 ICT 测试员开始测试。测试员开始测试时须再次确认测试程序名及程序版本是否吻合。

② 取目检 OK 的 SMA，双手拿住板边，放置于测试工装内，以定柱为基准，将 PCB 正确安装于治具上，定位针与定位孔定位要准确，定位针不可有松动现象。

③ 双手同时按下气动开关“DOWN”和“UP/DOWN”。

④ 气动头下降到底部后，开始自动测试。

⑤ 确认测试结果，若屏幕出现“PASSED”或“GO”为良品，则用记号笔在规定位置作标识，并转入下一道工序；若屏幕上出现“FAIL”字样或整个屏幕成红色，为不良品，打印出不良内容贴于板面上，置于不良品放置架中，供电子工程部分析不良原因后，送修理工位统一修理。同种不良出现 3 次以上必须通知生产线 PIE、ICT 技术员、品质工程师确认，并要采取相应对策。

⑥ 测试不良板经两次再测之后 OK，则判为良品；若仍为 NG，则判为不良品。

⑦ 按一下“UP/DOWN”开关，气动头上升，双手拿住板边取下 SMA，放到工作台

面上。

⑧ 重复步骤②~④，测试另一 SMA。

（2）注意事项。

① 操作时必须戴上手指套及静电环作业，拿取板边，不可碰到部品。

② 每天接班时必须先用标准测试 OK 及 NG 板对测试架进行检测，OK 后方可开始测试，如发现问题则通知 ICT 技术员检修，并作好测试架的状况记录。

③ 未经 ICT 技术员允许，不可变更程序。

④ 注意 SMA 的置于方向及定位 Pin 的位置，防止放错方向损坏 SMA 。

⑤ 每测试完 30 PANEL 后，应用钢刷刷一次测试针。

⑥ ICT 测试工装周围 10cm 内严禁摆放物品。

⑦ ICT 机上不可放纸、手套等杂物。

图 8-15 所示为针床式在线测试仪的外观照片。

图 8-15 针床式在线测试仪的外观照片

8.3.2 飞针式在线测试仪

现今电子产品的设计和生产承受着上市时间的巨大压力，产品更新的时间周期越来越短，因此在最短时间内开发新产品和实现批量生产对电子产品制作上是至关重要的。飞针测试技术是目前电气测试一些主要问题的最新解决办法，它用探针来取代针床，使用多个由电动机驱动、能够快速移动的电气探针同器件的引脚进行接触并进行电气测量。由于飞针测试不用制作和调试 ICT 针床夹具，以前需要几周时间开发的测试现在仅需几个小时，大大缩短了产品设计周期和投入市场的时间。

1. 飞针测试系统的结构与功能

飞针式测试仪是对传统针床在线测试仪的一种改进，它用探针来代替针床，在 X—Y 机构上装有可分别高速移动的 4~8 根测试探针（飞针），最小测试间隙为 0.2mm。

图 8-16 工作中的飞针式在线测试仪

工作时在测单元（UUT）通过皮带或者其他传送系统输送到测试机内，然后固定，测试仪的探针根据预先编排的坐标位置程序移动并接触测试焊盘（test pad）和通路孔（via），从而测试在测单元的单个元器件，测试探针通过多路传输系统连接到驱动器（信号发生器、电源等）和传感器（数字万用表、频率计数器等）来测试 UUT 上的元器件。当一个元器件正在测试的时候，UUT 上的其他元器件通过探针器在电气上屏蔽以防止读数干扰，如图8-16

所示。

飞针测试仪可以检查电阻器的电阻值、电容器的电容值、电感器的电感值、器件的极性，以及短路（桥接）和开路（断路）等参数。

2. 飞针测试仪的特点

① 较短的测试开发周期，系统接收到 CAD 文件后几小时内就可以开始生产，因此，原型电路板在装配后数小时即可测试。

② 较低的测试成本，不需要制作专门的测试夹具。

③ 由于设定、编程和测试的简单与快速，一般技术装配人员就可以进行操作测试。

④ 较高的测试精度，飞针在线测试的定位精度（10μm）和重复性（±10μm）以及尺寸极小的触点和间距，使测试系统可探测到针床夹具无法达到的 PCB 节点。与针床式在线测试仪相比，飞针式 ICT 在测试精度、最小测试间隙等方面均有较大幅度的提高。以目前使用较多的四测头飞针测试机为例，测头由 3 台步进电机以同步轮与同步带协同组成三维运动。X 和 Y 轴运动精度达 2mil，足以测试目前国内最高密度的 PCB，Z 轴探针与板之间的距离从 160mil 至 600mil 可调，可适应 0.6～5.5mm 厚度的各类 PCB。每测针一秒钟可检测 3 到 5 个测试点。

⑤ 和任何事情一样，飞针测试也有其缺点，因为测试探针与通路孔和测试焊盘上的焊锡发生物理接触，可能会在焊锡上留下小凹坑。对于某些客户来说，这些小凹坑可能被认为是外观缺陷，造成拒绝接受；因为有时在没有测试焊盘的地方探针会接触到元器件引脚，所以可能会检测不到松脱或焊接不良的元器件引脚。

⑥ 飞针测试时间过长是另一个不足，传统的针床测试探针数目有 500～3000 只，针床与 PCB 一次接触即可完成在线测试的全部要求，测试时间只要几十秒，针床一次接触所完成的测试，飞针需要许多次运动才能完成，时间显然要长得多。

另外针床测试仪可使用顶面夹具同时测试双面 PCB 的顶面与底面元器件，而飞针测试仪要求操作员测试完一面，然后翻转再测试另一面，由此看出飞针测试并不能很好适应大批量生产的要求。

3. 飞针式在线测试仪的维护保养

① 每天检查设备的清洁程度，特别是 *Y* 轴。应该使用真空吸尘器进行大型部件清洁，并使用酒精浸泡小型部件。不要使用压缩空气进行清洁，以避免将灰尘吹入设备内部而影响使用。

② 周期性的检查过滤器状态。检查频率应根据设备使用的空气类型而定，空气含有杂质越多检查应越频繁，并偶尔更换过滤器。为评价过滤器工作状态，关闭开关并拧开外壳。过滤器应干燥并颜色一致。如有痕迹表示有油或水。如果污染痕迹比较明显，更换过滤器并检查气源。

③ 通过运行自检程序能够检查系统状态。从 VIVA 主窗口，单击 SELFTEST 图标启动该程序。将显示出左边的对话窗口。在这个窗口中，操作者可以设置不同的选项来检查设备。

④ 定期检查探针及探针座的磨损情况，将其更换后，必须执行校准程序。

⑤ *Y* 轴上出现油或其他液体痕迹，表示空气过滤器出现问题，应停止设备操作并联系设备维护人员。

⑥ 重要的计算机软件及数据应当有备份；不得在计算机内安装其他应用软件；使用外

盘应进行杀毒，防止计算机被病毒感染，确保计算机与主机连线正确可靠。

8.4 功能测试（FCT）

组装阶段的测试包括：生产缺陷分析（MDA）、在线测试（ICT）和功能测试（使产品在应用环境下工作时的测试）及其三者的组合。

ICT能够有效地查找在组装过程中发生的各种缺陷和故障，但不能够评估整个SMA所组成的系统在时钟速度时的性能。功能测试就是测试整个系统是否能够实现设计目标。

功能检测用于表面组装组件的电功能测试和检验。功能检测就是：将表面组装组件或表面组装组件上的被测单元作为一个功能体输入电信号，然后按照功能体的设计要求检测输出信号，大多数功能检测都有诊断程序，可以鉴别和确定故障。最简单的功能检测是将表面组装组件连接到该设备相应的电路上进行加电，看设备能否正常运行，这种方法简单、投资少，但不能自动诊断故障。

功能测试仪（Functional Tester）通常包括3个基本单元：加激励、收集响应并根据标准组件的响应评价被测试组件的响应。通常采用的功能测试技术有以下两种。

1. 特征分析（SA）测试技术

SA测试技术是一种动态数字测试技术，SA测试必须采用针床夹具，在进行功能测试时，测试仪通常通过边界插接器（Edge Cornector）同被测组件实现电气连接，然后从输入端口输入信号，并监测输出端信号的幅值、频率、波形和时序。功能测试仪通常有一个探针，当某个输出连接口上信号不正常时，就通过这个探针同组件上特定区域的电路进行电气接触来进一步找出缺陷。

2. 复合测试仪

复合测试仪是把在线测试和功能测试集成到一个系统的仪器，是近年来广泛采用的测试设备（ATE），它能包括或部分包括边界扫描功能软件和非矢量测试相关软件。特别能适应高密度封装以及含有各种复杂IC芯片组件板的测试。对于引脚级的故障检测可达到100%的覆盖率，有的复合测试仪还具有实时的数据收集和分析软件以监视整个组件的生产过程，在出现问题时能及时反馈以改进装配工艺，使生产的质量和效率能在控制范围之内保证生产的正常进行。

8.5 思考与练习题

1. 简述电子产品的检测内容与检测方法。
2. 简述印刷、贴装和再流焊工序目视检验标准。
3. 简述AOI的类型与基本工作原理。
4. 简述AOI的基本操作过程。
5. 比较人工目检、AOI和AXI三种检测方法的优缺点。
6. 在线测试和功能测试的测试内容有什么不同?

第9章　SMT产品质量控制与管理

本章要点

- SMT生产质量控制的内涵与特点
- SMT生产的质量管理体系

表面组装技术是一项技术密集、知识密集型系统工程，在表面组装大生产中，设备投资大、技术难度高。由于设备本身的高质量、高精度，保证了系统的高精度并实现了自动化成线运行。正常情况下，设备故障率很低，但系统调整不佳、操作不当、供电供气不正常、生产环境不好，以及工序衔接不好均会导致设备故障率提高。如果在实际生产中出现以下情况，则会导致焊接缺陷的产生：工艺不当，产品更换了而焊接炉温曲线没有及时更换，元器件、PCB、焊锡膏、贴片胶储存条件不规范导致元器件可焊性变差等。由于管理不当，一些SMT工厂初期产品不合格率高达10%以上。因此SMT生产中的质量管理已越来越受到众多SMT生产厂家的重视，并把SMT质量管理视为SMT的一个组成部分。

9.1　质量控制的内涵与特点

1. 质量与质量控制的内涵

现代质量观认为质量是产品或系统满足使用要求特性的总和，其内涵包括性能、可靠性、维修性、安全性和适应性等5个内在质量，以及时间性、经济性两个外延质量。

为达到质量内涵的各种要求，需要在产品的制造过程中采用一定的方法、手段、操作技能，这种系统性、综合性的管理技术活动就是质量控制技术。

质量控制（QC：Quality Control）作为一门管理学科，已从统计质量控制（SQC：Statistical Quality Control）和全面质量控制（TQC：Total Quality Control）发展到了全面质量管理（TQM）和质量功能配置（QFD）新阶段。不过，TQC和SQC还是质量控制采用的最普遍的两种方式。

全面质量控制是一种对质量形成的全过程，即对包括市场调查、设计研制、采购、生产工艺准备、制造、检测、包装储运、销售支付、安装调试、售后服务和维修等质量循环中的各个环节进行全面控制管理的技术。它将质量控制工作延伸到制造过程结束后的外部时间空间，既包含线内控制又包含线外控制，其特点是体现出以"事先预防"为主的质量控制观。

2. 质量保证体系

（1）体系结构的完善化。质量保证体系的结构应该能覆盖质量保证标准要素的内容，机构合理，各要素有部门负责管理，例如工艺、设备、检验（包括元器件、材料检验和产品质量检验）、外购、外协（设备、PCB等）、设计和包装等。

（2）体系运作的有效性。体系应能有效动作，并应制作相应的程序文件，经常进行评审以及时纠正问题，包括对员工的培训和考核。

（3）体系文件应完整，质量记录齐全，能反映实际工作情况。

（4）体系内部质量信息应能及时传递，以增强全体人员的质量意识。

3. SMT 产品质量控制的特点

SMT 是涉及各项技术和学科的综合性技术，其组装产品的质量控制具有不少特殊性，并有相当难度，主要体现在以下几方面。

（1）由于 PCB 电路设计、元器件设计及其生产，焊接材料的设计、生产与产品组装环节往往不是在同一企业进行，来料质量控制内容多而复杂。

（2）影响组装质量的因素多。元器件、PCB、组装材料、组装设备及其工艺参数、生产环境等，均对产品组装质量产生影响。

（3）质量检测难度大。细间距、高密度组装、PCB 多层化、元器件微型化和某些元器件引脚不可视等特点，给检测技术带来较大难度，检测成本增加。

（4）故障诊断困难。元器件故障、运行故障和组装故障是 SMT 产品 3 类主要故障，引起故障的因素多达数十种，要进行准确诊断较困难，诊断费用高。

（5）返修成本高。组装元器件和组装材料高成本、返修必须采用专用工具和设备等，都使返修成本加大，且返修花费时间长。

4. SMT 产品质量控制基本策略

SMT 产品组装生产的质量控制中，传统上采用 SQC 方式的较多。但根据 SMT 产品质量控制特点，为尽量避免 SMT 产品的故障诊断与返修等高成本环节，在其产品设计和组装生产过程的质量控制形式上，更提倡采用以事先预防为主的全面质量控制方式，对应的基本策略主要有以下内容。

（1）尽量采用设计制造一体化技术，在 PCB 电路设计等过程中融入可制造性设计、可测试性设计、可靠性设计等面向制造的设计内容。

（2）严格把好元器件和组装材料等来料质量关，事先进行可焊性测试等质量检测。

（3）采用工序上尽早测试原则，使质量故障问题尽早发现，尽早制止，避免故障随着工序的后移而扩展或加重，从而引起诊断与维修难度加大以及费用的几何级数式增长。

（4）形成工序检测与终端检测结合的组装质量检测与反馈闭环控制。

9.2 SMT 生产质量管理体系

本节介绍的 SMT 生产质量管理体系主要是指质量保证体系，在总方针及质量方针中，主要涉及质量指标，实际生产中还应包括其他方面的内容，如企业总产值、企业精神文明和企业文化等内容。此外，该生产质量管理体系仅适应具有一定生产规模的 SMT 部门，而对小批量生产线可参考执行。

9.2.1 加工中心的质量目标

制定明确的质量方针和质量目标是推行 ISO 9000 管理体系的标志，其方针目标应体现出质量在不断提高，并经过努力后能够达到，并且方针目标应在各部门中认真落实和贯彻。例如，当前国际上再流焊不良焊点率$\leqslant 10 \times 10^{-6}$，SMT 加工中心应瞄准世界先进目标，制定出确实可行的质量目标，例如：

- 第一年做到 500×10^{-6} 或 300×10^{-6}——近期目标。
- 第二年做到 100×10^{-6} 或 50×10^{-6}——中期目标。
- 第三年做到 $(20\sim10)\times10^{-6}$——远期目标。

同时，应根据质量方针的要求分析影响质量的关键及生产环节中的薄弱问题，通过分析研究制定出有力的控制措施，并有相应部门和具体人员去落实解决。

9.2.2 SMT 产品设计

产品设计师除了要熟悉电子线路专业知识外，还应熟悉 SMT 元器件以及各种 SMT 工艺流程，特别是中心的 SMT 生产线流程和能力，在设计的过程中始终与 SMT 工艺保持联系和沟通。设计师所设计的 PCB 应符合 SMT 工艺要求。

应有一套完善的设计控制制度，包括各种数据、试验的记录，特别是与 SMT 生产质量有关的记录，设计与工艺联络程序如图 9-1 所示。

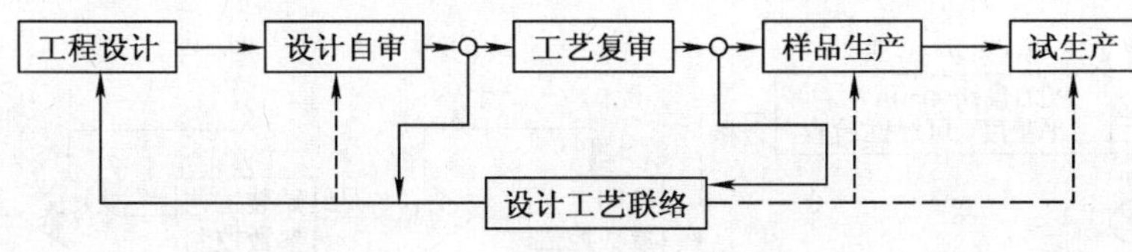

图 9-1　设计与工艺联络程序

9.2.3 外购件及外协件的管理

1. 管理办法

有一套行之有效的管理办法，如外购件按重要性分类管理，对不同的产品或分承包方采取不同的控制办法。例如，对外购设备等贵重物资应做到：购买前，应有专业人员立项、专家组以及专业部门评审认定，购买时应采取招标制，使用后应定期评估其效益或必要性。

2. 进货检验或验证

有一套严格的进货检验或验证制度，检验人员应具备良好的专业素质，设备及规程均比较正规。

3. 外购与外协件的保管与存放

有正规的进货仓库，仓库条件能保证存贮物品的质量不致受损，进出均有一套严格的管理制度，账、卡、物相符，保管人员受过培训。

4. 对分承包方的管理

对分承包方有一套选择、评定和控制的办法，且严格实施，外购品应向合格分承包方采购。

5. 外协产品

外协产品，特别是质量要求高的双面、多层印制电路板，应对委托加工单位进行评估和考察，应选择具备很强工艺技术和装备实力的专业工厂。

以 SMB 外协加工为例，通常评估的原则如下所述。

① 企业是否取得 ISO 9000 标准认定，产品是否取得美国保险实验室（UL）认可。

② 质量是否达到美国军用（MIL）标准及美国电子电路互连与封装协会（IPC）标准。

③ 是否具有计算机辅助 CAD/CAM 系统及光绘图仪、光学自动检测系统（AOI）、热风整平、通断测试等加工测试手段。

④ 2.54 网格两焊盘间走 2～3 条线的印制电路板、表面安装用高平整光洁度和小孔径印制板能否加工。

⑤ 年实际加工量及高档次印制电路板所占比例能否满足需求，主要销售对象及客户意见、服务水平、交货期及价格是否适合等。

9.2.4 生产管理

1. 工序管理办法

（1）有一套正规的生产管理办法，如规定有首件检查、自检、互检及检验员巡检的制度，工序检验不合格不能转到下道工序，SMT 生产首件产品中现场工艺运行流程如图 9-2 所示。

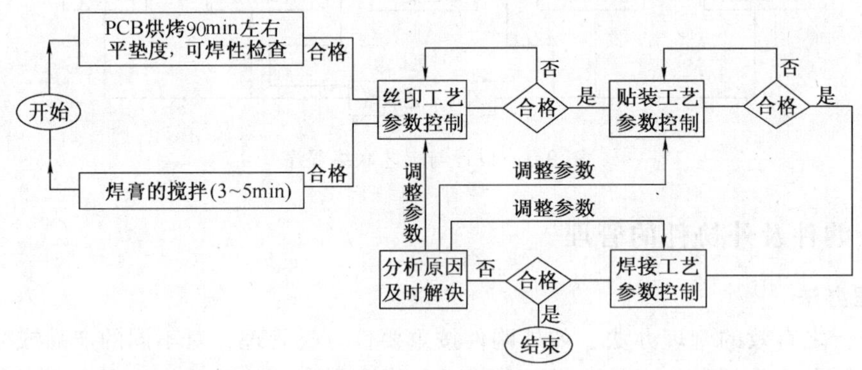

图 9-2 SMT 生产首件产品中现场工艺运行流程

（2）有明确的质量控制点。SMT 生产中的质量控制点有焊锡膏印刷、贴片和炉温调控。对质量控制点的要求：现场有质量控制点标识；有规范的质量控制点文件；控制数据记录正确、及时、清楚；控制数据处理及时；定期评估 PDCA 循环和可追溯性。

2. 工艺文件

主要工序都有工艺规程或作业指导书，工人严格按工艺文件操作，工艺文件处于受控状态，现场可以取得现行有效版本的工艺文件。SMT 主要工艺文件应包括下列内容。

① 锡膏印刷典型工艺。

② 锡膏、贴片胶使用与储存注意事项。

③ 贴片胶涂布典型工艺。

④ 贴片机编程工艺要求。

⑤ SMA 焊接炉温测试工艺规范。

⑥ 波峰焊炉温测试工艺规范。

⑦ 贴片胶固化工艺规范。

⑧ ICT 测试夹具制造流程。

⑨ SMB 设计工艺规范。

⑩ SMA 清洗工艺流程及工艺规范。

⑪ ICT 测试仪使用工艺规范。

⑫ 焊接质量评估规范要求。

⑬ SMT 生产过程中防静电工艺规范。

⑭ 维修站使用工艺规范。

⑮ 烙铁使用工艺规范。

⑯ 其他相关规范。

新产品投产时应具有下列文件：电子元器件及 PCB 可焊性论证报告；投产任务书；产品工艺卡或过程卡（有样件最好）。

上述工艺文件资料应做到：字体工整，填写和更改规范、完整、正确、及时；工艺草卡必须盖有“草卡”印记；工艺流程所规定的方法科学合理、有可操作性；工艺资料保管有序，存档资料符合规范。

3. 关键工序和特殊工序的控制

分清关键工序和特殊工序，进行工艺参数的重点监控。在关键工序和特殊工序工作的工人要通过培训考核，对这些工序的设备、工具和量具等均应特别重视。

（1）关键工序。SMT 生产中，焊锡膏印刷、贴片机的运行、再流焊炉的炉温控制等均应列为关键工序，应当每天检查与记录下列有关参数。

① 环境的温度和湿度、印刷机稳定性。

② 锡膏的粘度、锡球试验（结合第一件产品）。

③ 模板与 PCB 间隙、离板速度、刮刀速度和压力、图像识别精度（结合第一块焊膏印刷质量）。

④ 贴片机的工作状态包括压力、运行状况，应每天记录，有记录表。

⑤ 再流焊炉的温度应每天测试一次，并做好记录，有条件的做到炉温实时控制，有记录表。操作工人应严格培训考核，持证上岗，关键岗位应有明确的岗位责任制。

（2）特殊工序。在 SMT 生产中，焊锡膏、贴片胶等相对价格贵重，可作为特殊工序控制进行定额管理，在保证产品质量的前提下，使材料消耗不断下降，并有效地降低成本，提高效益。材料消耗工艺定额的编制依据如下所述。

① 产品设计文件、工艺文件、工艺规程；材料标准、材料价格。

② 操作人员的熟练程度、工作环境的优劣、设备的完好情况等。综合考虑各种影响因素，针对每种材料的具体情况权衡主要因素。

材料消耗工艺定额的编制方法有实际测定法和经验统计法两种。实际测定法是用实际称量的方法确定每个零件或每个焊点的材料消耗工艺定额。经验统计法是根据类似元件实际消耗统计资料经分析对比，确定其工艺定额。

在批次生产中，可以通过实测每块印制电路板的标准用量（印刷前后质量差）、本批的标准用量及本批的实际用量，由此计算出焊锡膏的利用率，并综合考虑其他因素，确定焊锡膏的损耗系数，最后由损耗系数计算焊膏的工艺定额。

通过上述方法，推出材料定额编制计算公式：

$$材料消耗工艺定额\ M = WK$$

式中 W——标准用量；

K——材料损耗系数（经验总结）。

总之，对物料管理要做到原材料、原器件、外协件及在制品定置管理；账、物、卡相符；在用品均为限期内的合格品或同意代用品；领用、发放制度齐全，手续完备；大件物料实行多次限额发料。

4. 产品批次管理

成批生产的产品有批号，批号、批量等标识可以追溯（如通过计划文件、工序卡和随工单等）。

5. 不合格品的控制

有一套合格品控制办法，根据不同情况由不同的人和部门对不合格品进行隔离、标识、记录、评审和处置。

通常组件板返修过程中，其厚/薄膜 PCB 返工不应超过两次再循环，SMA 的返修不应超过 3 次循环。

6. 生产设备的维护和保养

由于 SMT 设备大部分均为进口，价格昂贵，无论是操作还是用后维护均有较高的要求，因此，要有一套设备管理办法，关键设备应由专职维护人员点检，使设备始终处于完好的状态。以贴片机为例，在实际操作中定人、定机，按日、月和班次采集原始数据，把贴片机每天、每班次的运行状态填入《贴片机运行状态一览表》，统计每天产量的完成情况和正确率，并将每班次、每台设备贴装率绘制成《贴片机运行状态监控图》，对每台设备的状态实施跟踪与监控，当某班次某台设备贴装正确率低于 99.95% 时就视为异常，需要找出异常的原因，然后立即进行处理。同时在每月初，各维修工对自己所负责的设备在上月运行过程中的状态进行总结、分析，并填写《一月设备运行状态总结表》，针对其存在的问题提出改进和预防措施，并及时加以维护和修理。

为加强对维修工作人员的评价和考核，一切以数据为准、用数据“说话”，对每个维修人员当班时每台设备的运行状态实施监控，将其当班时每台设备的贴装正确率描入《维修工当班贴片机状态监控图》，并将同台设备每个维修工当班时该设备全月运行状态绘制在同张监控图上，同时对设备的运行状态进行如下规定。

（1）设备月最低贴装率应禁止低于 99.90%。

（2）当月设备贴装率大于或等于 99.95% 的工作日占累计工作日的 70% 以上为达标设备。

（3）未达标设备是指当月该设备贴装率低于 99.90% 的工作日占累计工作日的 10% 以上。

（4）符合以上前两个条件，设备运行状态为良好。

7. 生产环境

生产现场有定置区域线，楼层（班组）有定置图，定置图绘制符合规范要求；定置合理，定置率高，标识应用正确；库房材料与在制品分类储存，所有物品堆放整齐、合理并定区、定架、定位，与位号、台账相符；凡停滞区内摆放的物品必须要有定置标识，不得混放。

在清洁文明方面应做到：料架、运输车架、周转箱无积尘；管辖区的公共走道通畅无杂物，楼梯、地面光洁无垃圾，门窗清洁无尘；文明作业，无野蛮、无序操作行为；实行“日小扫”、“周大扫”制度。

对现场管理有制度、有检查、有考核、有记录；立体包干区（包括线体四部位、设备、地面）整洁无尘，无多余物品；能做到“一日一查”、“日查日清”。

生产线的辅助环境是保证设备正常运行的必要条件，主要有以下几方面。

（1）动力因素。SMT 设备所需动力通常为两部分：电能与压缩空气。其质量好坏不仅影响设备的正常运行，而且直接影响设备的使用寿命。

① 压缩空气。SMT 生产线上，设备的动力是压缩空气，一台设备上少则几个气缸、电磁阀，多则二十几个气缸与电磁阀，压缩空气应用统一配备的气源管网引入生产线相应设备，空压机离厂房要有一定距离；气压通常为 0.5 ~ 0.6MPa，由墙外引入时应考虑到管路损耗量；压缩空气应除油、除水、除尘，含油量低于 0.5×10^{-6}。

② 采用三相五线制交流工频供电。所谓三相五线制交流工频供电是指除由电网接入 U、V、W 三相相线之外，电源的工作零线与保护地线要严格分开接入；在机器的变压器前要加装线路滤波器或交流稳压器，电源电压不稳及电源净化不好，机器会发生数据丢失及其他损坏。

（2）SMT 车间正常环境。SMT 生产设备是高精度的机电一体化设备，对于环境的要求相对较高，应放置于洁净厂房中（不低于《GB73—84 洁净厂房设计规范》中的100000 级）。

温度：20 ~ 26℃（具有锡膏、贴片胶专用存放电冰箱时可放宽）。

相对湿度：40% ~ 70%。

噪声：≤70dB。

洁净度：粒径≤5.0 ≥0.5（μm），含尘浓度 $\leq3.5\times10^{5}\geq2.5\times10^{4}$（粒/$m^2$）。

对墙上窗户应加窗帘，避免日光直接射到机器上，因为 SMT 生产设备基本上都配置有光电传感器，强烈的光线会使机器误动作。

（3）SMT 现场还应有防静电系统，系统及防静电地线应符合国家标准。

（4）SMT 机房要有严格的出入制度、严格的操作规程、严格的工艺纪律。如：凡非本岗位人员不得擅自入内，未经培训人员严禁上机；所有设备不得带故障运行，发现故障及时停机并向技术负责人汇报，排除故障后方可开机；所有设备与零部件，未经允许不得随意拆卸，室内器材不得带出车间等。

8. 生产人员

SMT 是一项高新技术，对人的素质要求高，不仅要技术熟练，还要重视产品质量，责任心强，专业应有明确分工（一技多能更好），SMT 生产中必须具有下列人员。

（1）SMT 主持工艺师与 SMT 工程技术责任人。其职责是全面主持 SMT 工程工作；组织全面工艺设计；提出 SMT 专用设备选购方案；提出资金投入预算，并负责“投入保证”程序的实施；负责 SMT 工程“产出保证”程序的实施；组织工程文件化工作；研究新工艺，不断提高产品质量及生产效率；了解国内外 SMT 的发展趋势、调研市场发展动态；负责试制人员的技术培训。

（2）SMT 工艺师。其职责是确定产品生产程序，编制工艺流程；参与新产品开发，协助设计师做好 PCB 设计；熟悉元器件、PCB 以及质量认定；熟悉焊锡膏、贴片胶工艺性能以及评价；能现场处理生产中出现的问题，及时做好记录；掌握产品质量动态，对引起质量波动的原因进行分析，及时报告并提出质量部门的处理意见，监督生产线工艺的执行；负责组织产品的常规试验及其他试验；参与产品的开发研制工作，提出质量保证方案。

（3）SMT工艺装备工程师。熟悉SMT设备的机、电工作原理；负责设备的安装和调试工作、组织操作工的技术培训及其他有关技术工作；负责点胶、涂膏、贴片、焊接、清洗及检测系统设备的选型，编制购置计划；了解各类设备的功能、价格及发展的最新动态；选择辅助设备，提出自备工装设备的技术要求和计划；负责设备的修理、保养工作，编制设备保养计划。

（4）SMT检测工程师。其职责是负责SMA的质量检验，根据技术标准编制检验作业指导书，对检验员进行技术培训，积极宣传贯彻质量法规；负责检测技术及质量控制，包括针床设计及测试软件的编制；研究并提出SMT质量管理新办法；掌握测试设备发展最新动态。

（5）印制电路板布线设计工程师。PCB布线设计工程师，主要工作是能承接外协任务，对前来加工的产品，只要客户提供产品的电路原理图，就能设计出SMB。设计工程师的职责是：精通电器原理，会进行PCB的CAD设计；熟悉SMC/SMD；熟悉SMT工艺（可同工艺师共同商议产品工艺流程）。

（6）质量统计管理员。其职责是负责统计、处理质量数据并及时向有关技术人员报告；掌握外购件及外协件的配料情况，能根据产品的生产日期查出元器件的生产厂家，向有关人员反映元器件的质量情况。

（7）生产线线长。其职责是贯彻正确的SMT工艺，监视工艺参数，对生产中的工艺问题及时与工艺师沟通、及时处理；重点监控焊锡膏的印刷工艺以及印刷机的刮刀压力、速度等，确保获得高质量的印刷效果；发挥设备的最大生产能力，减少辅助生产时间，重点是元器件上料时间，小组要考核自己生产线的SMT生产设备的利用率。小组对产品质量负责，开展三检：首检、抽检和终检。一旦发生质量问题，全组商议解决，力争线的工艺能力指数值达到1.33以上，小组要考核产品的直通率。

（8）精密网印机、贴片机和再流焊炉等各主设备责任操作员。其职责是熟练、正确操作设备（含编程）；掌握设备保养知识；熟记设备正常状态下的环境位置，例如灯光指示状态、开关存在状态、运行机械状态以及设备的其他典型状态；掌握辅助材料性能及应用保管方法；熟悉SMD。

9.2.5 质量检验

1. 机构

质量检验部门应独立于生产部门之外，职责明确，有能力强、技术水平高、责任心强的专职检验员。SMT中心应设有以下部门。

（1）辅助材料检测部门。凡购进的各种材料都应该按标准（在国外标准/国标/厂标中最少选择一个）进行认真检测，不经过检测的材料不准使用，检测不合格的不准使用。

检测的原材料常有焊锡膏、贴片胶、助焊剂、防氧化油、高温胶带、清洗剂、焊锡丝和PCB。以焊锡膏为例，其质量的好坏将影响到表面组装生产线各个环节。因此，应十分重视焊锡膏品质的检测。至少应做焊球试验、焊锡膏粘度测试、焊锡膏粒度及金属含量试验、绝缘电阻试验。

（2）元器件检测部门。了解表面安装元器件的品种和规格以及国内外的发展情况，选择 SMC/SMD，并掌握其技术参数、外形尺寸和封装标准情况；向印制电路板布线设计师提供 SMC/SMD 的外形尺寸、特性参数；负责拟定元器件的检验标准；向有关人员（如计划员、库管员等）提供 SMC/SMD 分类标准及管理方法，保证 SMC/SMD 的正确性；了解和选择 THC/THD 及插件、连接器。

元器件测试的内容有：验证元器件的技术条件和数据；测试元器件可焊性、耐焊接热性能；验证元器件质量指标；提出元器件最终认可意见。

（3）成品检验部门。成品检验必须严格，在进货检验、工序检验合格的基础上进行成品检验，合格才准放行。SMA 成品应进行下列测试：焊点质量测试、SMA 在线测试（需要时）、SMA 的功能测试（需要时），合格后方能入库或交付使用。

主要检验过程要严格控制，每批测试前应先检查仪器设备，检验员严格按检验文件操作，检验结果由专人校核。

要做到检验环境良好，无灰尘、电磁和振动等影响，场地设备仪表整洁，检验设备、仪表、量具等均按规定校准，能保持要求的精度，检验记录齐全、完整、清晰，可以追溯。

2. 检验依据文件

检验应依据各种产品（包括为中心提供的全部产品）的检验规程、检验标准或技术规范，且严格按此进行检验。SMT 生产关键技术检验标准。

① SMC/SMD 可焊性测试标准（SJ/T 10669—1995）。

② PCB 系列认定标准。

③ SMC/SMD 技术文件和数据（厂家提供）。

④ 表面组装件的焊点质量评定（IPC-A-610D 或 SJ/T 10669—1995）。

⑤ 表面组装用胶粘剂通用规范（SJ/报批稿）。

⑥ 锡铅膏状焊料（SJ/报批稿）。

⑦ 波峰焊接技术要求。

⑧ 电子设备制造防静电技术要求（SJ/T 10533—1994）。

⑨ 电子元器件制造防静电技术要求（SJ/T 10630—1996）。

3. 检验设备

要求主要的检验设备、仪表、量具齐全，且处于完好状态，按期校准，少数特殊项目委托专门检验机构进行。SMT 生产中常规的检验设备如下所述。

① 元器件焊接性测试仪。

② PCB 绝缘电阻测试系统（湿度箱、高阻测试仪等）。

③ BROOKFIELD 粘度测试仪。

④ 读数显微镜。

⑤ 精密天平。

⑥ 静电测试仪。

⑦ 地阻测量仪。

⑧ 防静电腕带测试仪。

其余的可以委托其他测试单位代做。

9.2.6 图样文件管理

1. 管理制度

有一套文件、资料、图样（包括外来资料）的管理办法，且能贯彻实施。

2. 文件的收发及保管

受控文件有清单，收发均有记录，集中或分散保管均有正规程序使现场保持有效文件。

3. 文件更改

受控文件的更改由原审批单位审批后发放新的，收回旧的，执行程序严格。

4. 现场使用情况

现场使用的文件均为有效版本，需要使用或了解文件的人都可以看到或使用所需文件。

9.2.7 包装、储存及交货

1. 在库品的管理

有出入库管理办法，进货时仓库前有待检区，检验/验证合格的产品才能入库，仓库应经常（或定期）清点在库品，保证账、卡、物一致，仓库保管员熟悉在库品的性能、规格及分类，存放整齐、清洁。

2. 仓库条件

仓库条件应符合库存品的要求，存放外购件及成品的仓库能做到防火、防水、防盗、防静电及防意外事故。

3. 包装与防护

成品按规定（如包装设计、包装规程）进行包装，包装箱标识清楚，库存品在库内有适当防护措施（如防锈、防静电等），在制品也要有防护措施。

4. 交货及服务

能按期交货、售后服务态度好。能接受客户的意见，实施纠正措施和质量改进。

9.2.8 人员培训

SMT 是一项技术密集型、对人才素质要求高的工作，应做好人员培训工作，培训可以采取多种方法，在明确要求的前提下制定明确的培训计划。

1. 对工人的培训内容

SMT 材料（重点是焊膏、贴片胶）；SMT 元器件；SMT 基板；SMT 印刷、点胶、贴放、固化工艺；SMT 的检验标准、方法；统计知识及 SPC、TQC、SQC。

2. 对技术人员的培训内容

SMT 理论；SMT 国内外检验标准，各种常见的 SMT 缺陷及其产生原因，检验方法，排除方法，统计知识及图表；SQC 的内容及实施办法。

3. 对设计人员的培训内容

根据电路原理图设计 SMA、MCM 的设计能力，包括热设计、电磁兼容性设计、可靠性设计；SMA、MCM 更完善的检测方法；SMA、MCM 直通率的提高，质量保证和管理；设备的电脑控制系统，各种高速、高精度、高稳定的伺服系统、光学图像识别系统。

通过培训及考核，定岗任用优秀人才，使各岗位人员能胜任中心的各项工作，为 SMT

生产中采用新技术、新设备，提高焊接质量奠定坚实的基础。

综上所述，SMT 生产质量管理是做好 SMT 产品的重要环节。因此，要踏踏实实做好 SMT 质量管理，特别是工艺管理，形成严谨、科学的工作作风，在每一个环节把好质量关，确保产品质量。

9.3 思考与练习题

1. 简述 SMT 产品质量控制的特点？
2. 简述 SMT 产品组装质量控制的基本策略。
3. 在 SMT 生产管理中，工序管理办法有哪些具体内容？
4. 对 SMT 生产环境有哪些具体要求？
5. 对 SMT 产品质量检验有哪些具体要求？
6. SMT 生产中必须具有哪些工作人员？各自的职责是什么？
7. SMT 生产主要工艺文件有哪些？

附　录

附录 A　中华人民共和国电子行业标准

表面组装技术术语

Terminology for surface mount technology

SJ/T 10668—2002

代替 SJ/T 10668—1995

2002-10-30 发布　2003-03-01 实施

原中华人民共和国信息产业部　发布

前　言

本标准是对 SJ/T 10668—1995《表面组装技术术语》的修订。

本标准的修订版与前版相比，主要变化如下：

——增加了部分新内容；

——对前版的部分术语进行了修改和删除。

本标准由电子工业工艺标准化技术委员会归口。

本标准起草单位：信息产业部电子第二研究所。

本标准主要起草人：李桂云、王季娥、石萍、甄元生、宋丽荣。

本标准予 1995 年首次发布。

本标准自实施之日起代替并废止 SJ/T 10668—1995《表面组装技术术语》标准

1. 范围

本标准供电子组装行业及其他相关行业在制订国家标准、行业标准、企业标准和指导性技术文件以及编写教材、技术书籍、技术交流及论文报告时使用。

本标准界定了表面组装技术中常用的术语，本标准适用于电子工业的组装技术和其他相关行业的电子组装技术、互连技术和制造工艺。

2. 一般术语

2.1

组装 assembly

将若干元件、器件或组件连接到一起。

2.2

表面组装技术 surface mount technology（SMT）

表面安装技术

表面贴装技术

将无引线的片状元件（表面组装元器件）安放在基板的表面上，通过浸焊或再流焊等方法加以焊接的组装技术。

2.3

表面组装组件 surface mount assembly（SMA）

表面安装组件

采用表面组装技术制造的印制电路板组装件。

2.4

表面组装元器件 surface mount component（SMC）

表面安装元器件 surface mount device（SMD）

表面贴装元器件

外形为短形片状、圆柱形或异形，其焊端或引脚制作在同一平面内，并适用于表面组装的电子元器件。

2.5

芯片直接组装 chip on board（COB）

一种将集成电路或晶体管芯片直接安装、互连到印制电路板上的组装技术。

2.6

倒装片 flip chip

一种芯片正面焊区朝下，直接与基板或基座的相应焊区对准焊接的半导体芯片组装互连方法。倒装片互连线最短，占用面积最小，但工艺难度大，散热差。

2.7

组装密度 packaging density

单位体积内所组装的元器件数目或线路数。

2.8

封装 packaging

电子元器件或电子组件的外包装，用于保护电路元件及为其他电路的连接提供接线端。

2.9

工艺过程统计控制 statistical process control（SPC）

采用统计技术来记录、分析某一制造过程的操作，并用分析结果来指导和控制在线制程及其生产的产品，以确保制造的质量和防止出现误差的一种方法。

2.10

可制造性设计 design for manufacturing（DFM）

尽可能把制造因素作为设计因子的设计。也泛指这种方法、观念、措施。

3. 元器件术语

3.1

圆柱形元器件 metal electrode face（MELF）component cylindrical device

两端无引线，有焊端的圆柱形元器件。

3.2

矩形片状元件 rectangular chip component

两端无引线，有焊端，外形为矩形片式元件。

3.3

小外形二极管 small outline diode（SOD）

采用小外形封装结构的二极管。

3.4

小外形晶体管 small outline transistor（SOT）

采用小外形封装结构的晶体管。

3.5

小外形封装 small outline package（SOP）

两侧具有翼形或J形短引线的小形模压塑料封装。

3.6

小外形集成电路 small outline integrated circuit（SOIC）

指外引线数不超过28条的小外形集成电路，一般有宽体和窄体两种封装形式。其中具有翼形短引线者称为SOL器件，具有J型短引线者称为SOJ器件。

3.7

扁平封装 flat package

一种元器件的封装形式，两排引线从元件侧面伸出，并与其本体平行。

3.8

薄型小外形封装 thin small outline package（TSOP）

一种近似小外形封装，但厚度比小外形封装更薄，可降低组装重量的封装。

3.9

四列扁平封装 quad flat pack（QFP）

外形为正方形或矩形，四边具有翼形短引线的塑料薄形封装形式，也指采用该种封装形式的器件。

3.10

塑封四列扁平封装 plastic quad flat pack（PQFP）

近似塑封有引线芯片载体，四边具有翼形短引线，封装外壳四角带有保护引线共面性和避免引线变形的"角耳"，典型引线间距为0.63mm，引线数为84、100、132、164、196、244条等。

3.11

细间距器件 fine pitch device（FPD）

细节距器件

相邻两引脚中心距（节距）≤0.5mm的器件。

3.12

芯片载体 chip carrier

一种通常为矩形（大多为正方形）的元器件封装。其芯片腔或芯片组装区占据大部分封装尺寸，通常其四边均有引出端，分为有引线芯片载体和无引线芯片载体。

3.13

有引线芯片载体 leaded chip carrier

封装体周围或下面有外援引线的芯片载体。

3.14

无引线芯片载体 leadless chip carrier

封装体周围或下面无外接引线，但有外接金属端点的芯片载体。

3.15

有引线陶瓷芯片载体 leaded ceramic chip carrier

近似无引线陶瓷芯片载体，它把引线封装在陶瓷基体四边上，使整个器件的热循环性能增强。

3.16

无引线陶瓷芯片载体 leadless ceramic chip carrier

四边无引线，有金属化焊端并采用陶瓷气密封装的芯片载体。

3.17

塑封有引线芯片载体 plastic leaded chip carrier（PLCC）

四边具有 J 形短引线，通常引线间距为 1.27mm，采用塑料封装的芯片载体，外形有正方形和矩形两种形式。

3.18

C 型四边封装载体 C-chip quad pack

C-chip carrier

不以固定的封装体引线间距尺寸为基础，而以规定封装体大小为基础制成的四边带 J 形或 I 型短引线的高度气密封装的陶瓷芯片载体。

3.19

焊接用焊端 termination

无引线表面组装元器件的金属化外电极。

3.20

引线 lead

从元器件封装体内向外引出的导线。

3.21

翼形引线 gull wing lead

从元器件封装体向外伸出的形似鸥翅的引线。

3.22

J 形引线 J—lead

从元器件封装体向外伸出并向下延伸，然后向内弯曲，形似英文字母“J”的引线。

3.23

引脚 pin

在元器件中，指引线末端的一段，通过软钎焊使这一段与基板上的焊盘形成焊点。引脚可划分为脚跟（heel）、脚底（bottom）、脚趾（toe）、脚侧（side）等部分。

3.24

引脚共面性 lead coplanarity

一个器件诸引脚的底面应处于同一平面上。当其不在同一平面上时，引脚底面的最大垂直偏差，称为共面偏差。

3.25

球栅阵列 ball grid array（BGA）

集成电路的一种封装形式，其输入输出端子是在元件的底面上按栅格方式排列的球状焊端。

3.26

塑封球栅阵列 plastic ball grid array（PBGA）

采用塑料作为封装壳体的 BGA。

3.27

陶瓷球栅阵列 ceramic ball grid array（CBGA）

共烧铝陶瓷基板的球栅阵列封装。

3.28

柱栅阵列 column grid array（CGA）

一种类似针栅阵列的封装技术，其器件的外连接像导线陈列那样排列在封装基体上，不同的是，柱栅阵列是用小柱形的焊料与导电焊盘相连接。

3.29

柱状陶瓷栅阵列 ceramic column grid array（CCGA）

采用陶瓷封装的 CGA。

3.30

芯片尺寸封装 chip scale package（CSP）

chip size package

封装尺寸与芯片尺寸相当的一种先进 IC 封装形式，封装体与芯片尺寸相比不大于 120%。

3.31

微电路模块 microcircuit module

微电路的组合或微电路和分立元件形成的互连组合，是一种功能上不可分割的电子电路组件。

3.32

多芯片模块 multichip module（MCM）

将多块来封装的集成电路芯片高密度安装在同一基板上构成一个完整的部件。

3.33

有引线表面组装元件 leaded surface mount component

封装体周围和下面有外接引线的元器件。

3.34

无引线表面组装元件 leadless surface mount component

一种无引线的封装体，靠自身的金属化端点与外部连接的元器件。

4. 材料术语

4.1

软钎焊剂 flux

一种能通过化学和物理作用去除基体金属和焊料上的氧化膜与其他表面膜，使焊接表面达到必要清洁度的活性物质。它能使熔融焊料润湿被焊接的表面，也能防止焊接期间表面的再次氧化和降低焊料与基体金属间的界面张力。简称焊剂。

4.2

无机焊剂 inorganic flux

由无机酸和盐组成的水溶性焊剂。

4.3

焊剂活性 flux activity

焊剂促进熔融焊料润湿金属表面的能力。

4.4

活性松香焊剂 activated rosin flux

一种由松香和少量有机卤化物或有机酸活化剂配制的焊剂。

4.5

非活性焊剂 nonactivatd flux

指由天然树脂或合成树脂制成的不含有提高活性的活化剂制成的焊剂。

4.6

水溶性焊剂 water-soluble flux

指焊剂和焊剂的残留物能够溶解在水中，可用水清洗的一种焊剂。

4.7

树脂焊剂 resin flux

以天然和合成树脂为基本成分的焊剂的总称。分松香基和非松香基树脂两类。

4.8

合成活性焊剂 synthetic activated flux

一种高活性的有机焊剂，其焊后残留物可溶于卤化溶剂中。

4.9

活化剂 activator

一种可去除焊接表面氧化物，改善焊剂性能的物质。通常是有机和无机酸、胺和受热易分解的有机卤素化合物或胺类卤酸盐。

4.10

阻焊剂 solder resist

用于局部区域的耐热涂覆材料，在焊接中可避免焊料铺展到该局部区域。

4.11

焊接油（防护层）soldering oil（blanket）

在浸焊或波峰焊中，一种为了少生浮渣和降低表面张力，浮在静止槽和波峰焊槽上面的混合液体成分。

4.12

软钎料 solder

熔点温度低于427℃（800°F）的钎料合金。电子工业中常称焊料。

4.13

焊膏 solder paste

solder cream

由焊料颗粒、焊剂、溶剂和添加剂均匀组成的膏状混合物。

4.14

焊料粉末 solder powder

在惰性气氛中，将熔融焊料雾化制成的微细粒状金属。一般为球形和近球形或不定形。

4.15

触变性 thixotropy

流体的粘度随着时间、温度、切变力等因素而发生变化的特性。

4.16

金属（粉末）百分含量 percentage of metal

一定体积（或重量）的焊膏中，焊前或焊后焊料合金所占体积（或重量）的百分比。

4.17

焊膏工作寿命 paste working life

焊膏从被施加到印制电路板上至焊接之前的不失效时间。

4.18

贮存寿命 shelf life

焊膏/贴片胶丧失其工作寿命之前的保存时间。

4.19

焊膏分层 paste separating

焊膏中较重的焊料粉末与较轻的焊剂、溶剂、各种添加剂的混合物互相分离的现象。

4.20

免清洗焊膏 no-clean solder paste

焊后只含微量无副作用的焊剂残留物而无需清洗组装板的焊膏。

4.21

贴片胶 adhesives

能将材料通过表面附着而粘结在一起的物质。在表面组装技术中，在焊前用于暂时固定元器件的胶粘剂。

4.22

皂化剂 saponifier

含有添加剂的有机碱或无机碱的水溶液，可促进松香型焊剂和/或水溶性焊剂残留物的去除。

5. 工艺与设备术语

5.1

丝网印刷 screen printing

用刮板将焊膏/贴片胶通过制有印刷图形的丝网挤压到被印表面的工艺。

5.2

漏印板印刷 stencil printing

用刮板（刮刀）将焊膏/贴片胶通过有孔的模板挤压到被印表面的工艺。

5.3

金属漏印板 metal stencil

用金属薄板经照相蚀刻法、激光切割法或直接用电铸法制成的漏印板。

5.4

柔性金属漏印板 flexible stencil

柔性金属模版 flexible metal mask

用聚酚亚胺膜经激光切割制成的金属漏印和直接用电铸法制成的漏印板。

5.5

脱网高度 snap off distance

回弹距离

印刷时，丝网版或柔性金属网版的下表面与承印物上表面之间的静态距离。

5.6

滴涂 dispensing

表面组装时，以液滴方式往印制电路板上施加焊膏或贴片胶的一种工艺方法。

5.7

注射式滴涂 syringe dispensing

使用手动或有动力源的注射针管，往印制电路板表面规定位置施加贴片胶或焊膏的一种工艺方法。

5.8

拉丝 stringing

注射滴涂焊膏或贴片胶时，因注射嘴（针头）与焊盘表面分离欠佳而在嘴上粘连有少部分焊膏或贴片胶，并使已点胶点出现“拉丝”的现象。

5.9

贴装 pick and place

贴片

将元器件从供料器中拾取并贴放到印制电路板表面规定位置上的手动、半自动或自动的操作。

5.10

贴装头 placement head

贴装机的关键部件，是贴装元器件的执行机构。

5.11

吸嘴 nozzle

贴装头中利用负压产生的吸力来拾取元器件的零件。

5.12

定心爪 centering jaw

贴装头上与吸嘴同轴配备的用于给元器件定位的镊钳式机构。

5.13

定心台 centering unit

设置在贴装机机架上，用于给元器件定中心的机构。

5.14

供料器 feeder

向贴装头供给元器件，贮存元器件并向贴装头供料的机构。

5.15

带式供料器 tape feeder

适用于编带包装元器件的供料器。

5.16

杆式供料器 stick feeder

管式供料器

适用于杆式包装元器件的供料器。它靠元器件自重和振动进行定点供料。

5.17

盘式供料器 tray feeder

适用于盘式包装元器件的供料器。它是将引线较多或封装尺寸较大的元器件预先编放在矩阵格子盘内，由贴装头分别到各器件位置拾取。

5.18

散装式供料器 bulk feeder

适用于散装元器件的供料器。一般采用微倾斜直线振动槽，将贮放的尺寸较小的元器件输送至定点位置。

5.19

供料器架 feeder holder

贴装机中安装和调整供料器的部件。

5.20

贴装精度 placement accuracy

贴装元器件时，元器件焊端或引脚偏离目标位置的最大偏差，包括平移偏差和旋转偏差。它是一个统计概念。

5.21

平移偏差 shifting deviation

指贴装机贴片时，在X-Y方向上所产生的偏差。

5.22

旋转偏差 rotating deviation

贴装头贴片时在旋转方向上产生的偏差。

5.23

分辨率 resolution

贴装机驱动机构平稳移动的最小增量值。

5.24

重复性 repeatability

指贴装机贴片时的重复能力。又称重复精度。

5.25

贴装速度 placement speed

贴装机在最佳条件下，单位时间内贴装的元器件的数目。也可用贴装一个元器件所需的时间表示。

5.26

贴装机 placement equipment

贴片机 pick and place equipment

完成表面组装元器件贴装功能的设备。

5.27

低速贴装机 low spccd placement equipment

一般指贴装速度小于9000片/小时的贴装机。

5.28

中速贴装机 general placement equipment

一般指贴装速度在9000~15000片/小时的贴装机。

5.29

高速贴装机 high speed placement equipment

一般指贴装速度在15000~40000片/小时的贴装机。

5.30

顺序贴装 sequential placement

按预定贴装顺序逐个拾取、逐个贴放的贴装方式。

5.31

同时贴装 simultaneous placement

两个以上贴装头同时拾取与贴放多个元器件的贴装方式。

5.32

流水线式贴装 in-line placement

多台贴装机同时工作，每台只贴装一种或少数几种元器件的贴装方式。

5.33

贴装压力 placement pressure

贴装头吸嘴在贴放表面组装元器件时，施加于元器件上的力。

5.34

贴装方位 placement direction

贴装头主轴旋转角度。

5.35

飞片 flying

贴装头在拾取或贴放元器件时，元器件丢失的现象。

5.36

示教式编程 teach mode programming

在贴装机上，操作者根据所设计的贴片顺序，经显示器（CRT）上给予操作者一定的指导提示，模拟贴装一遍，贴装机同时自动逐条输入所设计的全部贴装程序和数据，并自动优化程序的简易编程方式。

5.37

脱机编程 off-line programming

不是在贴装机上编制贴装程序，而是在另一台计算机上进行的编程方式。

5.38

光学校准系统 optic correction system

使用光学系统摄像和图像的分析技术对贴装位置进行校准的系统。

5.39

固化 curing

在一定的温度、时间条件下，将涂覆有贴片胶的元器件加热，以使元器件与印制电路板暂时固定在一起的工艺过程。

5.40

焊缝 fillet

焊接的金属表面的相交处的软钎料，通常为凹形表面。

5.41

升温段 preflow

再流焊温度曲线上，预热后未达到峰值温度前的温度上升段部分。焊料会逐渐熔化并润湿铺展。

5.42

润湿 wetting

指液态焊料和被焊基体金属表面之间产生相互作用的现象。即熔融焊料在基底金属表面扩散形成完整均匀覆盖层的现象。

5.43

半润湿 dewetting

熔融焊料涂覆在基底金属表面后，焊料回缩，遗留下不规则的焊料疙瘩，但不露基底金属。

5.44

不润湿（焊料）nonwetting（solder）

指焊料在基体金属表面没有产生润湿，接触角趋向于180°，余弦值趋向于-1。

5.45

虚焊点 cold solder connection

由于焊接温度不足，焊前清洁不佳或焊剂杂质过多，使焊接后出现润湿不良，焊点呈深灰色针孔状的表面。

5.46

弯液面 meniscus

在润湿过程中，由于表面张力的作用，在焊料表面形成的轮廓。

5.47

焊料遮蔽 solder shadowing

采用波峰焊焊接时，某些元器件受其本身或它前方较大体积元器件的阻碍，得不到焊料或焊料不能润湿其某一侧甚至全部焊端或引脚，从而导致漏焊的原因。

5.48

焊盘起翘 lifted land

焊盘本身或连同树脂全部或局部脱离基体材料。

5.49

焊料芯吸 solder wicking

因元器件引线升温过快，使焊料过多沿引线润湿铺展，导致接头焊料不足。这是一种缺陷。

5.50

空洞 void

局部区域缺少物质而形成的焊点内部的腔穴，主要因焊料再流时气体释放或固化前所包围的焊剂残留物所形成。

5.51

焊剂残留物 flux residue

焊剂残余物

焊后残存在焊接表面上或焊点周围的焊剂杂质。

5.52

浮渣 dross

焊料槽熔融焊料表面上形成的氧化物和其他杂质。

5.53

墓碑现象 tomb stone effect

再流焊接后，片式元件的一端离开焊盘表面，整个元件呈斜立或直立，状如石碑的缺陷。

5.54

塌落 slump

焊膏/贴片胶印刷后，在一定条件下，焊膏/贴片胶自然流淌或铺展。

5.55

过热焊点 overheated solder connection

焊料表面呈灰暗、颗粒状、多孔、疏松的焊点。

5.56

锡珠 solder ball

焊料在层压板、阻焊层或导线表面形成的小颗粒（一般在波峰焊接或再流焊接后出现）。

5.57

桥接 solder bridging

导线之间由焊料形成的多余导电通路，是一种缺陷。

5.58

手工软钎焊 hand soldering

使用钎料和烙铁或其他手持人工控制式焊接工具进行的焊接。在板级组装中简称“手工焊”。

5.59

群焊 mass soldering

对印制电路板上所有的待焊接的焊点同时加热进行软钎焊的操作。

5.60

浸焊 dip soldering

将装有元器件的印制电路板的待焊接面，浸于静态的熔融焊料表面，对许多端点同时进行焊接。

5.61

波峰焊 wave soldering

将熔化的软钎焊料，经泵喷流成设计要求的焊料波峰，使预先装有电子元器件的印制电路板通过焊料波峰，实现元器件焊端或引脚与印制电路板焊盘之间机械与电气连接的软钎焊。

5.62

再流焊 reflow soldering

通过重新熔化预先分配到印制电路板焊盘上的膏状软钎焊料，实现元器件焊端或引脚与印制电路板焊盘之间机械与电气连接的软钎焊。

5.63

热板再流焊 hot plate reflow soldering

利用热板进行传导加热的再流焊。

5.64

红外再流焊 IR reflow soldering

infrared reflow soldering

利用红外辐射热进行加热的再流焊。简称红外焊。

5.65

热风再流焊 hot air reflow soldering

以强制循环流动的热气流进行加热的再流焊。

5.66

热风红外再流焊 hot air/IR reflow soldering

按一定热量比例和空间分布，同时采用红外辐射和热风循环对流进行加热的再流焊。

5.67

激光再流焊 laser reflow soldering

采用激光辐射能量进行加热的再流焊。是局部软钎焊方法之一。

5.68

光束再流焊 beam reflow soldering

采用聚集的可见光辐射热进行加热的再流焊。是局部软钎焊方法之一。

5.69

气相再流焊 vapor phase soldering（VPS）

利用高沸点工作液体的饱和蒸汽的气化潜热，经冷却时的热交换进行加热的再流焊。简称气相焊。

5.70

自定位 self alignment

在表面张力作用下，元器件自动被拉回到近似目标位置。

5.71

免清洗焊接 no-clean soldering

使用专门配制的、其残余物不需清洗的低固体焊膏的一种工艺。

5.72

焊后清洗 post-soldering cleaning

印制电路板完成焊接后，用溶剂、水或其蒸汽进行清洗，以去除焊剂残留物和其他污染物的工艺过程。简称清洗。

5.73

超声波清洗 ultrasonic cleaning

在清洗介质中，利用超声波引起微振荡的一种浸入式清洗方法。

5.74

溶剂清洗 solvent-cleaning

使用极性和非极性混合有机溶剂去除有机和无机污物。

5.75

水清洗 aqueous cleaning

采用水基清洗剂进行清洗的方法，包括中和剂、皂化剂、表面活性剂、分散剂和防（消）泡剂。

5.76

半水清洗 semi aqueous cleaning

使用溶剂进行清洗，然后用热水进行漂洗，再进行干燥处理的一种工艺。

5.77

离子洁净度 ion cleanliness

以单位面积上离子数或离子量表示的表面洁净度。

6. 测试与检验及其他术语

6.1

自动光学检验 automated optical inspection（AOI）

利用光学成像和图像分析技术，自动检查目标物。

6.2

在线检测 in-circuit test（ICT）

在表面组装过程中，对印制电路板上个别的或几个组合的元器件分别输入测试信号，并测量相应输出信号，以判定是否存在某种缺陷及其所在位置的方法。

6.3

贴装检验 placement inspection

表面组装元器件贴装时或完成后，对于有否漏贴、错位、贴错、元器件损坏等情况进行的质量检验。

6.4

施膏（胶）检验 paste/adhesive application inspection

用目检或机器检验方法。对焊膏或贴片胶施加于印制电路板上的质量状况进行的检验。

6.5

焊后检验 post-soldering inspection

印制电路板完成后焊接后的质量检验。

6.6

目检 visual inspection

用肉眼或按规定的放大倍数对物理特征进行的检验。

6.7

机器检验 machine inspection

泛指所有利用检测设备进行组装板质量检验的方法。

6.8

返修工作台 rework station

能对组装板进行返工和修理的专用设备或系统。

6.9

拆焊 desoldering

把焊接的元器件拆卸下来进行修理或更换，方法包括：用吸锡带吸锡、真空（焊锡吸管）和热拔。

6.10

基准标志 fiducial mark

fiducial

在印制电路板照相底版或印制电路板上，为制造印制电路板或进行表面组装备工序，提供精密定位所设置的特定的几何图形。

6.11

局部基准标志 local fiducial mark

印制电路板上针对个别或多个细间距、多引线、大尺寸表面组装器件的精确贴装，设置在其相应焊盘的角部，供光学定位校准用的特定几何图形。

6.12

印制电路组件 printed circuit assembly（PCA）

印制电路板和元器件、相关材料及其他硬件组合而成的一种电路组件。

附录B　本书专业英语词汇

A

AXI（Automatic X-ray Inspection）自动 X 射线检测
AOI 自动光学检测

B

BUS 总线
BGA（Ball Grid Array）球状栅格阵列

C

CAD（Computer Aided Design）计算机辅助设计
CASIO 卡西欧（日本公司名称及产品品牌）
CBGA（Ceramic BGA）陶瓷 BGA 封装
CSP（Chip Size Package 或 Chip Scale Package）芯片尺寸封装
convection-dominant 强制对流（加热）
CTE 热膨胀系数
CIMS 计算机集成制造系统
CCL 覆铜箔层压板

D

DIP 双列直插封装
DRC（Design Rule Cheek）设计规则检测法
DSP 数字信号处理
dip soldering 浸焊
Design for excellent 优化设计

E

ESD 静电放电
ERP（Enterprise Resource Planning）企业资源计划

F

FC（Flip Chip）倒装芯片
feeder 供料架，进料器（SMT 贴片机的配件）
flow soldering 流动焊接
FMS 柔性制造系统
FUJI 富士（日本公司名称及产品品牌）

I

IC 集成电路

Inch（in）英寸（长度单位）

Intel 英特尔（美国电脑公司及产品品牌）

I/O（Input/Output）输入/输出（电极引脚）

ICT 在线测试仪

IR（Infra Red ray re-flow）红外线辐射再流焊

ISO 国际标准化组织

IEC 国际电工委员会

L

LCCC（Leadless Ceramic Chip Carrie）无引线陶瓷封装

LSI（Large Scale Integration）大规模集成电路

M

MCM（Multi Chip Model）多芯片组件

MSI（Medium Scale Integration）中规模集成电路

MPT（Microelectronic Packaging Technology）微组装技术

MR（Manufacturing Resource Planning）制造资源计划系统

Mark 定位识别标志

mil 密耳（1 mil = 0.001in，1in = 25.4mm）

P

PCB（Printed Circuit Board）印制电路板

pad 焊盘

PANASONIC 松下（日本公司名称及产品品牌）

PBGA（Plastic BGA）塑料 BGA 封装

PHILIPS 飞利浦（荷兰公司名称及产品品牌）

PLCC（Plastic Leaded Chip Carrie）宽脚距塑料封装

PQFP（Plastic QFP）塑料 QFP 封装

PDM 产品数据管理

Pentium 电脑 CPU 一个系列的名称，中文译为“奔腾”

Q

QFP（Quad Flat Package）四方型扁平封装

QC 质量控制

QFD 质量功能配置

R

Re-flow soldering 再流焊

Re-ball 芯片植球、植珠

ROHS《电气、电子设备中限制使用某些有害物质指令》

S

SMT 表面组装技术

SMC 表面组装元件

SMD 表面组装器件

SMA 表面组装组件

SMB 表面组装印制电路板

SMOBC 裸铜表面覆阻焊膜（一种双面印制电路板制造工艺）

SIEMENS 西门子（德国公司名称及产品品牌）

SOIC（Short Outline Integrated Circuit）短引线集成电路

SOJ（Small Outline J）J 形引脚小型封装

SONY 索尼（日本公司名称及产品品牌）

SANYO 三洋（日本公司名称及产品品牌）

SOP（Small Outline Package 或 Short Outline Package）短引线封装，小型封装

SOT（Small Outline Transistor 或 Short Outline Transistor）短引线小型晶体管

SSI（Small Scale Integration）小规模集成电路

SSOP（Shrink SOP）缩小型封装

SSD（Static Sensitive Device）静电敏感器件

Self-alignment 自定位效应、自对中效应

SQC 统计质量控制

Shore 邵氏（硬度单位）

Solding Pasts 焊锡膏

T

THT 通孔插装技术

TSSOP（Thin Shrink SOP）薄缩小型封装

TQFP（Thin QFP）薄四方形扁平封装

TQC 全面质量控制

TQM 全面质量管理

U

ULSI（Ultra Large Scale Integration）极大规模集成电路

UNIVERSAL 环球（日本公司名称及产品品牌）

V

VLSI（Very Large Scale Integration）超大规模集成电路

Vapor Phase Re-flow 气相再流焊

W

WEEE 电子垃圾，废弃电气电子设备

Wave Soldering 波峰焊

Y

YAMAHA 雅马哈（日本公司名称及产品品牌）

参 考 文 献

[1] 张文典. 实用表面组装技术 [M]. 北京：电子工业出版社，2006.
[2] 王卫平，陈粟宋. 电子产品制造工艺 [M]. 北京：高等教育出版社，2005.
[3] 黄永定. SMT 基础与设备 [M]. 2 版. 北京：电子工业出版社，2011 .
[4] 韩满林. 表面组装技术 [M]. 北京：人民邮电出版社，2010.
[5] 周德俭，吴兆华. 表面组装工艺技术 [M]. 北京：国防工业出版社，2002.
[6] 龙绪明. 实用电子 SMT 设计技术. 成都：四川省电子学会 SMT 专委会，1997.
[7] 周瑞山. SMT 工艺材料. 成都：四川省电子学会 SMT 专委会，1999.
[8] 张文典. SMT 生产技术. 南京：南京无线电厂工艺所，1993.
[9] 宜大荣. SMT 生产现场使用手册. 北京：北京电子学会 SMT 专委会，1998.
[10] 李朝林. SMT 制程 [M]. 天津：天津大学出版社，2009.
[11] 吴兆华，周德俭. 表面组装技术基础 [M]. 北京：国防工业出版社，2002.
[12] 杜中一. SMT 表面组装技术 [M]. 北京：电子工业出版社，2010 .

精品教材推荐

计算机电路基础

书号：ISBN 978-7-111-35933-3

定价：31.00 元　　作者：张志良

推荐简言：

本书内容安排合理、难度适中，有利于教师讲课和学生学习，配有《计算机电路基础学习指导与习题解答》。

高级维修电工实训教程

书号：ISBN 978-7-111-34092-8

定价：29.00 元　　作者：张静之

推荐简言：

本书细化操作步骤，配合图片和照片一步一步进行实训操作的分析，说明操作方法；采用理论与实训相结合的一体化形式。

汽车电工电子技术基础

书号：ISBN 978-7-111-34109-3

定价：32.00 元　　作者：罗富坤

推荐简言：

本书注重实用技术，突出电工电子基本知识和技能。与现代汽车电子控制技术紧密相连，重难点突出。每一章节实训与理论紧密结合，实训项目设置合理，有助于学生加深理论知识的理解和对基本技能掌握。

单片机应用技术学程

书号：ISBN 978-7-111-33054-7

定价：21.00 元　　作者：徐江海

推荐简言：

本书是开展单片机工作过程行动导向教学过程中学生使用的学材，它是根据教学情景划分的工学结合的课程，每个教学情景实施通过几个学习任务实现。

数字平板电视技术

书号：ISBN 978-7-111-33394-4

定价：38.00 元　　作者：朱胜泉

推荐简言：

本书全面介绍了平板电视的屏、电视驱动板、电源和软件，提供有习题和实训指导，实训的机型，使学生真正掌握一种液晶电视机的维修方法与技巧，全面和系统介绍了液晶电视机内主要电路板和屏的代换方法，以面对实用性人才为读者对象。

电力电子技术　第 2 版

书号：ISBN 978-7-111-29255-5

定价：26.00 元　　作者：周渊深

获奖情况：普通高等教育“十一五”国家级规划教材

推荐简言：本书内容全面，涵盖了理论教学、实践教学等多个教学环节。实践性强，提供了典型电路的仿真和实验波形。体系新颖，提供了与理论分析相对应的仿真实验和实物实验波形，有利于加强学生的感性认识。

精品教材推荐

EDA 技术基础与应用

书号：ISBN 978-7-111-33132-2

定价：32.00 元　　作者：郭勇

推荐简言：

本书内容先进，按项目设计的实际步骤进行编排，可操作性强，配备大量实验和项目实训内容，供教师在教学中选用。

电子测量仪器应用

书号：ISBN 978-7-111-33080-6

定价：19.00 元　　作者：周友兵

推荐简言：

本书采用“工学结合”的方式，基于工作过程系统化；遵循“行动导向”教学范式；便于实施项目化教学；淡化理论，注重实践；以企业的真实工作任务为授课内容；以职业技能培养为目标

高频电子技术

书号：ISBN 978-7-111-35374-4

定价：31.00 元　　作者：郭兵　唐志凌

推荐简言：

本书突出专业知识的实用性、综合性和先进性，通过学习本课程，使读者能迅速掌握高频电子电路的基本工作原理、基本分析方法和基本单元电路以及相关典型技术的应用，具备高频电子电路的设计和测试能力。

单片机技术与应用

书号：ISBN 978-7-111-32301-3

定价：25.00 元　　作者：刘松

推荐简言：

本书以制作产品为目标，通过模块项目训练，以实践训练培养学生面向过程的程序的阅读分析能力和编写能力为重点，注重培养学生把技能应用于实践的能力。构建模块化、组合型、进阶式能力训练体系。

Verilog HDL 与 CPLD/FPGA 项目开发教程

书号：ISBN 978-7-111-31365-6

定价：25.00 元　　作者：聂章龙

获奖情况：高职高专计算机类优秀教材

推荐简言：

本书内容的选取是以培养从事嵌入式产品设计、开发、综合调试和维护人员所必须的技能为目标，可以掌握 CPLD/FPGA 的基础知识和基本技能，锻炼学生实际运用硬件编程语言进行编程的能力，本书融理论和实践于一体，集教学内容与实验内容于一体。

电子信息技术专业英语

书号：ISBN 978-7-111-32141-5

定价：18.00 元　　作者：张福强

推荐简言：

本书突出专业英语的知识体系和技能，有针对性地讲解英语的特点等。再配以适当的原版专业文章对前述的知识和技能进行针对性联系和巩固。实用文体写作给出范文。以附录的形式给出电子信息专业经常会遇到的术语、符号。

精品教材推荐

电子工艺与技能实训教程

书号：ISBN 978-7-111-34459-9

定价：33.00 元　　作者：夏西泉　刘良华

推荐简言：

本书以理论够用为度、注重培养学生的实践基本技能为目的，具有指导性、可实施性和可操作性的特点。内容丰富、取材新颖、图文并茂、直观易懂，具有很强的实用性。

综合布线技术

书号：ISBN 978-7-111-32332-7

定价：26.00 元　　作者：王用伦 陈学平

推荐简言：

本书面向学生，便于自学。习题丰富，内容、例题、习题与工程实际结合，性价比高，有实用价值。

集成电路芯片制造实用技术

书号：ISBN 978-7-111-34458-2

定价：31.00 元　　作者：卢静

推荐简言：

本书的内容覆盖面较宽，浅显易懂；减少理论部分，突出实用性和可操作性，内容上涵盖了部分工艺设备的操作入门知识，为学生步入工作岗位奠定了基础，而且重点放在基本技术和工艺的讲解上。

通信终端设备原理与维修 第 2 版

书号：ISBN 978-7-111-34098-0

定价：27.00 元　　作者：陈良

推荐简言：

本书是在 2006 年第 1 版《通信终端设备原理与维修》基础上，结合当今技术发展进行的改编版本，旨在为高职高专电子信息、通信工程专业学生提供现代通信终端设备原理与维修的专门教材。

SMT 基础与工艺

书号：ISBN 978-7-111-35230-3

定价：31.00 元　　作者：何丽梅

推荐简言：

本书具有很高的实用参考价值，适用面较广，特别强调了生产现场的技能性指导，印刷、贴片、焊接、检测等 SMT 关键工艺制程与关键设备使用维护方面的内容尤为突出。为便于理解与掌握，书中配有大量的插图及照片。

MATLAB 应用技术

书号：ISBN 978-7-111-36131-2

定价：22.00 元　　作者：于润伟

推荐简言：

本书系统地介绍了 MATLAB 的工作环境和操作要点，书末附有部分习题答案。编排风格上注重精讲多练，配备丰富的例题和习题，突出 MATLAB 的应用，为更好地理解专业理论奠定基础，也便于读者学习及领会 MATLAB 的应用技巧。